Die in den Sitzungsberichten Abtlg. I und Abtlg. II a der math.-nat. Klasse der Österr. Ak. d. Wiss. erscheinenden Abhandlungen werden auch einzeln abgegeben. Sie können durch jede Buchhandlung oder direkt durch die Auslieferungsstelle der Österreichischen Akademie der Wissenschaften (Wien I, Singerstraße 12) bezogen werden.

Nachfolgende Abhandlungen aus dem Fach der **Zoologie** sind erschienen:

1948 (S I Bd. 157):

Strouhal H.: Die Haplophthalminen-Untergattung Calconiscellus Verh. (Oniscoidea-Trichoniscidae) (mit 10 Textabbildungen), 15 Seiten. S 8.—

Zalesky K.: Die Waldspitzmaus (Sorex araneus L.) in ihrer Beziehung zur Form tetragonurus Herm. in Nord- und Mitteleuropa (mit 1 Karte), 56 Seiten. S 24.—

1949 (S I Bd. 158):

Attems C.: Die Myriopodenfauna der Ostalpen (mit 1 Karte), 74 Seiten. S 43.—

1950 (S I Bd. 159):

Pesta O. und Kuchar K.: Limnologische und hydrobakteriologische Untersuchungen an drei Hochgebirgstümpeln im Wattental (Tirol), 10 Seiten. S 7.80

1951 (S I Bd. 160):

Attems C.: Ergebnisse der Österreichischen Iran-Expedition 1949/50: Myriopoden vom Iran, gesammelt von der Expedition Heinz Löffler und Genossen 1949/50 (mit 47 Textabbildungen), 39 Seiten. S 23.—

Ehrenberg K.: Beobachtungen über Lebensspuren und Nahrungsweise der Bisamratte (Fiber zibethicus L.) (mit 3 Tafeln), 21 Seiten. S 14.—

Pesta O.: Ergebnisse der Österreichischen Iran-Expedition 1949/50: Studie an Süßwasserkrabben aus Persien (Iran) (mit 1 Textabbildung), 5 Seiten. S 3.—

Wettstein O.: Ergebnisse der Österreichischen Iran-Expedition 1949/50: Amphibien und Reptilien. Mit biologischen Zusätzen von H. Löffler, 21 Seiten. S 9.—

Willmann C.: Untersuchungen über die terrestrische Milbenfauna im pannonischen Klimagebiet Österreichs (mit 39 Textabbildungen), 85 Seiten. S 36.—

1952 (S I Bd. 161):

Böhm L. K., w. M., und Supperer R.: Die Mondblindheit der Einhufer verursacht durch die Mikrofilarien von Onchocerca reticulata Diesing (mit 4 Textabbildungen und 1 Tafel), 8 Seiten. S 4.50

Hemsen J.: Ergebnisse der Österreichischen Iran-Expedition 1949/50: Cladoceren und freilebende Copepoden der Kleingewässer und des Kaspisees (mit 72 Textabbildungen), 59 Seiten. S 28.10

Kuchar K. W.: Bakteriologische Beobachtungen an zwei Hochgebirgstümpeln der Kitzbühler Alpen (Tirol), 14 Seiten. S 6.80

Pesta O., k. M.: Beobachtungen über die Entomostrakenfauna der Tümpel auf der Gerlosplatte (1640 m ü. d. Meer), 4 Seiten. S 2.40

Pesta O., k. M.: Biologische Beobachtungen an einigen Hochgebirgstümpeln der Kitzbühler Alpen (Tirol) (mit 1 Tafel und 1 Textabbildung), 3 Seiten. S 6.10

Roewer C. Fr.: Die Solifugen und Opilioniden der Österreichischen Iran-Expedition 1949/50 (mit 2 Textabbildungen), 7 Seiten. S 3.20

ISBN 978-3-662-23519-5   ISBN 978-3-662-25591-9 (eBook)
DOI 10.1007/978-3-662-25591-9
Softcover reprint of the hardcover 1st edition 1953

Herpetologia aegaea

Von Otto Wettstein, Wien

Mit einem geologischen Beitrag von A. Papp, Wien

Mit 2 Karten, 1 farbigen und 7 schwarzen Tafeln

(Vorgelegt in der Sitzung am 13. Jänner 1953)

Einleitung.

Seinen Bericht über unsere gemeinsame Reise in die ägäische Inselwelt im Jahre 1934 beendete Fr. W e r n e r mit den Worten: „... erreichten wir am 30. Juni mit reichem Material, dessen Aufarbeitung wenigstens zwei Jahre in Anspruch nehmen dürfte, unsere Heimatstadt Wien." Dieser Optimismus ist wohl für die wenigsten Bearbeitungen gerechtfertigt gewesen. Rein faunistisch, soweit man darunter die Entdeckung neuer „guter" Arten oder für das ganze Gebiet neuer Arten versteht, war in der Ägäis, soviel war damals schon W e r n e r und mir klar, nicht mehr viel zu erwarten. Was uns aber besonders interessierte, das waren die genaueren t i e r g e o g r a p h i s c h e n V e r h ä l t n i s s e im Ägäisraum, deren Kenntnis es ermöglichen sollte, Rückschlüsse auf die zeitliche Reihenfolge der ehemaligen Ägäis-Einbrüche und der Inselwerdung zu ziehen. Es war dies auch ein Programm, das weit über unser engeres Fachgebiet hinaus von allgemeinerem Interesse war und das die immer wieder von W e r n e r und mir beanspruchten Reisemittel rechtfertigen konnte. Ein besonders glücklicher Umstand war es, daß K. H. R e c h i n g e r fil. demselben Ziel auf pflanzengeographischem Gebiet zustrebte und wir uns auf den gemeinsamen Reisen nicht nur ergänzen konnten, sondern auch alle folgenden Jahre während der Bearbeitungen unseres Materials in ständigem Gedankenaustausch über alle uns dabei bewegenden Probleme stehen konnten. Die gemeinsame Reise 1934 ergab die Notwendigkeit, das südöstliche Anschlußgebiet der südöstlichsten Kykladen und des Dodekanes, das damals in italienischem Besitz war, aber auch noch die Insel Cypern zu besuchen. Wir beschlossen eine Arbeitsteilung, und 1935 fuhr W e r n e r nach Cypern, das Ehepaar R e c h i n g e r und ich reisten nach Rhodos, von wo aus

wir den Dodekanes, Karpathos und die südlichsten Kykladen besuchten. Werner hatte damals schon den Plan eines größeren
Werkes über „Die Amphibien und Reptilien Griechenlands", und
ich wollte ihm dafür als dem Zuständigeren und Älteren die Bearbeitung meines gesammelten Materials überlassen. Warum er von
meinem wiederholten und dringlichen Angebot keinen Gebrauch
machte, ist mir heute nicht mehr erinnerlich. Ich beschränkte mich
darauf (1937, 1938), die von mir entdeckten neuen Rassen kurz
zu beschreiben. Der unerwartete, tiefbedauerliche und allzufrühe
Tod Werners machte wohl mein Material für die eigene Bearbeitung frei, und Werners Material bekam ich durch die gene-
röse Schenkung seiner Söhne an das Naturhistorische Museum
noch dazu, aber die damals einsetzenden, politisch so bewegten
Zeiten und der anschließende Kriegsausbruch verhinderten es, daß
ich endlich an die so ersehnte Arbeit gehen konnte. Da ergab sich
ganz unerwartet die einzigartige Gelegenheit, mitten im Krieg,
1942, unter militärischer Obhut in großem Rahmen und mit Mitteln,
die uns österreichischen Naturhistorikern sonst nie zur Verfügung
stehen, eine mehrmonatige Forschungsreise unter der Leitung von
Dr. H. Stubbe nach Kreta zu machen. Dr. Rechinger und
ich griffen mit beiden Händen zu, bedeutete doch die persönliche
Bereisung Kretas den Schlußstein unserer Ägäisforschungen. Daß
es dann immerhin noch 8 Jahre dauern würde, bis das in den Luft-
schutzkellern des Wiener Naturhistorischen Museums geborgene
herpetologische Material wieder an das Licht kam und von mir
endlich in Angriff genommen werden konnte, ahnte ich damals
allerdings nicht. Daß es aber wohlbehalten, und ohne daß auch nur
ein Spirituspräparat austrocknete, diese lange Zeit überdauerte,
das verdanke ich und das Museum, dem ich auch das zu meiner
Verfügung stehende Material aus Kreta übereignete, der ausgezeichneten und sorgfältigen Verschlußmethode meines früheren,
leider im Krieg im Felde verstorbenen Laboranten Zbosensky.

Mein Nachfolger in der Herpetologischen Abteilung des
Museums, Herr Dr. Jos. Eiselt, förderte meine Arbeiten durch
unermüdliches Heraussuchen von Vergleichsmaterial, besonders
aus der noch nicht eingeordneten Coll. Werner und durch Hin-
weise auf neueste Literatur, Herrn Dr. B. M. Klein durch die
photographischen Aufnahmen für die hier beigebrachten Tafel-
abbildungen.

Die Schuppen- und Schilderzählungen und auch die kleineren
Messungen (z. B. Kopfbreite und Länge bei *Lacerta danfordi*) wur-
den alle von mir selbst mit einer 18fach vergrößernden binokularen
Lupe langer Brennweite vorgenommen. Durch dieses Verfahren

wurde nicht nur die Exaktheit wesentlich erhöht, sondern es konnten auch Details festgestellt werden, die mit schwacher Vergrößerung oder mit freiem Auge nicht deutlich wahrnehmbar sind. Auf diesen Umstand seien eventuelle Nachuntersucher besonders aufmerksam gemacht. Die Art und Weise, wie ich maß und zählte, ist an geeigneter Stelle im Text beschrieben.

Eine mißliche Sache ist die geographische Namensgebung in der Ägäis. Viele der Inseln haben mehrere Namen (z. B. Thera = Santorin = Santorini), oder der Name wird in den verschiedenen Kartenwerken verschieden geschrieben (z. B. Kea = Keo = Keos oder Syra = Syros oder Nikaria = Ikaria). Auf Kreta führt die Stadt Iraklion auch die Namen Hiraklion, Herakleon, Candia oder Megalokastron, die Stadt Chania heißt auch Khania oder Canea. Dazu kommen im Dodekanes noch die italianisierten Namen. Im allgemeinen habe ich mich der Namen der ausgezeichneten Deutschen Admiralitätskarten bedient (Blätter 509 von 1916 und 510 von 1919), die ich auch auf den Reisen benützte. Geographisch sehr genaue Karten der Kykladen-Archipele findet man auch in: A. Philippson, „Beitr. z. Kenntnis d. griech. Inselwelt“, Ergänz.-Heft Nr. 134 zu Petermanns geogr. Mitteil. 1901. Karten der Ägäis, ohne Kreta, mit den Namen aller von uns besuchten Inseln und Orte findet man bei O. Wettstein, „Die Vogelwelt der Ägäis“, Journ. f. Ornith., 1938, 86. Bd., S. 53, und bei K. H. Rechinger, „Flora aegaea“, Denkschr. Akad. Wiss. Wien, 105. Bd., 1934. Karten von Kreta mit unseren Reiserouten und allen von uns besuchten Orten bei G. Niethammer, „Über die Vogelwelt Kretas“, Ann. Nat. Mus. Wien, 53. Bd., 1942, Taf. VI, und bei C. Koch, „Die Tenebrioniden Kretas“, Mitt. Münchner Entomolog. Ges., 34. Bd., 1944, b. S. 256. In allen diesen Publikationen, mit Ausnahme der von mir, finden sich auch Bilder von Landschaften und Biotopen.

Bei der zoogeographischen Verarbeitung des Materials hat sich gezeigt, daß doch noch einige, zum Teil recht fühlbare Lücken unserer faunistischen Kenntnisse über die Ägäis vorhanden sind, auf die an geeigneten Stellen dieser Arbeit aufmerksam gemacht wird. Eine der größten und wichtigsten ist wohl der südlichste Peloponnes. Diese noch auszufüllen, bleibt jüngeren Zoologen überlassen. Dankbar gedenke ich der vielfachen Unterstützung, die uns auf unseren Reisen die griechischen und italienischen Behörden und auf Kreta die Deutsche Wehrmacht zuteil werden ließen, dankbar erinnere ich mich an die gute Kameradschaft und die vielfache Hilfe aller meiner Reisegenossen und die Hilfsbereitschaft und die für mich sprichwörtlich gewordene Gastfreundschaft der griechischen Bevölkerung. Ganz besonders aber gedenke ich meines lieben, verehrten Lehrers und Freundes, Franz Werner, dessen unermüdliche und aufopferungsvolle Forschertätigkeit bis zu seinem letzten Lebensjahr das Fundament lieferte, auf dem alle anderen an der Ägäis interessierten Tiergeographen und Faunisten aufbauen können. Aus diesem Gefühl der Dankbarkeit heraus tut es mir leid, daß mich die wissenschaftliche Gewissenhaftigkeit zwingt, ihn im Verlaufe dieser Bearbeitung in manchen Punkten berichtigen zu müssen.

Systematischer Teil.

AMPHIBIEN.

Bufo bufo spinosus Daud.

1 ♂, 70 mm lg., Insel Andros, VI. 36, Coll. Werner. — Die spitzen Stacheln sehr ausgeprägt und sehr eng nebeneinander, Zeichnung sehr undeutlich und spärlich, hellbraun.

Bufo viridis viridis Laur.

1 ♂ ad., 68 mm lg., Umgebung von Chania, Bach westl. d. Stadt, Kreta, 18. IV. 42, leg. Wettst. Grobe Fleckenfärbung bleich, auf dem Rumpf undeutlich. Die Warzen mit dunkelbraunen Hornspitzen. Raspelförmige Brunftschwielen auf den Fingerrücken nicht dunkel.

1 ♀ ad., 75 mm lg., Quelle im Tal ober Samariá, am Weg nach Omalos, 16. VI. 42, leg. Mihan. Warzen ganz flach und stumpf. Sehr scharfe, grüngraue, grobe Fleckung, die am Kopf symmetrisch ist. Helle Hautteile so stark rosa, daß der Gesamteindruck der Oberseite rosa ist.

1 ♀, 68 mm lg., Bellacampagna b. Chania, Kreta, 17. VII. 42, leg. Wettst. Scharfe, deutliche, grobe Fleckenfärbung. Warzen hell, ohne dunkle Hornspitzen, nicht spitz.

1 ♀ ad., 76 mm lg., 1 ♂ ad., 74 mm lg., Nikaria, Umgeb. v. Agios Kirykos, 24. IV. 34, leg. Wettst. Scharf, grob mäandriert gefleckt, ♂ mit spitzen Warzen. ♀ schärfer gezeichnet als ♂, mit stumpfen Warzen und mit fast symmetrischer Kopfzeichnung. Brunftschwielen des ♂ nicht dunkel.

1 ♀ ad., 68 mm lg., Embona, Insel Rhodos, 15. V. 35. Scharfe aber blaßgrünlichbraune Flecken; grob gemustert. Warzen stumpf, Öffnungen dunkelbraun.

1 pull., Bachschlucht bei Chios, 11. VI. 34.

1 pull., Cefalo, Insel Kos, Westende, 8. VI. 35.

2 pull., Kythnos, Umgebung von Lutra, 27. bis 30. V. 34.

5. V. 42, im Sumpfgelände b. Sitia 1 Stück gefangen und am 6. V. ebendort abends gehört.

6. VII. 42, beim Quelltrog auf der Nida-Hochebene (1400 m) hörte Dr. K. Zimmermann abends Wechselkröten trillern.

26. IV. 34, am Berg Selada auf der Insel Thimena, Furni-Archipel, wurde *B. viridis* festgestellt.

19. bis 30. IV. 34, auf der Ortsstraße von Agios Kyrikos, Insel Ikaria, abends häufig und in Paarung begriffen.

27. bis 30. V. 34, auf der Insel Kythnos im sumpfigen Bachdelta bei Lutra häufig. Am 28. V. fand ich 2 schöne, große Stücke mit rötlicher Grundfarbe unter Steinen.

Auf Rhodos ist *B. viridis* an allen geeigneten Stellen häufig, auch in der Stadt Rhodos auf den Straßen. Auch auf dem griechi schen Festland überall häufig. Auf dem Thessalischen Olymp traf C y r é n (1928) die Wechselkröte noch in 2000 m Höhe an.

B e o b a c h t u n g e n   ü b e r   d i e   E n t w i c k l u n g: Am 25. IV. 34 wurde in einer Quellgrotte beim Ort Kampos auf der Insel Furni abgelegter Laich gefunden. Auf Kythnos gab es vom 27. bis 30. V. 34 im Sumpfdelta bei Lutra sowohl Kaulquappen als auch eben fertig entwickelte Fröschchen, letztere in solcher Menge, daß man von der Erscheinung des „Froschregens" sprechen konnte. Sehr schön war die Entwicklung der Kaulquappen auf Kreta zu verfolgen. Vom 16. bis 22. IV. wimmelten alle Bachunterläufe an der westlichen Nordküste Kretas von Kisamu Kastelli bis Chania von halbwüchsigen Kaulquappen. Um den 5. V. verwandelten sich diese im Bachdelta bei Sitia in Ost-Kreta gerade zu Jungkröten um, während es zur selben Zeit (8. V.) in einem Teich auf dem etwa 600 m hoch gelegenen Plateau von Zyros (Ost-Kreta) erst große Kaulquappen gab. Auf der 1400 m hoch gelegenen Nida-Hochebene waren am 6. VII. die Kaulquappen in einem kleinen Tümpel erst 1 cm lang und zum Teil verendet, weil der Tümpel im Austrocknen war.

Hyla arborea kretensis Ahl.

1 ♂ (Schallblase ausgestülpt), Paläochora, SW-Kreta, 1. VI. 42, leg. Klaus Zimmermann,

1 ♀, Omalos-Hochebene, West-Kreta, 25. IV. 42, leg. K. Zimmermann,

1 ♀, Kisamo Kastelli, 22. IV. 42, leg. Wettst.,

4 ♂ (alle mit vorgestülpter Schallblase), Umgebung von Chania, Bach westlich der Stadt, 18. IV. 42, leg. Wettst.,

1 ♀, 40,5 mm lg., besonders schön konserviert, Kapitaniano, Asterusigebirge, 2. VII. 42, leg. K. Zimmermann,

3 Stück (nicht mehr vorhanden), Sumpfdelta bei Sitia, Ost-Kreta, 5. V. 42, leg. B. Mihan (ebendort am Abend des 6. V. gehört).

Bei 2 ♀ ist die Granulation der Kehle sehr undeutlich, bei dem von Kapitaniano sehr deutlich, bei allen ♂ sehr deutlich. Bei dem ♀ von Kisamo Kastelli und einem ♂ aus der Umgebung von Chania übergreifen sich die Fersen um 1 mm, bei einem ♂ aus der Umgebung von Chania berühren sich die Fersen n i c h t. Das Tibiotarsalgelenk erreicht meist die Mitte des Auges, dreimal den Augenvorderrand.

1 ♀, Monolito, Rhodos, 19. V. 35, leg. Wettst.,

1 ♀ juv., Iannadi, Rhodos, 12. V. 35, leg. Wettst.

Bei beiden übergreifen sich die Fersen etwas. Kehle granuliert, Färbung und Zeichnung wie bei der typischen Form.

Da von Rhodos kein ♂ vorliegt, so kann die Rasse leider nicht ganz sicher bestimmt werden, da zu den Kennzeichen für *kretensis* die gekörnelte Kehle der ♂♂ gehört. Da sich aber die Fersen übergreifen und die Hüftschlinge wohlausgebildet ist, so ist es sehr wahrscheinlich, daß der Rhodenser Laubfrosch zur selben Rasse gehört wie der von Kreta.

Leider wurden die übrigen wenigen Funde im ägäischen Raum nicht genauer auf ihre Rassenzugehörigkeit geprüft. Sie betreffen nach W e r n e r die Inseln: Mytilene, Chios, Tinos, Naxos, nach Z a v a t t a r i außer Rhodos auch noch Kos. Es sind durchwegs große, wasserreiche Inseln. W e r n e r zählt alle ihm bekanntgewordenen Stücke zur „typischen Form" (= *H. a. arborea* L.), zu der auch die Laubfrösche Kleinasiens und des griechischen Festlandes gehören sollen.

Die Angabe von N i e d e n im „Tierreich" (1923, p. 199), daß der griechische Archipel von *H. a. savignyi* Aud. bewohnt wird, ist jedenfalls unrichtig.

1 ♂ ad. von Gaitzaes, südlicher Peleponnes, don. Steindachner 1901, hat genau die Merkmale von *kretensis* (gekörnelte Kehle, sich berührende Fersen).

2 ♂♂ ad. von Travnik (Mus. Wien) haben stark gekörnelte Kehlen, aber die Fersen berühren sich nicht.

1 ♂, 1 ♀ von Levico (Mus. Wien) haben stark gekörnelte Kehlen, aber die Fersen berühren sich nicht.

1 ♂, 1 ♀ von Angora, Kleinasien (Mus. Wien), haben sehr stark gekörnelte Kehlen und sich berührende Fersen.

Es bewohnt also die von A h l unglücklicherweise *kretensis* benannte Form, die sich weniger durch die auch bei den ♂♂ gekörnelte Kehle als durch die längeren Hinterfüße von *H. a. arborea* unterscheidet, nicht nur Kreta, sondern auch Rhodos, die ganze Ägäis, soweit sie dort Lebensmöglichkeiten hat, den Peloponnes und West-Kleinasien. Von Cypern, Adana, dem Antitaurus, Urfa und Sultanabad in Persien liegen mir schon typische *H. a. savignyi* Aud. vor. Auch M e r t e n s (1952 b) erwähnt *savignyi* von SO-Kleinasien, während die westliche und nördliche Türkei nach ihm von *arborea arborea* bewohnt wird.

Rana ridibunda ridibunda Pall.

1 pull., Bachschlucht bei Chios, 11. VI. 34, leg. Wettst.,
1 juv., Mytilene, 13. VI. 34, leg. Wettst.,
1 ♂, 2 ♀, Umgebung von Ágios Kirykos, Nikaria, IV. 34, leg. Wettst., sehr stark und grob gefleckt,
1 ♀, Insel Astropalia (= Stampalia), 28. V. 35, leg. Wettst., stark gefleckt,

1 ♀ juv., Insel Anaphi, 18. V. 34, leg. Wettst., blaß gefleckt,

1 ♂, 2 ♀, Bach westlich Chania, Kreta, 18. IV. 42, leg. Wettst., Zeichnung wie bei dem folgenden Stück,

1 ♀, Jeros-Flußmündung, Messara, Kreta, 28. VI. 42, leg. Wettst., im Leben gelb und graugrün, dunkel, spärlich, grob aber nicht sehr kontrastreich gefleckt,

1 Stück, Insel Kos, Coll. Werner (Mus. Wien),

2 ♀, 1 ♂, Saloniki, XI. 94, Coll. Mus. Wien. Beide ♀ mit hellem Rückenstreif, ♂ nur grob, spärlich, aber scharf gefleckt.

Festgestellt habe ich den Seefrosch in großen Stücken auch auf Samothrake, Kythnos und Siphnos und auf Kos sowohl beim Asklepiodeon bei der Stadt Kos wie auch bei Cardámena am Westende. Auf Rhodos und Kreta gibt es in den niederen Lagen wohl kaum ein Gewässer, dem der Seefrosch fehlt.

Es ist erstaunlich, auf was für kleinen, weit draußen im Meer gelegenen Inseln, wie Anaphi, sich dieser große Wasserfrosch erhält und mit was für kleinen, dürftigen Gewässern er dort vorliebnehmen muß.

Beobachtungen über die Entwicklung: Auf der Insel Nikaria war zwischen 19. und 30. IV. 34 der Laich noch nicht abgelegt worden. Am 18. IV. 42 waren in den Bächen bei Chania auf Kreta die Frösche gerade in Paarung. Die Männchen waren leuchtendgrün, die Weibchen graugrün. Ein gefangenes Weibchen enthielt noch den ganzen Laich. Zur selben Zeit waren in einem Bach bei Malemis (16. IV.) und Kisamu Kastelli (22. IV.) bereits Kaulquappen vorhanden, die aber stets viel spärlicher waren als jene von *Bufo viridis*. Am 19. VII. fanden sich in den Lachen der austrocknenden Bäche bei Chania neben großen Kaulquappen bereits frisch verwandelte Jungfrösche.

Die Seefrösche der ägäischen Inseln zeichnen sich durch starke, meist kontrastreiche Fleckung aus. Stücke mit hellem Medianstreif auf dem Rücken habe ich n i e g e s e h e n! Dagegen haben die 2 ♀♀ vom Festland (Saloniki) beide den Streifen in schönster Ausbildung.

REPTILIEN.

Schildkröten.

Clemmys caspica rivulata (Valenciennes).

1 ♂, Milos, ex Coll. Mus. Wien 1883, auffallend dunkel, Carapax tiefdunkelbraun, feine weiße Halslinien auf dunkelgrauem Grund,

2 ad., Kythnos, Lagune bei Lutra, 27.—30. V. 34, leg. Wettst., Brücken einfarbig schwarz, Plastron gelblich mit strahliger und sprenkeliger schwarzer Fleckung,

2 juv., Siphnos, Lagune, 31. V.—2. VI. 34, leg. Wettst., Plastron braunschwarz, einwärts der Brücke mit je 2 unscharf begrenzten gelben Flecken, alle Plastronschilder mit gelben Randfleckchen,

1 juv., Chios, Bachschlucht, 11. VI. 34, leg. Wettst., Plastronzeichnung wie bei den vorigen,

1 juv., Samothrake, 23. VI. 34, leg. Wettst., Färbung wie bei den vorigen, nur vordere Plastronschilder ganz schwarz,

1 semiad., Insel Kos, Cañon von Antimachia, 6. VI. 35, leg. Wettst., Plastron dunkelbraun, Brücke schwarz, an ihrem Innenrand 2 große, unscharf begrenzte gelbe Flecken. Alle Plastronschilder dunkelbraun mit gelben Randflecken.

1 pull., Saloniki, Nov. 1894, Coll. Mus. Wien, Brücke am Innenrand mit gelben Flecken und alle Plastronschilder mit gelben Randflecken, Plastron sonst dunkelbraun (ausgebleicht?).

Frisch verlassene Eischalen, Gazinos Potamos, 6 km westlich von Iraklion, Kreta, 25. VI. 42, leg. Wettst.

Alle hier erwähnten Stücke haben einfarbige hell- bis dunkelbraune Rückenschalen.

Es wurde in der Literatur noch zu wenig hervorgehoben, daß die Jugendzeichnung der Brücke bei *c. rivulata* jener von *c. caspica* ähnlich ist. Die Brücke junger *c. caspica* ist gelb mit schwarzer Nahtfärbung, die allerdings ausnahmsweise so breit sein kann, daß von der gelben Färbung nur 2 runde Flecken übrigbleiben (siehe O. Wettstein 1951). Überdies ist meistens das ganze Plastron gelb umrandet. Bei *c. rivulata* ist bei jungen Tieren die Brücke schwarz, und an ihrem Innenrand liegen zwei mehr oder minder große, oft unscharf begrenzte gelbe Flecken. Überdies hat jedes Plastronschild an seinem Außenrand einen gelben Fleck.

Die weitere Entwicklung ist die, daß bei *c. caspica* die gelbe Randlinie immer breiter wird und auch auf die Brücke übergreift, bis diese bis auf die feinen schwarzen Nähte ganz gelb ist. Das Plastron zeigt dann einen schwarzen bis braunen, scharf umgrenzten Mittelschild, der breit gelb umrahmt ist. Meist bleibt er bis ins Alter hinein scharf umgrenzt, wenn auch verblassend, erhalten. Manchmal werden alle Plastronnähte gelb aufgehellt, so daß der dunkle Schild dann in dunkle, scharf umgrenzte Flecken zerfällt.

Bei *c. rivulata* dagegen bleibt die Brücke immer schwarz, und ihre gelben Innenrandflecken werden so wie die anderen Randflecken in die ganze sich allmählich aufhellende Plastronfläche einbezogen und immer undeutlicher. Die Aufhellung der ganzen Plastronfläche erfolgt so, daß ihre erst schwarzbraune Färbung in Braun und dann wolkig und wie schmutzig in Gelb übergeht. Reste der dunklen Färbung in Form von unscharf begrenzten, unregelmäßigen Flecken, Strichen, Wolken sind fast immer vorhanden; ganz alte Stücke können auch ein einfärbig gelbes Plastron, aber immer mit dunkler Brücke haben. Die schönen, scharfen Zierflecke, die die vorderen Marginalia, besonders in der Jugend, bei *c. caspica* aufweisen, sind bei *c. rivulata* unscharf oder fast fehlend, aber erstrecken sich auch auf die 5 hinteren Marginalia jederseits. Das sehr reiche Material von beiden Rassen im Wiener Museum zeigt die hier geschilderte verschiedene Entwicklungstendenz der Plastronfärbung aufs beste.

Bei Iraklion auf Kreta fanden wir an einem Flußufer mehrere frisch verlassene Nester mit Eischalen am 25. VI. 42. Wir zählten bis 12 Eier in einem Nest. Falls man nicht annehmen will, daß mehrere Weibchen in ein Nest legen, wäre die Eizahl wesentlich höher, als sie z. B. S c h r e i b e r (Herpet. europ., p. 816) mit 4—5 angibt.

M e r t e n s (1946, p. 115) beschrieb eine meiner Meinung nach schwach fundierte neue Rasse — *C. c. cretica* — aus Kreta (Fundort Rapaniana). Ich habe aus Kreta von dieser dort überall häufigen Art kein Material mitgebracht. Das Museum Wien besitzt von früheren Sammlern 7 Stücke, von denen mir aber derzeit zur Nachprüfung nur vier (aus Tybaki, Süd-Kreta; Selino; Kladissos-Mündung bei Chania) zugängig sind. Ferner liegen mir aus der Coll. Fr. W e r n e r 2 Stücke von Tybaki vor. Bei keinem der 6 Stücke (Carapax-Länge 8—18 cm) sind die von M e r t e n s angegebenen Rassenmerkmale deutlich ausgeprägt. Von einer allgemeinen Rückbildung des dunklen Pigmentes kann man nur bei dem Stück aus dem Kladissos sprechen, aber das Plastron ist auch bei diesem tiefbraunschwarz. Auch die Irisfarbe ist bei diesen nun bis 37 Jahre lang konservierten Stücken noch dunkel. Ein ♀ zeichnet sich sogar durch eine besonders kontrastreiche und bemerkenswerte Zeichnung aus. Bei ihm ist die B r ü c k e g e l b, und jedes Brückenschild trägt einen großen, schwarzbraunen, ziemlich scharf umgrenzten, ovalen, zentralen Fleck. Auch das Plastron ist *c.-caspica*-ähnlich, da es ringsum und in der Mitte gelb ist, so daß die schwarzbraune Färbung zwei allerdings etwas unscharf begrenzte Längsbänder bildet. Die Marginalia sind alle schwarz gefleckt, die 5 letzten schwarz, mit je einem schmalen, kurzen, gelben Keilfleck am Innenrand. Das Temporalschild hat einen großen, ovalen, gelbweißen Fleck.

Auf Rhodos ist *caspica* weniger häufig als auf Kreta; am 13. V. 35 stellte ich sie in einem Teich bei Apóllona fest. Besonders große Stücke leben im klaren Brackwasser des Golfes von Hiëra auf Mytilene. Am 14. VI. 34 saß dort abseits vom Wasser ein solches Riesenstück im trockenen, staubigen Gesträuch neben der Straße in der Sonne und ließ sich ruhig greifen.

Künftige Besucher von Milos mache ich auf die dort anscheinend besonders dunkle, vielleicht melanistische Form von
C. caspica aufmerksam. Mir liegt nur 1 Stück vor, das natürlich
nicht genügt, um Sicheres darüber aussagen zu können.

Auf der Insel Kalymnos gibt es keine Schildkröten. Sonst
scheint *Clemmys* auf allen größeren, wasserführenden ägäischen
Inseln vorzukommen. Auf Paros bisher nicht festgestellt.

Testudo graeca ibera Pall.[1] (= *ibera* auct.).

1 Panzer mit Eiern, 2 juv. und 1 abnormes, langgestrecktes Ei, Insel
Kos (= Coo) Cardámena, Asfendiu, Mt. Dikeo und Cefalo, 6., 7. und
8. VI. 35, leg. Rechinger und Wettst.,
    1 ♂ ad., Insel Samothrake, VI. 34, leg. Wettst. — Das Stück zeichnet
sich durch sehr dunkle Färbung aus. Das Plastron ist bis auf die Brücken
ganz schwarz; auf dem Rückenpanzer sind nur die Nähte breit gelb. Gelb
sind auch die inneren Hälften der Marginalia.
    2 verlassene Eier, Insel Samothrake, VI. 34, leg. Wettst., Eimaße:
38 × 30,2 mm und 36,6 × 31,8 mm,
    1 pull., Steni, Euboea, 28. V. 36, Coll. Werner.

Dieses nur 49 mm lange Exemplar aus Steni wurde laut anhängender Originaletikette von Fr. W e r n e r als *T. hermanni* bestimmt
und in die Literatur eingeführt (W e r n e r 1933 und 1938 b, p. 32).
Es ist aber sicher keine *hermanni*, sondern *T. graeca ibera*. Es besitzt vor allem trotz seiner Jugend einen deutlichen Oberschenkeltuberkel. Dieses Kardinalmerkmal scheint mir so beweiskräftig,
daß einige sonstige Unstimmigkeiten in den Proportionen der
medianen Plastronnähte und der Färbung, die mehr nach der
marginata-Seite hinneigen, mir unwesentlich erscheinen.

Durch die irrige Bestimmung hat sich W e r n e r einen hochinteressanten Fund entgehen lassen, denn *T. graeca ibera* war bisher nur aus Nordgriechenland von Lemnos, Samothrake und
Thasos bekannt. Vom Festland führt W e r n e r die Art nicht,
B u r e s c h & Z o n k o w (1933) von Alexandropolis an.

Testudo hermanni Gmelin.

1 pull., Gythion, Peloponnes (Coll. Werner),
    zahlreiche Exemplare in der Sammlung des Mus. Wien von verschiedenen Fundorten.

In der Wardarebene brachten an den Bahnstationen Kinder
lebende, meist kleinere Stücke zum Verkauf.

Auf den Ägäischen Inseln, Euboea vielleicht ausgenommen,
fehlt die Art vollständig.

---

[1] Zur Nomenklatur s. M e r t e n s, 1946.

Testudo marginata Schoepff.

1 juv., Kambos, Taygetos (Coll. Werner),
2 halbwüchsige Stücke, Hymettoshang bei Bula bei Athen, 17. IV. 34,
leg. Wettst.,
 zahlreiche Exemplare von verschiedenen Fundorten in der Sammlung
des Mus. Wien.

Auch diese Art fehlt den Ägäischen Inseln vollkommen.

Echsen.

Gymnodactylus kotschyi Steind.

Gymnodactylus kotschyi kalypsae Štěpánek.

10 ♂, 15 ♀, Insel Gavdos (= Gaudos) südwestlich von Kreta, 6. VI. 42,
leg. Wettst.

8 der 10 ♂♂ haben 2 Analporen, bei 2 Stücken ist keine Spur
von ihnen zu sehen. Bei 2 Stücken ist der Schwanz nicht von einer
Reihe querer Schilder, sondern von zykloiden Schuppen, so wie die
Oberseite, bedeckt; Ausnahmen kommen also vor. Tiere mit wohl-
ausgeprägter Zeichnung ähneln in dieser sehr *G. k. stepaneki*
Wettst. Erwähnt mag noch werden, daß die Tuberkeln auf der
Oberseite der Hinterextremitäten wohlausgeprägt und fast so groß
wie die Rückentuberkeln sind.

Dieser Gecko ist auf Gavdos unter Steinen nicht selten, d. h.
man findet unter jedem 30. bis 50. Stein 1 Stück. Er sitzt fast n i e
a u f d e r S t e i n u n t e r s e i t e , s o n d e r n a u f d e r E r d e ,
ist sehr flink und läuft in den nächstgelegenen Busch, wo er sich
auf dem braunen Laub am Boden sicher fühlt und sitzen bleibt.
Tatsächlich ist er dort kaum zu sehen. Spät nachmittags sieht man
auch einzelne Stücke frei unter Büschen sitzen und bei Annäherung
unter einem Stein verschwinden. Über größere freie Strecken
laufen sie nicht, sondern hüpfen in flachen Bogen.

Gymnodactylus kotschyi bartoni Štěpánek.

3 Paratypoide, Nida-Hochebene, 1400 m, Psiloriti-Gebirge, Kreta, leg.
O. Štěpánek 1936 (im Tausch vom Mus. Prag 1937),
 1 ♂, 1 ♀ (Pärchen), Berg Prinias, Leuka Ori, etwa 1600 m hoch,
West-Kreta, 3. VI. 43, leg. et don. Siewert.

Š t ě p á n e k sammelte seine Exemplare (32 Stück) „unter
flachen Steinen inmitten der grasigen Fläche des Plateaus" (1937,
S. 276), 1934 und 1936. Im Jahre 1934, Ende Mai. Wann er sie dort
1936 gesammelt hat, geht aus seinen Arbeiten nicht hervor. Wir
waren vom 8. bis 11. Juli auf der Nida-Hochebene, und ich und

meine Begleiter d r e h t e n d o r t H u n d e r t e v o n S t e i n e n
u m, o h n e e i n e n e i n z i g e n G e c k o z u s e h e n! Während
dieser Zeit wehte ständig starker Wind. Es bleibt nichts anderes
übrig, als anzunehmen, daß dieser Gecko seine Lebensweise mit
fortschreitender Jahreszeit und Trockenheit ändert und dann in
unzugänglichen Felsspalten lebt. Ich habe allerdings auch diese mit
dünnen Ruten durchstöbert, aber ohne Erfolg, was mit so unzu-
reichenden Mitteln nicht verwunderlich ist.

Auch in den Leuka Ori (= Weiße Berge) suchten wir 1942
eifrig, aber vergeblich nach *Gymnodactylus*. Ein Jahr später hatte
Dr. S i e w e r t das Glück, dort in 1600 m Höhe ein Pärchen zu
fangen. Š t ě p á n e k (1939, S. 434) erwähnt ein stark beschädigtes,
im Mai 1938 von ihm in den Leuka Ori gesammeltes Exemplar, das
er zu *G. k. bartoni* stellt. Die zwei mir vorliegenden gut erhaltenen
Stücke, die ich mit 3 Paratypoiden von der Nida-Hochebene ver-
gleichen konnte, haben zwar etwas ovalere und nicht so runde
Rückentuberkeln, und die übrigen Rückenschuppen scheinen etwas
kleiner und nicht so gewölbt zu sein wie bei dem typischen *bartoni*,
aber die Unterschiede sind so minimal, daß sie nicht zur Abtrennung einer eigenen Form ausreichen.

B e s c h r e i b u n g der 2 Stücke aus den Leuka Ori: 1 ♂, K.-R.-
Lg. 34, Schw.-Lg. 33 mm. 8 deutliche und 2 undeutliche Tuberkelreihen. Die Tuberkeln sind klein, ovoid im Umriß, deutlich gekielt,
aber flach gewölbt und hinten nicht aufgerichtet. Einige Tuberkeln
liegen auch auf der Oberseite des Ober- und Unterschenkels. Die
übrigen Rückenschuppen sind verhältnismäßig groß und g e-
w ö l b t, aber nicht so groß und nicht so stark gewölbt wie bei den
Exemplaren von der Nida-Hochebene. Sie sind g l a t t und manchmal sich schwach dachziegelartig übereinanderschiebend. Etwa
25 Bauchschuppen gehen quer über die Bauchmitte. Die Schuppen
sind verhältnismäßig groß, in der Mitte am größten, ganzrandig.
Der regenerierte Schwanz oben und unten unregelmäßig mit
zykloidischen Schuppen bedeckt. Die Zeichnung besteht auf hellgrauem Grund aus unregelmäßigen, schwarzbraunen Querstreifen
und Längsflecken. An beiden Körperseiten ein ebensolcher Längs-
streif vom Auge bis zur Schwanzwurzel. Ein dunkler Strich vom
Nasenloch unter dem Auge vorbei und über der Ohröffnung bis
zur Achsel (= Zügelstrich). Pränalporen fehlen.

1 ♀, K.-R.-Lg. 38, Schw.-Lg. 40 mm. Pholidose ganz gleich,
nur die nicht regenerierte Schwanzhälfte unten mit 6 Reihen
Zykloidschuppen bedeckt, von denen die 2 mittleren Reihen etwas
vergrößert sind. Etwa 26 Bauchschuppenreihen. Die Zeichnung

beschränkt sich auf unterbrochene, dunkelbraune, zackige Querstreifen. Längsstreifen fehlen, Zügelstreifen undeutlich.

In der Steinphrygana bei S i t i a suchte ich vergeblich nach *Gymnodactylus*. Am 28. IV. sah ich am Acrotiri-Hals bei Chania in der Dämmerung einen Gecko schnell, wie einen Schatten, und unfangbar auf einem zerklüfteten Felsblock umherhuschen, der zweifellos ein *Gymnodactylus* und kein *Hemidactylus* war. *Gymnodactylus* ist daher auf Kreta anscheinend vorwiegend ein Bewohner der Spalten des überall stark zerklüfteten Gesteins und entzieht sich der Beobachtung. So ist er möglicherweise über ganz Kreta verbreitet, aber jedenfalls überall selten, denn sonst müßte man in der Dämmerung öfter Tiere umherhuschen sehen. Eine ähnliche Lebensweise führt *G. kotschyi kotschyi* auf der Insel Kythnos.

Gymnodactylus kotschyi wettsteini Štěpánek.

1 ♀, Holotypus, und 1 ♀, 2 ♂, Paratypoide, Insel Mikronisi in der Bucht von Hagios Nikolaos, Mirabella-Bai, Nord-Küste von Ost-Kreta, leg. Rebel & Sturany, V. 04.

Im Hinblick auf die zwei folgenden, neu zu beschreibenden Formen ist es notwendig, auf Grund dieses vorliegenden alten, von mir schon 1931 erwähnten Materials die Beschreibung S t ě p á n e k s (1937, S. 272) zu ergänzen.

Alle Rassen von *G. kotschyi* von Kreta und seinen Küsteninseln (*bartori*, *wettsteini* und die zwei folgenden) unterscheiden sich von allen andern Rassen von *G. kotschyi* dadurch, daß die Rückenschuppen zwischen den Tuberkeln verhältnismäßig groß und g e w ö l b t sind, während sie sonst ganz flach sind. Einen Übergang zwischen diesen Schuppenausbildungen bilden die geographisch benachbarten Rassen *stepaneki, unicolor, solerii, oertzeni*. Einen sehr guten Einblick in diese Verhältnisse vermittelt die Abb. 12 bei Š t ě p á n e k (1937, S. 274). Von allen diesen Nachbarrassen unterscheiden sich die kretensischen aber durch die zweireihige Beschildung der Schwanzunterseite, die sie mit den östlichen Formen gemeinsam haben, und von allen andern *kotschyi*-Rassen durch das Fehlen von Präanalporen.

Was nun *wettsteini* speziell anbetrifft, so sind seine charakteristischen Merkmale gegenüber den andern kretensischen Rassen die längsovalen, stark gekielten und hinten etwas überhöhten Rückentuberkeln und die wohl gewölbten, aber nicht gekielten und kaum imbrikaten Rückenschuppen. Die von Š t ě p á n e k erwähnte feine Zähnelung des Hinterrandes der Bauchschuppen konnte ich bei keinem der 4 Exemplare feststellen.

Gymnodactylus kotschyi rarus Wettst.[2]

1 ♂ jun.?, Holotypus, Mus. Wien, Ac. Nr. XXXII/1952—53, Insel Gaidaros (= Gaidaronisi) bei Hierapetra, Süd-Küste von Ost-Kreta, 19.V. 42, leg. Wettst.,

1 ♂ juv.?, Paratypoid, Insel Mikronisi bei Hierapetra, Süd-Küste von Ost-Kreta, 19. V. 42, leg. K. Zimmermann.

Diagnose: Von allen anderen Rassen dadurch unterschieden, daß viele der deutlich imbrikaten Rückenschuppen zwischen den Tuberkeln gekielt sind, von *bartoni* und *wettsteini* überdies durch etwas spitzere Schnauze, die ähnlich wie bei *stepaneki* geformt ist.

Ob die geringe Größe und Zartheit der 2 Stücke rassencharakteristisch ist, kann ich nicht sicher sagen, weil ich nicht beurteilen kann, ob sie jung oder erwachsen sind. Die bei beiden Exemplaren deutlich halbkugelig hervortretenden Hemipenes-Anschwellungen würden dafür sprechen, daß sie nicht sehr jung sind. Andererseits haben beide intakte, nicht regenerierte Schwänze, was wieder für junge Exemplare sprechen würde.

Beschreibung: 1 ♂, Insel Gaidaros (= Gaidaronisi): K.-R.-Lg. 29 mm, Schw.-Lg. 33,5 mm (nicht regeneriert), 10 Reihen Rückentuberkeln. Die Tuberkeln der mittleren Reihen länglich ovoid, die seitlichen mehr breit ovoid, alle stark gekielt, manche hinten stumpf, pyramidenförmig endend. Auf der Oberseite der Ober- und Unterschenkel je 2 deutliche Tuberkelreihen. Übrige Rückenschuppen sehr ungleich groß, die meisten schwach, aber deutlich gekielt, deutlich und öfter sich dachziegelförmig überlagernd. Bauchschuppen ganzrandig, in etwa 22 Reihen, die mittleren nicht vergrößert. Der nicht regenerierte Schwanz ist unterseits mit zykloiden bis stumpfspitzigen Schuppen bedeckt, von denen die mittleren zwei deutliche, vergrößerte Reihen bilden. Die Schnauze ist etwas spitzer als bei *bartoni* und *wettsteini*. Die schöne, satte Zeichnung, die sich bis zur Schwanzspitze erstreckt, besteht aus den obligaten dunkelbraunen, zackigen Querstreifen, die nach hinten weißlichgrau gesäumt sind. Grundfarbe hellgelblichgrau, Längsstreifen fehlen, Zügelstrich undeutlich. Keine Präanalporen.

1 ♂, Insel Mikronisi bei Hierapetra: K.-R.-Lg. 28 mm, Schw.-Lg. 35 mm (nicht regeneriert), 10 Reihen Rückentuberkeln, Bauchschuppen in etwa 26 Reihen. Pholidose wie beim vorigen Exemplar von Gaidaros. Manche der kleinen Rückenschuppen in der Rückenmitte sind schwach gekielt. Färbung hellgelblichgrau mit sehr undeutlicher, verschwommener, obligater Zeichnung, Längsstreifen

---

[2] Siehe Wettstein 1952.

Gymnodactylus kotschyi stubbei Wettst., Insel Kufonisi am Südostende von Kreta. Rechts Typus ♀, links Paratypus ♀. 1¼ nat. Gr.

nicht wahrnehmbar. Die Tuberkeln der Seitenreihen heben sich durch ihre weißliche Färbung deutlich ab. Schnauze wie bei dem vorigen Stück. Keine Präanalporen.

Die beiden Inseln Gaidaros und Mikronisi liegen nebeneinander unweit des Ortes Hierapetra an der Südküste von Ost-Kreta, genau gegenüber der Bai von Mirabella an der Nordküste. Von der dort gelegenen Insel Mikronisi, dem Fundort von *wettsteini*, sind sie durch die schmalste Stelle Kretas getrennt. Mikronisi, wie der Name sagt, ist sehr klein, besteht aus vulkanischem, dunklem Gestein, ist mit losen Steinen bedeckt und nur in der Mitte erhebt sich eine Felsengruppe, auf der Hauskaninchen ausgesetzt sind. Unter den Steinen, die wir wohl sämtliche umdrehten, fanden wir eine sehr dunkle *Lacerta-erhardii*-Form und den einzigen hier beschriebenen Gecko.

Die Insel Gaidaronisi, von den Einheimischen „Hryssa" genannt, ist viel größer, aber flach und sandig und besteht aus Kalk. Auch auf ihr wurde trotz allen Suchens nur ein einziges Stück von *Gymnodactylus* unter einem Stein erbeutet. Es ist möglich, daß auch auf diesen Inseln die Mehrzahl der *Gymnodactylus*-Bevölkerung in Gesteinsspalten haust, wo man ihr nicht beikommen kann.

Gymnodactylus kotschyi stubbei Wettst.[3]

Tafel 1.

1 ♀, Holotypus, Mus. Wien, Ac. Nr. XXXVII/1952—53, 1 ♀, Paratypoid, Insel Kufonisi, SO-Kreta, 22. und 23. V. 42, leg. Wettst.

D i a g n o s e : Rückentuberkeln breitoval oder fast kreisrund wie bei *bartoni*, aber stark gekielt, hinten überhöht. Die Rückenschuppen groß, oft quer verbreitert, gewölbt, vereinzelt fein gekielt, sehr deutlich imbrikat. Zwischen den Tuberkeln einer Reihe steht nur e i n e , m a n c h m a l g a r k e i n e R ü c k e n s c h u p p e . Zwischen den Tuberkelreihen stehen 1—2 Rückenschuppen. Bauchschuppen bei Lupenvergrößerung am Hinterrand deutlich gezähnt.

B e s c h r e i b u n g : Holotypus ♀, K.-R.-Lg. 38, Schw.-Lg. (regeneriert) 21 mm. 12 Reihen Rückentuberkeln, die 2 äußersten jederseits unregelmäßig. Auch auf der Oberseite der Ober- und Unterschenkel je 2 Reihen Tuberkeln. Bauchschuppen etwas vergrößert, in etwa 24 Längsreihen. Der zur Gänze regenerierte Schwanz oben und unten mit kleinen Schuppen bedeckt, die der Unterseite zykloid und etwas verbreitert. Die Zeichnung besteht aus undeutlichen, dunkelbraunen, zackigen, schmalen Querstreifen auf hellgelblichgrauem Grund. Zügelstrich angedeutet. Unterseite gelblichweiß. Habitus plump mit kurzen Beinen, Schnauze wie bei *bartoni*.

---

[3] Siehe W e t t s t e i n 1952.

Paratypus ♀, K.-R.-Lg. 33,5, Schw.-Lg. (nicht regeneriert) 41 mm. In jeder Hinsicht mit dem Typus übereinstimmend, auch in der Färbung und Zeichnung. Der nicht regenerierte Schwanz hat auf der Unterseite 2 Reihen vergrößerter Zykloidschuppen, seine Tuberkelstacheln sind kurz und konisch.

Im Gegensatz zu allen anderen *Gymnodactylus*-Stücken im Ägäisraum wurden diese 2 Exemplare nicht unter Steinen gefunden, sondern unter Büschen aus Sanddünen ausgegraben.

Erwähnt sei die Ähnlichkeit dieser Rasse mit G. *k. fitzingeri* Štěp. von Cypern!

Auf den Dionysiaden-Inseln, auf Diah, Theodoros, den Grabusa-Inseln und den Inselchen an der Südwestecke Kretas wurde trotz intensiver Suche kein *Gymnodactylus* gesehen.

Gymnodactylus kotschyi oertzeni Boettger.

6 ♂, 19 ♀, Umgebung von Pigadia, Insel Karpathos, 16.—20. VI. 35, leg. Wettst.,

1 ♀, Pille, Karpathos, 18. VI. 35, leg. Wettst.,

2 juv., Umgebung von Finiki, Karpathos, 18. VI. 35, leg. Wettst.,

Gelege von 2 Eiern, Gipfelstock des Kalolimni bei 1100 m, Karpathos, 15. VI. 35, leg. K. H. Rechinger.

Die Weibchen werden etwas größer und plumper als die Männchen. Meine 3 größten Weibchen haben eine K.-R.-Lg. von 42,0, 45,2 und 45,2 mm. Die viel selteneren Männchen messen 36,1, 36,6 und 37,5 mm. Die Präanalporen scheinen erst mit dem Alter durchzubrechen, denn bei 3 jungen Stücken sind die 2 Poren auch bei Lupenvergrößerung kaum sichtbar. Die 3 Erwachsenen haben 2, 2 und 3 Poren. Im Gegensatz zu den bisher besprochenen Rassen hat *oertzeni* so wie *stepanecki* und *unicolor* n u r j e d e r s e i t s e i n e n P o s t a n a l t u b e r k e l. So nenne ich jene etwas breitgequetschten, prominenten Tuberkeln, die hinter den Afterspaltenwinkeln jederseits an der Schwanzwurzel sitzen. Eine Abbildung davon gibt Š t ě p á n e k (1937, S. 264, Abb. 4). Bei allen andern Rassen der südlichen und westlichen Ägäis sind jederseits zwei solche Postanaltuberkeln ausgebildet, die je nach der Rasse etwas verschieden sind; so sind sie z. B. bei *bartoni* wenig ausgeprägt und mehr schuppenförmig, sehr deutlich und vorragend bei *solerii* (s. Abb. bei Š t ě p á n e k, 1937, S. 263, Abb. 2), wie breitgequetschte, schuppenförmige Tuberkeln geformt bei *kotschyi*, bei welcher Unterart häufig auch 3 solche Tuberkeln vorhanden sind, auf Andros sogar 4.

G. *k. oertzeni* ist außer von Karpathos durch O e r t z e n (s. B o e t t g e r, 1888) auch von Kasos und Armathia bekanntgeworden, beschränkt sich daher auf den Karpathos-Archipel.

Sowohl auf der Ost- wie auf der Westseite von Süd-Karpathos nicht selten unter Steinen. Ziemlich leicht zu fangen. Wurde von uns beim Aufstieg auf den Kalolimni noch bei etwa 1100 m Höhe durch den Fund von Eiern festgestellt.

Gymnodactylus kotschyi stepaneki Wettst.

5 ♂, 16 ♀, Insel Megali Zafrana, 27. V. 35 (Holotypus ♂ Mus. Wien, Nr. 11079, die anderen Stücke sind Paratypoide), leg. Wettst.,
5 St., westliche der Zwei-Brüder-Inseln (Due Adelphes) nördl. von Syrina, 29. V. 35, leg. Wettst.,
5 St., östliche der Zwei-Brüder-Inseln, 29. V. 35, leg. Wettst.,
4 St., östlichste, kleinste der Tria Nisia südl. von Syrina, 29. V. 35, leg. Wettst.,
2 St., südlichste, größte der Tria Nisia, 29. V. 35, leg. Wettst.,
1 ♂ ad., 1 ♀ ad., Ziegeninsel, südöstl. von Syrina, 29. V. 35, leg. Wettst.

Näheres über diese sehr bemerkenswerte Rasse siehe bei W e t t s t e i n, 1937, S. 79—81. Die Verwandtschaft zu dem benachbarten *G. k. oertzeni* ist offensichtlich. Leider war es noch keinem Naturhistoriker vergönnt, die zwischen Megali Zafrana und Syrina einerseits, Karpathos und Ost-Kreta anderseits liegenden kleinen Inselchen Stakida, Unia Nisia, Avgonisi und Chamilonisi zu besuchen. Wenn diese eine *Gymnodactylus*-Bevölkerung beherbergen, könnte sie vielleicht interessante Aufschlüsse über die Zusammenhänge der umwohnenden Rassen geben. Auf den 2 kleinen Klippen der Zafrana-Gruppe südlich der Hauptinsel und auf der kleineren südlicheren der beiden Karavi Nisia fand ich weder *Lacerta* noch *Gymnodactylus*. Leider verhinderte stürmisches Wetter und Zeitnot, noch weiter südlich zu den früher genannten Inselchen vorzudringen.

Wo diese kleine, schlanke Rasse vorkommt, ist sie unter Steinen sehr häufig, aber wegen ihrer Schnelligkeit schwer zu fangen. Geradezu blitzgeschwind waren sie auf der Ziegeninsel, wo sie in einer Brutkolonie von Silbermöven lebten. An solchen Plätzen ist auch *Lacerta erhardii* besonders scheu und flink (Schutz vor den Möven?).

Gymnodactylus kotschyi unicolor Wettst.

2 ♂, 1 ♀ (Holotypus ♂ Mus. Wien, Nr. 11080), nördliche, größere Insel der Karavi Nisia, südlich der Zafrana-Insel, 27. V. 35.

Näheres siehe bei W e t t s t e i n, 1937, S. 81. *Unicolor* ist eine extreme Weiterbildung der Entwicklungstendenzen von *stepaneki* in der Schnauzenbildung, die noch gestreckter und spitzer ist. Die Zeichnung ist geschwunden. Die beiden Männchen haben 3 und 4 Präanalporen.

Die nördliche Karavi-Insel ist ein steiler, etwa 80 m hoher
Felsturm aus grauem Kalk. Der Gecko ist dort unter Steinen nicht
selten.

Gymnodactylus kotschyi solerii Wettst.

2 ♂, 4 ♀ (Holotypus ♂ Mus. Wien, Nr. 11081), Insel Syrina, südöstl.
von Astropalia, 28. V. 35,
    15 ♂, 16 ♀, Insel Astropalia (= Stampalia), 27.—30. V. 35,
    1 St., Insel Ophidusa westl. von Astropalia, 31. V. 35,
    1 St., Insel Kinaros (= Chinaro), 31. V. 35,
    1 St., Insel Levita, 1. VI. 35,
    8 ♂, 2 ♀, 1 juv., Insel Anaphi, 18.—24. V. 34,
    2 St., Inselchen Makria südl. bei Anaphi, 22. V. 34,
    4 St., Inselchen Mikro Phtheno südl. bei Anaphi, 22. V. 34,
    4 ♂, 5 ♀, Inselchen Megalo Phtheno südl. bei Anaphi, 22. V. 34. Alle
leg. Wettst.

Näheres siehe bei Wettstein, 1937, S. 81—83.

Es sind 2, in seltenen Fällen sogar 3 Postanaltuberkeln vorhanden. Auf den einzelnen Inseln sind die Populationen in der
Zeichnung etwas verschieden. So ist jene von Astropalia undeutlicher gezeichnet, und die Querbinden sind braungrau, jene von
Anaphi und den umliegenden Inselchen ist sehr einheitlich auf
lichtem, im Leben lehmfarbigem bis gelblichem Grund scharf
schwarzbraun gezeichnet, die Unterseite oft zitronengelblich.
Präanalporen 3—4, sehr selten 5. Zu meiner Beschreibung vom
Jahre 1937 muß ich ergänzen, daß im ganzen Verbreitungsgebiet
von *solerii* auch einzelne Exemplare vorkommen, die mehr oder
minder große Oberschenkeltuberkeln haben, aber diese sind stets
kleiner als bei *k. kotschyi*.

Auf Pachia kommt diese Rasse ebenfalls vor.

Auf Ofidusa ist sie sehr selten, auf Liadi (östlich von Amorgos)
scheint sie zu fehlen, auf Levitha ist sie selten und ähnlich blitzgeschwind wie auf der Ziegeninsel.

Die Lebensweise dieses Geckos auf Anaphi wich von der auf
den andern bewohnten Inseln ab. In den gelegten Steinmauern
war er selten. Die meisten lebten unter Steinen oder *Poterium*-
Sträuchern in der Phrygana, kamen aber bei Tag heraus und
sonnten sich auf flachen Steinplatten oder direkt auf der Erde.
Geht bis auf den höchsten Berg der Insel (Vigla, 584 m hoch)
hinauf.

Nach Norden zu geht *solerii* in die Nominatrasse über, und
von den folgenden Inseln kann ich die Populationen nur als Über-
gangsformen betrachten.

Gymnodactylus kotschyi kotschyi Steind. ≦ *solerii* Wettst.

1 ♂, Insel Heraklea, 3. V. 34 (5 Präanalporen),

1 ♀, unbenanntes, Heraklea näher liegendes Inselchen am Westende von Heraklea, 2. V. 34,

3 ♀ ad., 2 ♂ juv., kleines, Heraklea ferner liegendes Inselchen am Westende von Heraklea (Insel Abelos der deutschen Seekarte), 2. V. 34,

2 ♀ ad., 1 ♂ juv., Insel Schinusa, 4. V. 34,

1 ♂ ad., 1 ♀ juv., Insel Kato Kupho, 4. V. 34,

1 ♂ ad., 1 ♀ ad., Inselchen Glaronisi östl. von Kato Kupho, 4. V. 34,

1 ♂ juv., 1 ♀ ad., 1 ♀ juv., Insel Apano Kupho, 4. V. 34,

2 ♂ ad. (4 und 5 Präanalporen), 1 ♀ ad., 2 ♀ juv., Insel Keros (= Karos), 5. V. 34. Alle leg. Wettst.,

3 ♂ (4 und 5 Präanalporen), 2 ♀ semiad., Insel Amorgos, VI. bis VII. 32, Coll. Franz Werner.

Diese Mischformen stehen zwar *solerii* noch sehr nahe, da die Rückentuberkeln verhältnismäßig klein und länglich und die äußersten Reihen undeutlich sind, aber die Rückenschuppen sind nicht mehr so deutlich imbrikat und vergleichsweise kleiner, flacher, die Ober- und Unterschenkeltuberkeln sind meist groß und kräftig gekielt, und häufiger treten 5 Präanalporen auf. Auffallend ist das Pärchen von dem Inselchen Glaronisi durch seine schlanke Größe (♂ mit 4 Präanalporen, K.-R.-Lg. 46,0, Schw.-Lg. 59,0 mm; ♀, K.-R.-Lg. 42,5, Schw.-Lg. 48,0 mm), seine nicht regenerierten Schwänze und kontrastreiche, schöne, dunkelbraune Zeichnung auf hellgrauem Grund.

1937 lag mir kein Material von Amorgos vor. Jetzt konnte ich 5 Stücke aus der Coll. Fr. W e r n e r untersuchen und mich davon überzeugen, daß sie, wie vorauszusehen, auch zu dieser Übergangsrasse gehören. Die Kleinheit der Rückentuberkeln ist bereits W e r n e r (1933, S. 107) aufgefallen. Auf folgenden Inselchen wurde *G. kotschyi*, sehr wahrscheinlich dieser Mischform zugehörig, von mir festgestellt, aber nicht erbeutet: Andreas zwischen Keros und Amorgos; Antikeros; Grabusa an der Nordwestküste von Amorgos; Anhydros, südwestlich von Amorgos. Auf allen diesen Eilanden scheint er spärlich zu sein. Auf dem Inselchen Phytiusa sah ich keinen Gecko.

Ein großes ♀ von Sami auf Kephallonia, Ionische Inseln, leg. W e r n e r 1894, steht dieser Zwischenform, ja *solerii* selbst, näher als dem typischen *kotschyi*.

Gymnodactylus kotschyi kotschyi Steind.

5 ad., 4 juv., Insel Ios, 10. IV. 27 u. 17. V. 34, Coll. Werner (darunter das größte Exemplar der Wiener Sammlung, 1 ♀ mit regeneriertem Schwanz von 51 mm K.-R.-Lg.),

5 ♂, 2 ♀, Insel Sikinos, 13. V. 34, leg. Werner & Wettst.,

45*

1 ♂, Insel Polynos, Milos-Archipel, 8. VI. 34, leg. Werner,
7 ♂, 10 ♀, Insel Kimolos, 3. und 4. VI. 34, leg. Werner & Wettst.,
1 ♀, Inselchen Agios Eustathios bei Kimolos, 6. VI. 34, leg. Werner,
6 ♂, 4 ♀, Insel Milos, leg. Werner 1927, 1932,
8 ♂, 6 ♀, Insel Milos, leg. Steindachner, 30. VII. 1893,
Gelege von 2 Eiern, Insel Milos, 17. VII. 32, leg. Werner,
7 ♂, 5 ♀, Insel Siphnos, 31. V.—2. VI. 34, leg. Wettst.,
3 ♂, 1♀, Insel Seriphos, 12. VII. 32, leg. Werner,
6 ♂, 9 ♀, Insel Kythnos, Umgebung von Lutra, 27.—30. V. 34, leg.
Werner & Wettst.,
2 ♂, 1 ♀, 2 pull., Insel Antiparos, 7. V. 34, leg. Werner,
10 ♂, 14 ♀, Insel Paros, 6.—8. V. 34, leg. Werner & Wettst.,
1 ♂, Insel Naxos, ex Coll. Werner, leg. Leonis,
1 ♂, T y p u s, 7 P a r a t y p e n, Insel Syra, leg. Steindachner 1866,
3 Stücke von ebendort, ex Coll. Werner, leg. Werner, 15. und 16. VI. 36,
1 ♀ juv., Insel Delos, ex Coll. Werner, leg. R. Ebner, 15. IV. 11,
1 ♀ juv., Insel Rheneia (= Mikra Delos), westl. von Delos, 18. VI. 36,
leg. Werner,
1 juv., Insel Mykonos, 14. IV. 27, leg. Werner,
1 ♀, Insel Tinos (= Tenos), leg. Bedriaga 1898,
1 ♂, 1 ♀, Insel Andros, bei Ort Petrofos, 4. VI. 37, leg. Werner (sehr
stattlich, ♂ K.-R.-Lg. 48, Schw.-Lg. 40, ♀ K.-R.-Lg. 45,5, Schw.-Lg. 53 mm.
Jederseits 3—4 Postanaltuberkeln),
2 ♂, 3 ♀, 4 juv., Insel Skyros, 30. IV.—6. V. 27, leg. Werner,
1 ♀, Insel Kyra Panagia, nördl. Sporaden, 11. V. 27, leg. Werner,
2 ♂, 2 ♀, 2 juv., Insel Kythira (= Cerigo), leg. Werner 28.—31. V. 37,
leg. O. Storch 1912 und leg. Fr. Steindachner 23. VII. 1893,
(1 ♂, 1 ♀, Insel Psathoura, nördl. Sporaden, 16. VI. 33, leg. Cyrén.
In Coll. Cyrén.)

Die Häufigkeit dieses Geckos schwankt von Insel zu Insel,
ebenso auch die Lebensweise. Auf den meisten Inseln ist er häufig.
S e l t e n ist er auffallenderweise auf der großen Insel N a x o s,
während er auf der nur wenig kleineren Nachbarinsel Paros sehr
häufig ist. Auf Pholegandros ist er sehr selten, von uns vier sah
während 3 Tagen nur ich ein einziges Stück. Selten scheint er
auch auf Sikinos und auf den nördlicheren Inseln Delos, Mykonos,
Tinos und Andros zu sein. Auf dem ganz kleinen Inselchen an der
Westküste von Naxos und auf Eremomilos habe ich ihn ebenfalls
gesehen. Auf dem Inselchen Kardiotissa zwischen Pholegandros
und Sikinos scheint er zu fehlen. Bekannt ist er noch (W e r n e r
1938 b, S. 36) von Skopelos, Thasos und Samothrake. Meistens
leben die erwachsenen Tiere in den losen Steinmäuerchen, die
jungen aber tagsüber unter Steinen versteckt. Auf Paros liefen sie,
wie auf Nikaria (siehe später!), Siphnos und nach W e r n e r (1935)
auf Ios, auch bei Tag auf losen Steinmauern umher oder sonnten
sich auf ihnen. Auf Kythnos fanden Prof. W e r n e r und ich
anfangs überhaupt keinen *Gymnodactylus*, bis ich eines Abends
daraufkam, daß er dort in G e s t e i n s s p a l t e n haust und erst

abends, und dann in Mengen, zum Vorschein kommt. Unter Steinen trifft man ihn auf dieser Insel nur selten und nur junge Stücke an.

Über das Geschlechtsverhältnis findet man in der Literatur die widersprechendsten Angaben, die trotzdem alle richtig sein können, denn der Befund hängt davon ab, wo das Material gesammelt wurde. Das Verhältnis kann nämlich von Rasse zu Rasse und von Insel zu Insel verschieden sein. Wie meine Aufzählungen erweisen, sind (mit Einschluß der früher genannten Unterarten) Männchen s e l t e n auf: Karpathos (*oertzeni*), Megali Zafrana (*stepaneki*) und Abelos (*kotschyi* ≷ *solerii*). Die Männchen ü b e r - w i e g e n anscheinend auf Anaphi, Sikinos und Milos, während auf den übrigen Inseln, von denen mehr Material vorliegt, sich die Geschlechter ungefähr die Waage halten. Wie sehr übrigens solche Feststellungen vom Zufall abhängen, zeigt folgender Fall: Auf der Insel Paros sammelten Prof. W e r n e r und ich an denselben Tagen und in derselben Gegend wahllos alle *Gymnodactylen*, die wir erwischen konnten. Prof. W e r n e r erbeutete 2 ♂♂ und 6 ♀♀, ich 8 ♂♂ und 8 ♀♀.

Eine verblaßte, undeutliche Zeichnung ist bei *kotschyi kotschyi* sowohl individuell wie populationsmäßig häufig. Fast einfarbig grau sind die Exemplare von Siphnos und Hydra (siehe folgende Form).

Von verschiedenen Orten des griechischen Festlandes, besonders vom Peleponnes, liegen mir einzelne Exemplare aus der Sammlung W e r n e r und des Wiener Museums vor. Sie stimmen in jeder Beziehung mit jenen von den Kykladen überein und sind typische *kotschyi kotschyi*.

Gymnodactylus kotschyi saronica Werner[4].

1 ♂ juv., L e c t o t y p u s, Mus. Wien, Ac. Nr. XXXV/1952—53, Insel Salamis im Saronischen Golf bei Athen, leg. Werner 10. V. 37,

1 ♀ ad., 6 ♀?, 1 ♂? juv., Insel Hydra an der Peloponnes-Küste zwischen Saronischem Golf und Golf von Nauplia, leg. Werner 14. V. 37.

Die hier aufgezählten Stücke sind dasselbe Material, für das W e r n e r (1937, S. 138) den Subspeciesnamen *saronica* vorgeschlagen hat. Der nicht regenerierte, hellgelbe, scharf schwarz quergebänderte Schwanz des Stückes von Salamis, das ich als L e c t o t y p u s bestimmte, fällt um so mehr auf, als der Körper fast zeichnungslos und einfarbig rauchgrau ist. Auch die 8 Stücke von Hydra sind zeichnungslos, grau. Die charakteristische Schwanzfärbung ist allerdings nur an dem einzigen nicht regenerierten Schwanz und nur an dessen Spitzenteil zu erkennen. Mor-

[4] Siehe W e t t s t e i n 1952.

phologische Unterschiede gegenüber Kykladen-Stücken konnte ich nicht finden. Sowohl die nicht regenerierten wie die regenerierten Schwänze haben unterseits e i n e Reihe querer, rechteckiger Schilder.

Gymnodactylus kotschyi steindachneri Štěpánek.

1 ♂, 1 ♀, Nikaria (= Ikaria), Umgebung von Agios Kirykos, 27. IV. 34, leg. Werner,

1 ♂, 1 ♀, Insel Alazonisi (= Alazopetra), Furni-Archipel, 25. IV. 34, leg. Wettst.,

1 pull., Insel Thimena, Berg Selada, Furni-Archipel, 26. IV. 34, leg. Wettst.,

4 Eier (2 Gelege), Kap Sigri, Westspitze der Insel Mytilene, **leg.** Steindachner 1893.

Rätselhafterweise ist mein reiches *Gymnodactylus*-Material von der Insel Nikaria, als einziges meiner Sammelausbeuten, in Verlust geraten, und nur 2 Stücke aus der Coll. W e r n e r ermöglichen mir die Rassenbestimmung. Wie zu erwarten war, gehören die wenigen Stücke, die mir von kleinasiatischen Inseln vorliegen, zu *steindachneri*, jedoch zeigen sie in bezug auf die Beschuppung der Schwanzunterseite Anklänge an *G. k. kotschyi.* Bei jenen Stücken, bei denen am unregenerierten Schwanz nur eine **Reihe** Schilder auf der Unterseite vorhanden ist, sind diese Schilder schmäler und deutlich zykloid, mit stark gebogenem Hinterrand, also schuppenförmig, und lassen sich gut von den breiten, hinten geradrandigen, also tafelförmigen Schildern der westlichen Rassen unterscheiden. Im einzelnen ist der Befund folgender:

N i k a r i a : 1 Stück hat eine gemischte Reihe paariger und unpaariger Schuppen, 1 Stück eine Reihe unpaariger zykloider Schuppen.

A l a z o n i s i : 1. Stück, Basisviertel mit 2—4 Reihen unregelmäßiger, zykloider Schuppen, die übrigen drei Viertel mit einer Reihe zykloider Schuppen; 2. Stück, Schwanz regeneriert, viele kleine Zykloidschuppen, in der Schwanzmitte eine Reihe von 4 quer erweiterten schilderartigen Schuppen.

T h i m e n a : 1 pull. Erstes und letztes Sechstel zweireihig, dazwischen einreihig, manche dieser Schildchen zeigen in der Mitte Einkerbungen oder Längseindrücke.

Abweichend von *steindachneri* ist die geringe Zahl von Präanalporen, die bei dem erwachsenen ♂ von Nikaria nur 4, bei dem ebenfalls erwachsenen ♂ von Alazopetra nur 2 (eine mittlere und eine linke Pore) beträgt. Dorsale Tuberkelreihen zählte ich durchwegs 12, von denen die 2 seitlichsten jederseits undeutlich sind. Die Tuberkeln sind vergleichsweise kleiner als bei *kotschyi*

kotschyi. Postanaltuberkeln haben die Stücke von Nikaria jederseits 2, die vom Furni-Archipel aber nur einen, der groß und knopfförmig ist. Erwachsene sind unterseits häufig blaß schwefelgelb. Das Junge von Thimena war oben hellgrau, Körperunterseite grau, Schwanzunterseite ziegelrot.

Das Stück von Thimena ist das jüngste und kleinste des ganzen von mir untersuchten Materials. Sonst sind die einjährigen Jungen schon etwas größer. W e r n e r (1935, S. 90) hat schon darauf hingewiesen, daß man nur 2 Größen dieses Geckos im Frühjahr fängt, einjährige Junge und mehr minder Erwachsene, was darauf schließen läßt, daß dieser Gecko mit 2 Jahren bereits ziemlich erwachsen ist.

Auf Nikaria lebte dieser Gecko in den Platanenschluchten in der Umgebung von Agios Kirykos in lose geschichteten Steinmauern und war nicht häufig. Am frühen Vormittag und späten Nachmittag kamen die Tiere heraus und sonnten sich. Dort beobachtete ich Ende April die Paarung und hörte auch — das einzige Mal! — die quakende, laute Stimme, die von dem z u r ü c k g e b l i e b e n e n Partner stammte, als ich von einem Paar den andern fing. Wie bekannt, ändern die Tiere beim Sonnen die Färbung und werden ganz dunkel grauschwarz, so daß die Zeichnung fast verschwindet. Außer dem Jungen von Thimena wurde kein Stück unter einem Stein gefunden, sondern alle nur in losen Steinmauern.

Außer auf Nikaria und einigen Inseln des Furni-Archipels muß *Gymnodactylus kotschyi* auf den kleinasiatischen Inseln sehr selten sein. Daß er auf Samos und Rhodos bisher nicht gefunden wurde, ist tiergeographisch ein Rätsel. Daß das Vorkommen von *G. k. oertzeni* auf Samos auf einer Fundortsverwechslung beruht, wurde von W e r n e r (1935, S. 87/88) bereits klargestellt[5].

Auf Chios wurde er auch noch nicht festgestellt. Von Mytilene sind der einzige bisherige Nachweis die hier angeführten 4 Eier, und von Lemnos wird von W e r n e r (1937, S. 94) ebenfalls nur 1 Ei erwähnt. Nach Z a v a t t a r i (1929) kommt die Art auch auf Simi vor.

Gymnodactylus kotschyi bildet einen selten schönen, geschlossenen Rassenkreis, wie man ihn selten findet und der von Š t ě p á n e k 1937 erstmalig geklärt wurde. Zum Unterschied von anderen Rassenkreisen, besonders von jenen der *Lacerta*-Arten,

---

[5] Diese Stücke aus der Coll. W e r n e r konnte ich jetzt untersuchen und als zweifellose *oertzeni* erkennen, die daher unmöglich aus Samos sein können.

sind die einzelnen Formen gut kenntlich und auch ohne Kenntnis
des Fundortes ziemlich leicht zu bestimmen. Das Gesamtverbreitungsgebiet erstreckt sich von Palästina über Syrien—Kleinasien bis
auf den Ostteil der Balkanhalbinsel, nördlich bis zur Donau[6], und
umfaßt auch noch den ganzen Peloponnes, die Gegend um Valona
und die Ionischen Inseln. Bei Tarent und Bari in Süditalien (1 Stück
leg. Bedriaga 1898 im Museum Wien) kommt er ebenfalls noch vor
(Peracca 1884, 1905). Im Bereich der Ägäis verläuft die Grenze zwischen den östlichen Rassen mit zwei Reihen Unterschwanzschildern
und den westlichen Rassen mit einer Reihe Unterschwanzschildern
genau entlang der großen Ägäis-Längseinsenkung. Man kann also
annehmen, daß *G. kotschyi* das ganze ehemalige ägäische Festland
bewohnte und daß sich die östliche und westliche Rassengruppe erst
nach der Trennung differenzierten. Eine große Schwierigkeit aber
bietet eine Erklärung der Tatsache, daß auf Kreta allein Rassen
der östlichen Gruppe ganz isoliert vorkommen. Ein direkter Anschluß
nach Osten ist nicht möglich, denn Karpathos beherbergt die westliche Rasse *oertzeni*, und von Rhodos wurde bisher überhaupt kein
Gymnodactylus bekannt, was nicht ausschließt, daß dort nicht
doch ein solcher vorkommt, wenn man bedenkt, wie lange es gebraucht hat, bis er auf Kreta entdeckt wurde. Vom zoologischen
Standpunkt aus wäre nicht viel dagegen einzuwenden, wenn man
annehmen würde, daß Karpathos samt seiner ursprünglichen Fauna
beim ersten Ägäiseinbruch ganz im Meer versunken wäre, erst
später wieder auftauchte und Verbindung mit den Kykladen erhielt, von welchen es dann als neue Einwanderer eine westliche
Gymnodactylus-Rasse und auch *Coluber j. caspius* erhielt. Diese
Annahme ist aber, wie mir Dr. K. H. Rechinger erklärte, vom
botanischen Standpunkt aus unmöglich, weil Karpathos eine Anzahl sehr alter Pflanzen-Endemismen besitzt. Sehr auffallend sind
die sehr nahen faunistischen Beziehungen von Kreta zu Cypern,
die ich wieder bei *Telescopus fallax* erwähnen werde und die auch
für *Erinaceus* und *Acomys* zutreffen. *G. k. fizingeri* von Cypern hat
auch keine Präanalporen und hat vergrößerte, oft gekielte, imbrikate Rückenschuppen, ist also *G. k. stubbei* besonders ähnlich.
Eine direkte ehemalige Verbindung von Kreta mit Cypern ist also

[6] Als neue Fundorte nach Material im Museum Wien seien genannt:
für *G. k. bureschi* Štěp. Varna am Schwarzen Meer und nach Mertens
(1952 b) die Umgebung von Istanbul, für *G. k. rumelicus* L. Müller Rusčuk
an der Donau, für *G. k. steindachneri* Štěp. Belamedik beim Eisenbahntunnel durch den Cilicischen Taurus und Güleck nordwestl. von Adana
im Cilicischen Taurus, für *G. k. syriacus* Štěp. Sendschirly nordöstl. von
Adana und Tarbaschi im Amanus-Gebirge. Mertens (1952 b) beschrieb
von Konia, südliches Zentralkleinasien, eine weitere Rasse: *G. k. lycaonicus*.

wahrscheinlich. In dieser Hinsicht könnte man die kretensischen *Gymnodactylus*-Rassen als Reliktformen bezeichnen. Damit ist aber das Fehlen östlicher Rassen auf Karpathos und gar auf Gavdos nicht erklärt. Ich habe schon dargetan, daß, v o n d e r v e r s c h i e d e n e n S c h u p p e n a u s b i l d u n g d e r S c h w a n z - u n t e r s e i t e a b g e s e h e n, die Beziehungen der Rassen der kleinen Inselchen um Kreta zu jenen der benachbarten Kykladen- Inseln und von Gavdos sehr enge sind. *G. k. stepaneki* und *kalypsae* sind nicht nur untereinander in der Beschuppung und Zeichnung sehr ähnlich, sondern auch mit *wettsteini* und *rarus*, nur treten bei ihnen zwei Präanalporen auf. Von *stepaneki* direkt ableitbar ist *oertzeni* und *solerii*. Letzterer geht allmählich über in *k. kotschyi*. *G. k. kotschyi* hätte sich dann unverändert über die östliche und südliche Balkanhalbinsel bis zu den Ionischen Inseln und bis Kythera verbreitet und wäre auf Kythera wieder unmittelbarer Nachbar der Kretarassen geworden, denen er nun ganz abrupt gegenübersteht. Auch diese Theorie erweckt schwerste Bedenken: erstens widerspricht sie dem Irreversibilitätsgesetz, da man doch annehmen muß, daß der Besitz von Präanalporen das Ursprüng- liche, ihr Verlust bei den Cypern- und Kretarassen das Sekundäre ist, und dann erscheint der Ausbreitungsradius der von Kreta ab- zuleitenden Rassen für die zur Verfügung stehende erdgeschicht- liche Zeit bei einer so seßhaften Form, wie es *Gymnodactylus* zu sein scheint, viel zu groß.

Auch der umgekehrte Weg, Ableitung der Kretaformen von *k. kotschyi* über *solerii—stepaneki*, stößt auf Schwierigkeiten, denn dann mußte aus Formen, die bereits einen unterseits einreihig beschilderten Schwanz hatten, wieder ein zweireihig beschilderter entstehen und dann, da doch Kreta dazwischenliegt, auf Gavdos nochmals ein einreihiger. Die Präanalporen mußten dann ebenfalls auf Kreta und in Konvergenz dazu auf Cypern verlorengehen, auf Gavdos wieder entstehen.

Ich habe mich über die mögliche Entstehung dieser Gecko- rassen im ägäischen Gebiet deshalb so ausführlich verbreitet, weil es immer so verlockend ist, in einem solchen Inselarchipel, beson- ders wenn man ihn aus eigener Anschauung kennt, nach ehe- maligen Landzusammenhängen und der chronologischen Inselent- stehung auf Grund der heutigen Tierverbreitung zu suchen. Be- sonders ein so geschlossener Rassenkreis, wie der von *G. kotschyi*, verlockt dazu. Wenn man aber ein solches Einzelproblem gründ- lich durchdenkt, dann kommt man zu keiner befriedigenden Lösung, ohne den Tatsachen Gewalt anzutun. Im gegebenen Fall kann man nur annehmen, daß ehemals, als die Ägäis noch Festland war, *Gymnodactylus kotschyi* den gesamten Raum von Syrien bis zu den Ionischen Inseln bewohnte und s i c h d a m a l s s c h o n in uns unbekanntem Grade in Unterarten (oder im Entstehen begriffene Unterarten) gliederte, die verschiedene Entwicklungstendenzen in sich trugen. Als dann die Ägäischen Inseln entstanden, hatten sie schon die heute noch auf ihr lebende *Gymnodactylus*-Population, die sich, im Gegensatz zu *Lacerta erhardii*, seither nur wenig verändert haben dürfte, denn auf sehr großen Inselkomplexen (z. B. auf den von *kotschyi*, von *solerii*, von *stepaneki* bewohnten) zeigen die einzelnen Inselpopulationen untereinander keinerlei wesentliche Unterschiede. Eine solche Betrachtungsweise stimmt auch damit überein, daß wir die G e c k o n i d e n für sehr alte, archäische Formen halten, deren Hauptdifferenzierung schon lange erfolgt sein dürfte, und von denen wir nicht annehmen können, daß sie in der geologisch kurzen Zeit, die seit der Entstehung der Ägäischen Inseln verstrichen ist, eine wesentliche Rassendifferenzierung erfahren haben, wie es z. B. bei der geologisch jungen *Lacerta erhardii* der Fall war. Als a l l g e m e i n e Entwicklungstendenzen, die in der ehemaligen Gesamtbevölkerung von *G. kotschyi* geherrscht haben, können wir feststellen:

1. Im Osten: 2 Schilderreihen auf der Schwanzunterseite. Im Westen: 1 Schilderreihe auf der Schwanzunterseite.

2. Von Norden nach Süden: Reduktion der Zahl der Präanalporen bis zum völligen Schwund, Vergrößerung der Rückenschuppen, immer stärkeres dachziegelförmiges Übergreifen und zunehmende Kielung derselben. Zur Querstreifenzeichnung tritt eine seitliche Längsstreifenzeichnung.

Hemidactylus turcicus (L.).

K r e t a :
> 1 juv., Kisamo Kastelli, NW-Kreta, 22. IV. 42, leg. Wettst.,
> 1 ad., Landhaus bei Chania, 9. VI. 42, leg. K. H. Rechinger,
> 1 juv., Hauskeller in Chania, 18. VI. 42, leg. Wettst.,
> 1 ad., Palaeochora, SW-Kreta, 5. VI. 42, leg. Wettst.,
> 1 ad., Samariá, Weiße Berge, 14. VI. 42, leg. Behnke,
> 6 ad., 1 juv., Insel Dragonada, NO-Kreta, 14. V. 42, leg. Wettst.,
> 1 ad., Insel Kufonisi, SO-Kreta, 22. V. 42, leg. Wettst.,
> 2 ad., Insel Lafonisi, SW-Kreta, 4. VI. 42, leg. Wettst.,
> 2 ad., Insel Kythera (= Cerigo), 26. V. 37, leg. Werner.

Dieser weitverbreitete und weitverschleppte Gecko wird nie im Freien, sondern nur in Mauerwerk gefunden. Kufonisi und Lafonisi sind Leuchtturminseln, und die Tiere wurden in verfallenen Mauern gefunden. Auf der Insel Dragonada saßen die 7 Tiere zuunterst nach Abtragung einer verfallenen Steinhütte. Diese und die Lafonisi-Tiere sind besonders stark und sattpurpurbraun gefleckt, die seitlichen Tuberkelreihen hellweißlich.

Karpathos:
5 ad., Pigadia, 16.—20. VI. 35, leg. Wettst.,

Rhodos:
2 ad., Häuser von Iannadi, 22. V. 35, leg. Wettst.;
1 juv., Monolito, 18. V. 35, leg. Wettst.

Die Tiere von Karpathos und Rhodos sind alle blaß und spärlich gezeichnet.

Kykladen:
6 ad., Insel Astropalia, 27.—30. V. 35, leg. Wettst.,
2 ad., Insel Ios, V. 34, leg. Werner,
1 semiad., Insel Kythnos, im Ort Lutra unter Stein, 28. V. 34, leg. Wettst.,
1 ad., 2 semiad., Insel Paros, Parikia, 8. V. 34, leg. Wettst. & Werner,
1 ad., Insel Antiparos, 7. V. 34, leg. Werner,
1 ad., Insel Sikinos, 12. V. 34, leg. Wettst.,
2 ad., Insel Hydra, 15. V. 37, leg. Werner.

Nördliche Sporaden:
1 ♂, 1 juv., Sykros, 30. IV. 27, leg. Werner.

Die Tiere von den Inseln Kythnos und Paros zeichnen sich durch besonders blasse Färbung aus.

Von Kreta (Wettstein 1931), noch von der Halbinsel Akrotiri, von Prosnero, Candia, St. Nicolo und der Insel Makronisi in der Mirabella-Bai und von Neapolis bekannt.

Ferner bekannt von folgenden Inseln der Ägäis: Naxos, Syra, Delos, Amorgos, Santorin (= Thera), Skyros, Nikaria.

Mir ist weder aus der Literatur noch aus eigener Erfahrung ein authentischer Fall bekanntgeworden, daß ein *Hemidactylus turcicus* in freiem Gelände, weit abseits von menschlichen Bauten, unter Steinen oder in Felsspalten gefunden wurde. Reitter (1912) und Werner (1938) mit Einschränkung, geben dies zwar an, aber diese Angaben scheinen mir mehr auf Überlieferung als auf eigener Erfahrung zu beruhen.

Diese Frage aber einwandfrei zu klären, erscheint mir von Wichtigkeit, denn bei der leichten Verschleppbarkeit dieses Geckos und seiner dadurch bedingten weiten sekundären Verbreitung (von den Mittelmeerländern einerseits bis Indien, anderseits bis Mittel- und Nordamerika.) sehe ich in der Feststellung eines freien Vorkommens die einzige Möglichkeit, die ursprüngliche Heimat dieses Geckos festzustellen. Anderseits aber würde diese Feststellung auch die Frage klären, ob *H. turcicus* nur passiv durch Verschleppung in Hausrat oder auch aktiv durch Wanderung ganz isoliert liegende mensch-

liche Bauten erreicht. Wie kommt z. B. dieser Gecko in die ver-
fallene kleine Steinhütte (eine ehemalige Hirtenhütte von etwa
2 m² Flächeninhalt ohne jeden Hausrat!) in der Mitte der ziemlich
großen, hügeligen, unbewohnten Insel Dragonada? Kurz gefragt,
ist dieser Gecko auf passivem oder aktivem Wege ein Mitbewohner
des Menschen geworden?

H. turcicus ist im ägäischen Raum wohl überall, aber immer
nur lokal und anscheinend immer an menschliche Bauten gebun-
den und nirgends so häufig wie *Gymnodactylus kotschyi*.

Tarentola mauritanica mauritanica (L.).

3 ad., Zisterne an der Straße beim Fluß Gazinos Potamos, 6 km
westl. von Iraklion, 25. VI. 42, leg. Wettst.

Herr B a u e r sah diesen leicht erkennbaren Gecko auch an
einem alten Turm bei Rethymnon. Ferner bekannt von der Umgebung von Kisamu Kastelli, Neapolis, Chanea (W e t t s t e i n
1931). Hagios Myron (B o e t t g e r 1888) liegt in derselben Gegend
wie mein Fundort, und Knossos, wo diese Art K ü h n e l t und
Š t ě p á n e k fanden (W e r n e r 1938 b), liegt ebenfalls in der
Umgebung von Iraklion (= Candia), in welcher sie demnach am
häufigsten zu sein scheint. In Ost-Kreta und an der Südküste der
Insel wurde sie noch nicht gefunden.

Die einzelnen Fundorte, über die westlichen drei Viertel der
Nordküste zerstreut, liegen alle weit voneinander isoliert. Stets ist
altes Mauerwerk der Aufenthaltsort. Auf natürlichem Fels wurde
die Art, im Gegensatz zu ihrer Lebensweise auf den Ionischen
Inseln (W e r n e r 1938 b), nicht gefunden. A u ß e r a u f K r e t a
f e h l t *T. mauritanica* d e m g a n z e n Ä g ä i s r a u m.

Agama stellio stellio (L.).

1 ♀ ad., Insel Rhodos, Monte Propheta, 11. V. 35, leg. Wettst.,
1 ♀ ad., Insel Rhodos, Mt.-Attairo-Gipfel, 1240 m hoch, 16. V. 35,
leg. Wettst.,
2 ♂, 1 ♀ ad., 2 juv., Insel Rhodos, Monolito, 18. und 19. V. 35,
leg. Wettst.

Das größte Stück, 1 ♀, hat 125 mm K.-R.-Lg. und 151 mm Schw.-Lg.
Bei den ♂ ist nicht nur die Kehle, sondern auch der ganze Rücken weitgehend blauschwarz.

1 ♂ senex, Insel Kalymnos, Schlucht beim Ort Pothea, 4. VI. 35,
leg. Wettst. Gesamtlg. 310 mm (Schwanzspitze fehlt), K.-R.-Lg. 140 mm.

1 ♀ ad., Gegend Livadia bei Cardámena, Süd-Küste der Insel Kos,
6. VI. 35, leg. Wettst. Mit der dunklen Kehl- und Rücken-Färbung eines
Männchens.

1 ♂ ad., dunkelblauschwarz, Tigani, Insel Samos, VI. 32, leg. Werner,
3 ad., beim Ort Kampos, Insel Furni, 25. IV. 34, leg. Wettst.,

5 ad., 1 juv., Umgebung von Agios Kirykos, Insel Nikaria, IV. 34,
leg. Werner & Wettst.,

2 ♀ ad., 2 juv., Insel Paros, 8. V. 34, leg. Wettst.

Ex Sammlung Museum Wien:

1 ♂ ad., Insel Mykonos, 17. VI. 36, Coll. Werner,

1 ♂, 1 ♀ ad., 2 juv., Insel Delos, leg. K. Toldt 1911 und Werner
18. VI. 36,

6 ad., Insel Naxos, don. Steindachner 1893.

Auf der griechischen Festlandsseite ist der Hardun nur sehr
lokal verbreitet und aus der Umgebung von Saloniki aus dem Bergland Kiretschköi Dagh östlich dieser Stadt bekannt (zuletzt berichtete über dieses interessante Vorkommen ausführlich K a t
t i n g e r 1941, I). Herr Dr. B a b y traf den Hardun 1942/43
massenhaft bei Kolchikon bei Langada, 20 km nordöstlich von
Saloniki, an (mündl. Mitteil.). Auf den Kykladen lebt er auf
Mykonos, Paros, Antiparos, Naxos und Delos.

Auf der kleinasiatischen Seite, wo er das ganze Festland bewohnt, ist er auch auf den vorgelagerten Inseln überall zu Hause:
Mytilene, Chios, Nikaria, Furni und Thimena im Furni-Archipel,
Samos, Kalymnos, Kos, Nisiros, Simi, Chalki (= Calchi) Rhodos
(letztere Angaben nach Z a v a t t a r i). Sehr wahrscheinlich wird
die Art auch auf Patmos, Leros und Tilos (= Piskopi) vorkommen.
Wo der Hardun vorkommt, ist er häufig, auffallend und nicht zu
übersehen. Jedoch muß erwähnt werden, daß ganz große, alte
Exemplare selten sind. Nur auf der Insel Kalymnos, die sehr
trocken und vegetationsarm ist, scheint der Hardun sehr selten
(vielleicht im Aussterben?) zu sein. Ich habe allerdings nur den
SW-Teil der Insel besucht. Ich sah und fing ein einziges, riesiges
Männchen in einer felsigen, trockenen Schlucht bei Pothea. Es
flüchtete vor mir mit großem Gepolter in eine für seine Größe viel
zu enge Felsspalte, so daß Hinterleib und Schwanz heraussahen
und es leicht erbeutet werden konnte.

Die Variationsbreite von Färbung und Zeichnung, die von
C a l a b r e s i (1923) und Z a v a t t a r i (1929) für den Dodekanes
beschrieben wurde, hält sich, wie auch aus meinem Material hervorgeht, in den für das westliche Verbreitungsgebiet der Art bekannten Grenzen. Inselrassen scheinen sich nicht ausgebildet zu
haben. Erst im Südosten des Verbreitungsgebietes (Cypern, Andana, Syrien, Palästina) wird die Variabilität größer (anscheinend
auch die Körpergröße) und treten Färbungsvarietäten auf, die man
im Ägäisraum nicht antrifft. Mein größtes Exemplar, das Männchen
aus Kalymnos, mißt, bei fehlender Schwanzspitze, 310 mm, C a l a
b r e s i s größtes Stück, ein Männchen von Rhodos, mißt 317 mm
Gesamtlänge. Sowohl auf Nikaria wie auf Rhodos und Kos fand ich

die Art bis auf die höchsten Berggipfel verbreitet, auf Nikaria auf
dem 1012 m hohen Atheras, auf Rhodos auf dem 1240 m hohen
Monte Attairo und auf Kos auf dem 846 m hohen Monte Dikeo.
Die Art ist nicht nur Felsentier, sondern erklettert gelegentlich
auch Bäume bis in einige Meter Höhe.

Chamaeleo chamaeleon chamaeleon (L.).

1 ad. (tot gefunden), Vathy, Insel Samos, 14. IV. 34, leg. Rechinger,
ex Coll. Werner.

Die Belege für das Chamäleon im Bereich der Ägäis sind
außerordentlich dürftig. Außer von S a m o s wurde die Art von
C h a n d l e r für C h i o s und von Š t ě p á n e k erst 1934 (S. 9)
für K r e t a festgestellt. In der Sammlung des Museums Berlin be-
finden sich 2 kleinere Stücke von C h i o s, leg. M o s e r 1930. Auf
Rhodos wurde die Art bisher nicht gefunden, ebensowenig auf den
anderen ägäischen Inseln oder auf dem griechischen Festland.
Š t ě p á n e k bekam ein lebendes Exemplar von der Südküste
Kretas. Obwohl wir alle 1942 sehr eifrig nach dem Chamäleon,
besonders an der Südküste, suchten und überall Auftrag gaben,
uns welche zu bringen, waren alle Bemühungen vergeblich. Nur
Herr General F o l t t m a n n machte mir am 15. VII. zuverlässige,
unbezweifelbare Angaben, daß er ein Chamäleon am selben Tag
in einem Villengarten bei Knossos gesehen hat. Am nächsten Tag
suchte ich selbst in diesem mit hohen Dattelpalmen bestandenen
Garten vergeblich danach.

Das Vorkommen des Chamäleons auf Kreta scheint sich demnach auf die Südküste und die Umgebung von Iraklion zu beschränken und ist außerordentlich selten. Daß es sich dort um ein
natürliches Reliktvorkommen handelt, ist nicht unwahrscheinlich,
aber ich halte es für unmöglich, festzustellen, ob dies tatsächlich
der Fall ist oder ob die Art dort eingeschleppt oder eingesetzt
wurde.

Ophisaurus apodus (Pall.).

Am Fuße des Acramiti-Gebirges auf Rhodos sah ich am 18. V.
1935 ein riesiges, braunschwarzes Stück, das in mit Zwerg-
sträuchern bedecktem Geröll verschwand, bevor ich es fangen
konnte. N e u f ü r R h o d o s.

Über den ganzen Balkan und über ganz Kleinasien bis weit
nach Osten verbreitet. Aus dem Ägäis-Raum, außer von Rhodos,
von den durchwegs großen Inseln Kos, Samos, Mytilene, Lemnos,
Thasos und Euböa bekannt. Das von E r h a r d behauptete Vorkommen auf Naxos ist unbelegt und fraglich.

Anguis fragilis peloponnesiacus Štěpánek.

(Abb.: Werner, 1938 b, T. VI, Abb. 22 b.)

2 ad., 1 juv., Kambos, Taygetos, südl. Peloponnes, coll. Holtz 1901.

In allen Merkmalen dieser sehr augenfälligen Rasse typisch. Siehe dazu Štěpánek (1937) und Wermuth (1950). Fehlt der ägäischen Inselwelt vollkommen. Cyrén (1935) fand *A. f. peloponnesiacus* im nördlichsten Peloponnes auf dem Berg Malthi zwischen Kalamata und Patras.

Blanus strauchi Bedr.

1 ad., Insel Kos, Bergwerk bei Asfendiu, 8. VI. 35, leg. Wettst.,
1 ad., Mersina, westl. von Adana, SO-Kleinasien, Sammlung Mus. Wien.

Diese rein südwestasiatische Art wurde bisher auf Inseln nur auf Rhodos und Kos gefunden. Ihr angebliches Vorkommen auf der europäischen Ägäisseite halte ich für durchaus unwahrscheinlich.

Lacerta danfordi Gthr.

Lacerta danfordi oertzeni Wern.

(Abb.: Werner 1935, S. 103, Werner 1938 b, T. XII, Abb. 29.)

12 ♂ ad., 8 ♂ semiad., 2 ♂ juv., 10 ♀ ad., Umgebung von Agios Kirykos, Insel Nikaria (= Ikaria), 19.—30. IV. 34, leg. Wettst.

Wohl selten ist in einem so kleinen Formenkreis eine solche Konfusion angerichtet worden wie in jenem von *L. danfordi*. Mangel an Material, Überbewertung sehr variabler Merkmale durch Werner und v. Méhely und Irrtümer haben sie verursacht. Als eines der Hauptunterscheidungsmerkmale zwischen *danfordi* Gthr. und *anatolica* Wern. gilt das Verhältnis der Kopflänge zur Kopfbreite, das nach Werner (1903, S. 333) 1,38 bis 1,44 : 1 bei erwachsenen *L. danfordi*, 1,53 bis 1,74 : 1 bei erwachsenen *anatolica* beträgt. Boulenger (1920, I., S. 314) drückt dies auf englische Art aus: 1 : 38 bis 1 : 44 bzw. 1 : 53 bis 1 : 74. Calabresi (1923, S. 9—11) akzeptiert diese Zahlen, berechnet aber für ihre Exemplare aus Rhodos statt das Verhältnis $\frac{\text{Kopflänge}}{\text{Kopfbreite}}$ irrtümlich das Verhältnis $\frac{\text{Kopflänge}}{\text{Pileusbreite}}$, und der Zufall will es, daß die von ihr so errechneten Zahlen gerade in die Mitte zwischen jene von *danfordi* und *anatolica* fallen. So kommt sie durch ein falsches Ergebnis zu dem richtigen Schluß, den bereits Boulenger (1920, S. 314) gezogen hat, daß durch die nähere Untersuchung der Form der Südsporaden die Artselbständigkeit von *anatolica* zusammenbrechen dürfte. Werner (1935, S. 102—106),

ohne anscheinend die Arbeit von C a l a b r e s i zu kennen, bemühte
sich in langer Ausführung, auf Grund des großen Materials, das
wir beide von der Insel Nikaria (= Ikaria) heimbrachten, die Artselbständigkeit von *anatolica*, für welche er die Eidechsen von
Nikaria hielt, neuerlich zu beweisen. Dabei hat er offenbar die
Kopfverhältniszahlen nicht errechnet, denn sonst hätte ihm auffallen müssen, daß diese mit jenen von *anatolica* gar nicht, sehr
gut aber mit jenen von *danfordi* übereinstimmen. Das scheint
W e r n e r aber bereits 1904 (S. 258, Fußnote) bei Aufstellung
seiner *L. oertzeni* von Rhodos und Nikaria festgestellt zu haben,
die er damals wohl mit *danfordi*, nicht aber mit *anatolica* durch
Vergleich in Beziehung brachte und die er in seinen späteren
Arbeiten ignoriert.

Ich selbst wollte in dieser Arbeit unser Material im Hinblick
auf W e r n e r s anscheinend erschöpfende Behandlung (1935) ohne
nähere Untersuchung als *L. danfordi anatolica* anführen. Nur der
Umstand, daß ich mir über die Form von Rhodos nicht klar wurde
und eine Vergleichsbasis brauchte, die mir die Ausführungen
W e r n e r s nicht boten, weil die maßgeblichen Zahlen (1935,
S. 104, die fünf letzten Zeilen!) total verdruckt zu sein scheinen,
bewog mich, auch das Nikaria-Material näher zu untersuchen. So
wurde schließlich eine kleine Revision dieses Rassenkreises
daraus[7].

Zur Untersuchung lag mir folgendes Material vor:
22 ♂♂, 10 ♀♀ von Nikaria, 3 ♂♂, 1 ♀ von Rhodos, 1 pull. von
Simi, 4 ♂♂, 1 ♀ von *danfordi danfordi* von verschiedenen Fundorten in Kleinasien, 1 ♀, Holotypus, von *anatolica*.

Für die statistische Berechnung der Indizes $\dfrac{\text{Kopflänge}}{\text{Kopfbreite}} = \dfrac{L}{Bk}$
und $\dfrac{\text{Kopflänge}}{\text{Pileusbreite}} = \dfrac{L}{Bp}$ konnte ich die Maßangaben bei W e r n e r
(1903), v. M é h e l y (1909), B o u l e n g e r (1920) und C a l a-
b r e s i (1923) mitverwenden. Die Gesamtzahl der so statistisch
verarbeiteten Individuen geht aus der Tabelle hervor. Leider geben
v. M é h e l y und B o u l e n g e r die Pileusbreite, C a l a b r e s i die
Kopfbreite nicht an. Da mir aus Rhodos 4 erwachsene Stücke vorliegen, bei denen im Durchschnitt die Differenz zwischen Kopfbreite und Pileusbreite 2,9 mm beträgt, so konnte ich die von
C a l a b r e s i angegebenen Pileusbreiten auf Kopfbreiten um-
rechnen. Das ist natürlich nicht sehr exakt, aber ich wollte auf die
Mitverwendung der 6 Stücke C a l a b r e s i s von Rhodos nicht

---

[7] *L. d. kulzeri* L. Müll. & Wettst. (1933), von der seit ihrer Beschreibung kein neues Material bekannt wurde, blieb dabei unberücksichtigt.

verzichten. Das Ergebnis war ein durchaus wahrscheinliches. Dagegen mußten die Indizes $\frac{Bp}{L}$ und $\frac{L}{Bp}$ aus einem weit geringeren Material errechnet werden, weil die von Méhely und Boulenger erwähnten Exemplare wegfielen. An und für sich ist das bedauerlich, denn die Pileusbreite ist natürlich viel exakter zu messen als die Kopfbreite, die durch mehr oder minder aufgeblähte Backen, durch die Konservierungsart, durch Quetschung in den Behältern usw. sehr beeinflußt werden kann. Daß dieses Maß tatsächlich viel variabler ist als die Pileusbreite, ist aus der Tabelle klar ersichtlich: Die Variationsbreite von $\frac{Bk}{L}$ beträgt 9—11, von $\frac{Bp}{L}$ nur 3—7. Will man nun auf die aus einem so uneinheitlichen Zahlenmaterial (die verschiedenen Personen messen natürlich verschieden genau und mit verschiedenen Instrumenten!) gewonnenen Indizes überhaupt etwas geben, so geht aus ihren Mittelwerten (siehe Tabelle) klar hervor, daß sich *anatolica* von *danfordi* tatsächlich durch eine längere und schmälere Kopfform unterscheidet, daß aber die Eidechsen von Rhodos und Nikaria in diesem Hauptmerkmal nicht *anatolica* nahestehen, sondern *danfordi*. Es geht also nicht an, diese zwei Inselformen mit *anatolica* zu identifizieren, wie es Werner und Calabresi getan haben.

Von der typischen *danfordi* unterscheidet sich die Form von Nikaria durch die geringere Zahl von Femoralporen: 14—22, Mi 18, bei alten ♂♂ 19 (bei *danfordi* 19—25, Mi 22), durch immer vorhandene gut ausgebildete 8 Bauchschilderreihen (bei *danfordi* sind gewöhnlich nur die Bauchrandschilder mehr oder weniger vergrößert, doch gibt es auch einzelne Exemplare mit einer gut ausgebildeten 8. Bauchschilderreihe) und durch ein anderes Zeichnungsmuster. Färbung und Zeichnung hat bereits Boettger (1888) in seiner ausgezeichneten Bearbeitung der E. v. Oertzenschen Ausbeute mustergültig beschrieben. Junge Tiere von 4—5 cm K.-R.-Lg. sind oberseits schwarz mit grell sich abhebenden, 1 mm breiten, grünlich- bis gelblichweißen Supraciliarlinien, die sich einerseits über die Parietalia und Supraocularia nach vorne fortsetzen, anderseits auf der Schwanzwurzel verlaufen. Der Pileus ist dunkelbraun, schwarz gefleckt, mit einem großen, schwarzen Längsfleck auf dem Frontale. Die übrige Oberseite ist mit kleinen, hellen Punkten besäht, die im Bereich der Subokularlinien sich zu einer undeutlichen Ozellenreihe, auf den Extremitäten zu großen, runden Fleckchen vergrößern, in der vorderen Rückenmitte aber zu einer zackigen Okzipitallinie zusammenfließen. Die Unterseite ist bei diesen Jungen orangerot. Mit zunehmender Größe wird die

Okzipitallinie immer breiter, brauner und länger, setzt sich auf den
Pileus fort, der sich braun aufhellt und als zackiges oder fleckiges
Okzipitalband bis über die Schwanzwurzel hinabzieht. Die immer
noch hellen Supraziliarlinien werden breiter, die Ozellen der Subokularlinien deutlicher, und auf den Extremitäten entstehen große,
helle schwarzgerandete Ozellen. In diesem prächtigen Streifenkleid
trifft man noch Stücke bis 6,5 cm K.-R.-Lg. an. Bei noch älteren
Stücken tritt eine deutlich nach dem Geschlecht verschiedene
Weiterentwicklung ein. Bei den Weibchen ist die ganze Dorsalzone
hellbraun, sie wird von zwei braunschwarzen, fleckigen Parietalbändern eingefaßt. Die immer noch sehr scharfen, hellen, aber
mehr bräunlichweißen Supraziliarlinien werden nach außen von
einer schwarzbraunen, zackigen Linie oder Fleckenreihe begrenzt,
die den letzten dunklen Rest des sonst zu braun aufgehellten Tem-
poralstreifens darstellen. Dieser enthält undeutliche, verschwom-
mene, lichtere Ozellen. Pileus einfarbig braun, Submaxillaria und
Halsseiten fein dunkel gefleckt.

Beim alten **Männchen** wird die ganze Dorsalzone hellbraun
und durch Auflösung der Parietalbänder schwarz gesprenkelt. Dadurch fällt auch die scharfe Begrenzung gegen die Supraziliarlinien, die sich — selbst etwas bräunlicher geworden — nur mehr
undeutlich abheben. Dagegen bleiben die Körperseiten schwarzbraun. Sie sind sehr fein hell ozelliert oder retikuliert. Dieses
Muster löst sich gegen die helle Unterseite zu in feine Schwarz-
fleckung auf, die auf die Submaxillaria und Kehlseiten übergreift.
Pileus braun, undeutlich dunkel gefleckt. Die großen Ozellen auf
den Gliedmaßen bleiben bei beiden Geschlechtern bestehen, bei den
Männchen sind sie kleiner und schärfer ausgeprägt.

Die Umfärbung der Unterseite ist bei beiden Geschlechtern
gleich und beginnt von der Brust an kaudalwärts fortschreitend,
indem das Orangerot immer mehr verbleicht und einer rötlichen,
grünlichen oder bläulichen Perlmutterfarbe weicht. Die Kopfunterseite bis zum Halsband wird zitronen- oder schwefelgelb. Bei ganz
alten Tieren ist manchmal die ganze Unterseite perlmutterfarbig.
Eine sehr gute Abbildung aller Stadien männlicher Tiere brachte
W e r n e r (1935) auf S. 103. Eine Variabilität besteht praktisch
n i c h t!

Während bei der Nikariaform auf der Dorsalzone niemals Ozellen
oder ein Netzwerk mit „tropfenförmigen" Maschen auftreten,
scheint das für *anatolica* und *danfordi* charakteristisch zu sein. Der
Typus von *anatolica* (♀) zeigt dies in ausgeprägtem Maß[8], und

---

[8] Das mir vorliegende Originalexemplar viel ausgeprägter als die
nicht sehr gelungene Zeichnung bei W e r n e r (1902), Taf. III, Fig. 11.

ebenso die Abbildung eines ♂ bei Méhely, S. 447, und die eines ♂ von *danfordi*, S. 457. Mir selbst stehen nur 4 erwachsene ♂♂ und 1 ♀ von *danfordi* zur Verfügung, von denen nur das ♀ aus Burdur (ex Coll. Cyrén 1914) eine deutliche Ozellierung der ganzen Dorsalzone zeigt, während 1 ♂ aus Elmali eine schwarze, grobe Retikulation über die ganze Oberseite aufweist, deren unregelmäßige Maschen aber nicht einwandfrei als Ozellen bezeichnet werden können. Ein ♂ aus Burdur hat eine breite, aus queren, groben Flecken bestehende Okzipitalbinde und ebensolche Temporalstreifen. Die zwei letzten Männchen sehen dem von Boulenger (Cat. Liz., Bd. III, 1887, Taf. I, Fig. 2) abgebildeten Stück gleich, das heißt, sie haben eine einfarbige, nur mit einzelnen, schwarzen Schuppen bestreute Dorsalzone, keine sichtbaren Supraziliarlinien, und die Körperseiten sind mit einem reduzierten, feinen schwärzlichen Netzwerk bedeckt. Sie kommen den alten Nikaria-♂♂ noch am nächsten. Drei *danfordi*-♂♂ und der *anatolica*-Typus haben nicht nur die Kopfunterseite, sondern die ganze Unterseite oder wenigstens auch die äußere Bauchschilderreihe schwarz bepunktet. Im allgemeinen kann man sagen, daß bei *danfordi* die dunkle Zeichnung matter und nicht so schwarz ist wie bei der Nikaria-Form.

Während die Nikaria-Form soviel wie gar nicht in Färbung und Zeichnung variiert, ist dies bei *danfordi* in sehr starkem Maß der Fall. Die Zeichnungsform von Nikaria wird aber anscheinend nie erreicht. Die Nikaria-Form ist also nicht nur in der Zahl der Bauchschilder und Femoralporen, sondern auch in der Zeichnung rassisch verschieden von *danfordi*. Als Name für diese Rasse steht *Lacerta oertzeni*, Werner 1904, zur Verfügung, die von Nikaria (neben Rhodos) erwähnt wird. Terra typica wäre daher Nikaria[9]. Außer auf dieser Insel kommt sie anscheinend auch auf der benachbarten Insel Samos vor, wo sie nach Boettger (1888) von v. Oertzen bei Marathokampos Ende Juni 1887 in einem Stück erbeutet wurde. Seither wurde sie dort nie wieder gefunden. Werner hat bei drei Besuchen die Umgebung von Marathokampos nach dieser Eidechse durchforscht, ohne ein Stück zu sehen. Ebenso erging es K. H. Rechinger. Auf dem gleichfalls Nikaria benachbarten Furni-Archipel habe ich sie nicht gesehen.

Ungeklärt bleibt vorläufig, zu welcher Rasse die „prächtig rotkehligen *L. anatolica*" gehören, die Cyrén (1935) am Kas Dagh im nordwestlichsten Kleinasien erbeutet hat.

---

[9] Als Typus muß eines der 4 Exemplare gelten, die v. Oertzen gesammelt hat und die im Mus. Berlin erliegen müßten.

Während W e r n e r (1933) vom 24. bis 26. Juni 1932 nur ein einziges Weibchen in der Umgebung von Agios Kirykos auf Nikaria sah und erbeutete, war die Art während unseres gemeinsamen Aufenthaltes dortselbst vom 19. bis 30. April 1934 überaus häufig. Das läßt darauf schließen, daß diese Eidechse nur eine kurze Aktivitätszeit im ersten Frühling hat. Der natürliche Biotop sind die Felsblöcke in den mit Platanen bewachsenen, wasserführenden Schluchten. Junge und Halberwachsene bewohnen auch die gelegten Steinmauern in mehr offenem Gelände. Die Phrygana, das Gebiet von *Agama stellio*, wird gemieden. Sie klettern nicht nur auf den Felsen, sondern auch auf den Bäumen hoch hinauf. Am Hang des 1000 m hohen Atheras gehen sie vereinzelt an geeigneten, baum- und felsbestandenen Stellen bis zur etwa 800 m hoch gelegenen Baumgrenze. Erwähnt mag werden, daß die zwei kleinsten Stücke im ausgeprägtesten Jugendkleid, die ich sah und fing (50 mm K.-R.-Lg. und 45 + 78 mm Gesamtlänge), von der Baumgrenze stammen. Die Tiere sind lebhaft, aber nicht scheu und lassen sich leicht mit der Schlinge fangen. Die im Jugendkleid sind etwas scheuer. Daß dieses mit seiner grünlichweißen und schwarzen Streifung und orangeroten Unterseite so sehr vom Alterskleid abweicht, daß W e r n e r und ich anfangs glaubten, zwei verschiedene Arten vor uns zu haben, hat W e r n e r (1935, S. 103/104) bereits erwähnt. Eigenartig ist, daß unter den 10 Stücken im Jugendkleid, die mir vorliegen, sich kein einziges Weibchen befindet! Von den 22 Erwachsenen meiner Ausbeute sind 10 Weibchen. Dreimal wurde am 21. und 24. April die Paarung beobachtet. Sie findet zwischen $^{1}/_{2}$9 Uhr und 10 Uhr auf dem Boden im spärlichen Gras oder Fallaub statt. Die Paarung beginnt mit Verfolgung von seiten des Männchens. Das Weibchen läßt sich bald stellen und hält ruhig, während sich das Männchen von hinten auf es stürzt und es rechts in den Hals (1mal) oder in die Flanke (2mal) beißt, worauf sie sich zum Knäuel verschlingen. In diesem Stadium habe ich sie jeweils mühelos mit der Hand gefangen. Merkwürdigerweise enthielten zwei von diesen kopulierenden Weibchen Eier von etwa 5 mm Durchmesser, das dritte keine. Einschließlich dieser 2 Weibchen sind von den 10 gesammelten, erwachsenen Weibchen 7 trächtig und nur 3 nicht. Eines derselben von 65 + 119 mm Gesamtlänge hat rechts 2, links 1 erbsengroßes Ei und 18/18 männchenähnliche große Analporen. Das größte Weibchen meiner Aufsammlung mißt 72 + (reg.) 113 mm und enthält rechts 3, links 3 große Eier von etwa 10 mm Längsdurchmesser. Das zweitgrößte Weibchen mißt 72 + (reg.) 102 mm und hat rechts 3, links 2 erbsengroße Eier. Die Eier schwanken in der Größe zwischen 5 und 10 mm, sind aber

in ein und demselben Weibchen ungefähr gleich groß. Die größten
Männchen meiner Aufsammlung messen 76 + (reg.?) 131 und
75 + 138 mm. Ein Männchen von 74 mm K.-R.-Lg. hat einen
151 mm langen Schwanz. Die in Paarung gewesenen Stücke, die
alle das Alterskleid tragen, hatten folgende Maße:

21. IV. 1934. ♂ 68 + 130 × ♀, trächtig, 66 + (reg.) 109 mm,
21. IV. 1934. ♂ 73 + (reg.) 129 × ♀, nicht trächtig, 70 + (reg.)
82 mm,
24. IV. 1934. ♂ 74 + 151 × ♀, trächtig, 70 + 135 mm.

Ausführliche Angaben über die Pholidose siehe bei Werner
(1938 b), S. 62.

Lacerta danfordi danfordi Gthr.

1 ♂, Embona, Insel Rhodos, 15. V. 35, leg. Wettst.,
1 ♂, Monolito, Insel Rhodos, 19. V. 35, leg. Wettst.,
1 ♂, Villanova, Insel Rhodos, 1935, don. Dr. Soleri,
1 ♀, Iannadi, Insel Rhodos, 21. V. 35, leg. Wettst.,
1 pull., Insel Symi, Anfang VII. 35, leg. K. H. Rechinger.

Wie aus meinen vorhergehenden Ausführungen und der Tabelle S. 689 hervorgeht, haben die *danfordi*-Eidechsen von Rhodos
mit *anatolica* ebensowenig etwas zu tun wie die von Nikaria. Von
oertzeni unterscheiden sie sich aber durch die höhere Femoralporenzahl, die nach Calabresi (1923) und meinen eigenen Zählungen 18—23 (Mi 21) beträgt, also fast so hoch wie bei *danfordi*
ist (s. S. 683). Die Zahl der Bauchschilderreihen schwankt zwischen
6—8, und bei meinem Material sind bei 3 Stücken die sogenannten
8. Reihen im Vergleich zu *oertzeni* nur vergrößerte Bauchrandschilder. Also auch in diesem Merkmal übereinstimmend mit *danfordi*. Die Färbung und Zeichnung wurde schon von Boettger
(1888) und Calabresi (1923) beschrieben, sie weicht von
oertzeni ebenso ab wie *danfordi* von *oertzeni* und ist *danfordi* ähnlicher. Meine 3 Männchen sind sich fast gleich. Die jetzt einfarbig
hellbläulichgraue Dorsalzone wird von zwei breiten Parietalbändern durchzogen, die in der Rückenmitte stark genähert und
vielfach verbunden sind und die aus schwarzbraunen, kleinen
Fleckchen bestehen. Sie entsprechen den Calabresischen
Stücken Nr. 3, 5 und 7. Bei einem Stück ist diese Rückenzone
undeutlich ozelliert. Den kaum lichter sich abhebenden Supraziliarlinien schließen sich die dunkelbraunen, schmalen Temporalstreifen an, die mehr oder weniger deutlich ozelliert sind. Die
Oberseite der Extremitäten ist mit großen, bleichen Ozellen bedeckt. Gegenüber *oertzeni* ist die ganze Zeichnung verblaßt und
reduziert, am meisten beim Weibchen, das nur eine Reihe weit
isoliert stehender schwarzbrauner Flecken auf der Rückenmitte

und eine Reihe zerfressener Flecken auf den Temporalbändern
trägt. Es entspricht dem Calabresischen Exemplar Nr. 1. Die
Unterseite ist jetzt hellgrau-perlmutterfarbig, die Submaxillaria
und Halsseiten sind schwarz getüpfelt. Das Rostrale berührt bei
meinen Exemplaren, im Gegensatz zu jenen Calabresis, das
Nasenloch nicht. Das Anale ist bei meinen Exemplaren ungeteilt.
Mein größtes ♂ hat 75 + 179 mm, das ♀ 76 + — mm Gesamtlänge.
Ich kann keinen greifbaren Unterschied zwischen der Population
von Rhodos und der typischen *danfordi* finden und stelle sie daher
zu dieser.

Viel Kopfzerbrechen hat mir ein Neugeborenes gemacht, das
mir mein Reisegefährte K. H. Rechinger von der Insel Symi,
die ich nicht selbst besuchen konnte, anfangs Juli 1935 mitbrachte.
Es hat denselben Zeichnungstypus wie die Erwachsenen von
Rhodos und Nikaria, insbesondere wie die Halberwachsenen von
Nikaria.

Einem braunen, breiten Okzipitalstreifen, der in der Vertebrallinie durch eine bläulichweiße, unregelmäßige Fleckenreihe geteilt
ist, schließt sich jederseits eine scharfe, bläulichweiße Supraziliarlinie an, die bis auf die Subocularia nach vorne reicht. Die braunen
Temporalstreifen enthalten 2 Reihen runder, heller Fleckchen
(Ozellen), und die Oberseiten der Extremitäten sind ebenso gefleckt. Dieses für Neolacerten gewöhnliche, gestreifte Zeichnungsmuster widerspricht ganz dem genetzten oder ozellierten
Zeichnungsmuster, wie es für Archeolacerten charakteristisch
sein soll und wie es auch von Werner und von v. Méhely für
danfordi und *anatolica* angegeben wird (s. Abb. bei Werner
1903, Taf. 23, Fig. 3, und bei v. Méhely 1909, S. 447, Fig. 5).
Dagegen sagt Boulenger (1920, I., S. 312) in bezug auf die
Jungen und Weibchen von *danfordi*: „a light, unspotted area
along each side of the back, from each parietal shield", womit
nur die Supraziliarlinien gemeint sein können. Ich bin nicht imstande, diesen Widerspruch zu lösen. Erwähnt sei, daß ein als
L. danfordi Gthr. bezeichnetes Neugeborenes in der Sammlung des
Wiener Museums vom Erdschiasgebiet, leg. Penther 1902, das
genau wie die von Werner und v. Méhely abgebildeten Jungen
aussieht, in Wirklichkeit eine *Latastia (Apathya) cappadocica*
Wern. ist.

Seit v. Oertzens Zeiten ist von den südlichen Sporaden
L. danfordi nur von Rhodos und Symi bekannt. Auch Zavattari
(1929) führt sie nur von diesen 2 Inseln an. Auf Kalymnos und
Kos haben wir die Art nicht angetroffen. Auf Karpathos fehlt sie
sicher.

Auf Rhodos ist die Art selten, und ich traf immer nur einzelne Stücke an. Junge oder Halbwüchsige wie auf Nikaria wurden nicht gesehen.

	$x = \dfrac{B_K}{L}$	$x = \dfrac{L}{B_K}$	$x = \dfrac{B_P}{L}$	$x = \dfrac{L}{B_P}$
anatolica Kleinasien 12 St.	0·55—0·65 Mi 0·58	1·53—1·82 Mi 1·70	0·39—0·43₅ Mi 0·42	2·30—2·57 Mi 2·39
danfordi Kleinasien 11 St.	0·62—0·72 Mi 0·65	1·38—1·62 Mi 1·53	0·44—0·47 Mi 0·45	2·14—2·29 Mi 2·21
Rhodus 10 St.	0·59—0·70 Mi 0·66	1·43—1·70 Mi 1·52	0·46—0·53 Mi 0·49	1·88—2·26 Mi 2·08
Nikaria 27 St.	0·63—0·72 Mi 0·66₅	1·40—1·59 Mi 1·50	0·46—0·51 Mi 0·48	1·98—2·20 Mi 2·08

Lacerta danfordi graeca Bedr.

2 ♂, Berg Kotsiká, Weg Bythina—Dimidsana (= Demetsana), Jupiterquelle, etwa 1100 m hoch, Arkadien, Peloponnes, 8. VI. 42, leg. G. Niethammer,

1 ♀, zwischen Kandila und Levidi, Peloponnes, 25. VI. 42, leg. G. Niethammer.

Beide Funde erweitern das Verbreitungsgebiet dieser Form, die bisher nur vom Taygetos bekannt war, beträchtlich nach Norden. Im Gegensatz zu Werner und Mertens & Müller betrachte ich *graeca* nicht als eigene Art, sondern als geographische Rasse von *danfordi*.

Lacerta muralis (Laur.).

Lacerta muralis albanica Bolkay.

6 ♂, 2 ♀, Berg Killene, in Kiefern- und Tannenwäldern, 1400—1600 m hoch, Peloponnes, 20.—21. VI. 42, leg. G. Niethammer,

5 ♂, 2 ♀, Umgebung von Solo und Saruchla am Chelmos, 1000—1300 m hoch, Peloponnes, 15. und 18. VI. 42, leg. G. Niethammer.

Alle Exemplare stimmen ausgezeichnet mit *albanica* überein und ich bin überzeugt, daß der ganze Peloponnes, soweit auf ihm eben *muralis* vorkommt, von dieser Rasse bewohnt wird. K a t t i n g e r (1942, VI.) fand *albanica* am Osthang des Peristeri bei Lachze und am Dragor westlich von Monastir (= Bitolj). Bei Lachze gemeinsam mit *L. e. riveti* lebend. C y r é n (1928, 1935) fand im Mavrolongo-Tal *L. muralis* mit *L. erhardii thessalica* zusammen, sonst aber scharf von dieser getrennt, in der Umgebung von Janina und zwischen Lamia und Karpenisi in. 1200 m Höhe. Im Parnaß-Gebirge lebt nur *L. muralis*, und zwar in 1000—1800 m Höhe. Herr Ing. C y r é n hat mir 1937 ein Pärchen der von ihm auf Samothrake in etwa 500 m Höhe am 14. VI. 32 entdeckten Mauereidechsen freundlicherweise zur Ansicht gesandt. Wie aus meinen damaligen Notizen hervorgeht, hielt ich sie für *muralis muralis*. (Abb. dieser Tiere s. C y r é n 1933, T. IV, Fig. 5, 6; W e r n e r 1938 b, T. XI, Abb. 28 b.) Aufgefallen ist mir, daß bei beiden die Supratemporalia von 6—8 kleinen, den Temporalschuppen ähnlichen Schildchen gebildet werden. Anklänge an *L. erhardii* oder *saxicola* finden sich nicht. Das ♂ hat eine Länge von 59,5 + 138 mm und 60 Körperschuppen, das ♀ eine Länge von 64 + 133 mm und 52 Körperschuppen. Auf Thasos fanden weder C y r é n noch K a t t i n g e r *L. muralis.*

Lacerta muralis milensis Bedr.

(Abb.: Werner 1930, T. V, Fig. 23—24; Werner 1933, S. 119, Fig. 11; Werner 1938 b, T. XII, Abb. 28 e—h.)

3 ♂ ad., Adamas, Insel Milos, VII. 32, leg. Werner,
3 ♂, 7 ♀, 3 juv., 1 pull., Insel Milos, 30. VII. 1893, leg. Steindachner,
1 ♂, 1 ♀, Insel Milos, 15. IV. 27, leg. Werner,
6 semiad., Insel Milos, ex Coll. Werner,
1 ♂, 3 ♀, Insel Kimolos, 3.—4. VI. 34, leg. Wettst.

Bezüglich der systematischen Stellung der *milensis* bin ich derselben Ansicht wie W e r n e r. Ich will aber gerne zugeben, daß jemand, der *milensis* und die Insel-*erhardii* nicht im Leben so unmittelbar nacheinander gesehen und gefangen hat wie W e r n e r und ich, es schwerfallen mag, uns beizupflichten. Hier mag das Goethewort gelten: „Wenn Ihr's nicht fühlt, Ihr werdet's nicht erjagen ...“

Im übrigen hat sich W e r n e r 1933, S. 119—121, 1935, S. 92/93 und 1938 b, S. 59—61, so ausführlich zu dieser Streitfrage geäußert, daß ich mir Weiteres ersparen kann. Mein morphologisch-phyletisches Hauptargument habe ich hier auf S. 696 bei *L. erhardii* dargelegt.

Nach Vergleich mit den oben erwähnten Stücken von *L. m. albanica* vom Peloponnes bin ich von der Ableitbarkeit der *milensis* von dieser Form noch mehr überzeugt.

Wenn man von Inseln, die von *erhardii* bewohnt werden, auf die des Milos-Archipels kommt, so hat man beim ersten Zusammentreffen mit *milensis* das Gefühl, hier eine andere Eidechse vor sich zu haben. Obgleich sie dasselbe Terrain bewohnt wie *erhardii*, benimmt sie sich doch etwas anders, was allerdings schwer zu beschreiben ist; sie ist, wenigstens auf Kymolos, wo sie selten zu sein scheint, noch scheuer und noch flinker als *erhardii*.

Die Stücke von Kimolos kann ich von jenen von Milos nicht unterscheiden. W e r n e r fand die Art auch auf dem kleinen Inselchen Agios Evstathios bei Kimolos.

Lacerta muralis schweizeri Mertens.

(*L. erhardii schweizeri* Mertens, Zool. Anz., 107. Bd. 1934, S. 155, Abb. 1, 2.)

3 ♂, 2 ♀, Insel Eremomilos (= Antimilos) bei Milos, 6. VI. 34, leg. Wettst.

Gegenüber den Eidechsen von Milos merklich braun verdunkelt, manche im Leben braunschwarz erscheinend; alte Männchen werden recht groß. Mit M e r t e n s' Diagnose gut übereinstimmend. Bei zwei erwachsenen Männchen ist nur die Kopfunterseite grob schwarz marmoriert, die übrige Unterseite aber grau. Eines dieser Stücke ist oberseits dicht schwarz genetzt. Äußere Bauchschilderreihe schwarz und blau gewürfelt. Ein erwachsenes Männchen ist sehr schwach streifig gezeichnet, dunkelbraun auf braunem Grund, und seine g a n z e Unterseite ist ungefleckt, gelblichgrau. Die Weibchen haben helle, scharf marmorierte Kopfunterseiten. Übrige Unterseite bläulichgrau. Schwänze etwas verdickt.

Auf der steilen, felsigen Lavainsel Eremomilos, auf der die letzten Wildziegen der Kykladen leben, häufig und sehr scheu und flink. Schwer zu fangen, weil sie sich unter die überall wachsenden *Poterium-spinosum*-Polster verkriechen. Sonst halten sie sich gerne dort auf, wo Felsen sind, auf denen sie herumklettern, was *erhardii* nicht tut. Diese Eidechsen gehen auf Eremomilos bis auf den Gipfel hinauf.

Der Milos-Archipel war offenbar früher durch eine Landbrücke mit dem Peloponnes verbunden, auf der *L. muralis* nach Milos gelangt ist. Es ist zu erwarten, daß auf den Inseln, die als Reste dieser Brücke bestehen geblieben sind, der *muralis* bzw. der *milensis* ähnliche Eidechsen leben. Für Gerakunia (= Falkonera) ist dies bereits bestätigt worden. L. M ü l l e r (1938, S. 38—40) hat von dort *L. muralis gerakuniae* (unter dem Namen *L. erhardi gerakuniae*) beschrieben, die oberseits noch stärker verdüstert ist als *schweizeri*. Die Insel Belopulo und die Klippe Karabion harren noch der Erforschung.

Fundgegend, Name der Subspec., Zahl der Exemplare	Kopf-Rumpf-Lg. + Schw.-Lg.		Rücken- schuppen		Bauch- schilder		Femoral- poren	
	♂	♀	♂	♀	♂	♀	♂	♀
Insel Milos *milensis* 9♂, 12♀	64 +100	56 +93	55—60 58	52—60 54	25—27 26	26—30 28	21—25 23	20—26 22·5
Insel Kimolos *milensis* 1♂, 3♀	59 +118	51 +90	53	49—56 53	27	28—29 29	22—23 22·5	18—23 20
Insel Eremomilos *schweizeri* 3♂, 2♀	61 +102	57 +83	56—58 57	54—57 55·5	26—27 27	29—31 30	23—26 25	24—26 25
Peloponnes *albanica* 7♂, 7♀	64 +120	71 +100	52—59 55	49—55 53	22—25 23·5	25—27 26	16—21 19	18—21 19

Anmerkung: Über die Bedeutung der Zahlen siehe die Anmerkung

Lacerta saxicola? Eversm.

1 ♂ ad., Seben Dagh, 1200 m hoch, südl. von Bolus (südöstl. von Amasia), NO-Kleinasien, IX. 36, leg. O. Koller.

Dieses merkwürdige Stück ist in vieler Hinsicht einer *L. muralis albanica* oder *milensis* oder *maculiventris* so sehr ähnlich, daß ich lange schwankte, ob es nicht doch eine *muralis* ist, zumal Cyrén (1935) auf dem Kas Dagh und, mit *saxiola* zusammen, bei Adapazar in Kleinasien *L. muralis* gefunden hat. Das e i n z i g e von allen Merkmalen, in denen sich nach v. Méhely (1909, S. 492) *saxicola* von *muralis* unterscheiden soll, ist bei diesem Stück die fast senkrecht auf dem Supraziliarbogen stehende Naht zwischen dem 1. und 2. Supraciliare, die überdies weiter okzipitalwärts liegt als bei *muralis*. Die häutige Fontanelle in der Lamina superciliaris ist, wie ich mich durch Sektion überzeugte, als sehr schwer fest- stellbarer Spalt vorhanden. Die Färbung und Zeichnung der Ober- seite ist von der einer *albanica* nicht verschieden. Supraziliarlinien fehlen. Die Unterseite ist (jetzt) bläulichweißlich, die Kopfunter- seite bis zum Halsband k r ä f t i g s c h w a r z g r a u m a r m o- r i e r t, wodurch die Ähnlichkeit mit *milensis* sehr groß wird. Die übrige Unterseite ist undeutlich grau gefleckt. Diese Schilder- flecken verlieren sich gegen den Bauch. Äußere Bauchschilder- reihen blau mit schwarzen Flecken. Nach v. Méhely soll bei *saxicola* die Unterseite niemals schwarzgefleckt sein. B o u l e n g e r (1920, I., S. 284) dagegen erwähnt ein großes Männchen von Trebi- zond, dessen Bauch stark schwärzlich gefleckt ist. M e r t e n s

Ziliarkörner		Okzipitale	Interparietale	Okz. und Interp. zusammenstoßend od. getrennt	Massetericum	Ziliarkörnerreihe	Präokulare	Zahl der Bauchschilder-Längsreih.
♂	♀							
6—10 8	6—12 8		1 × geteilt 1 × verschmolzen	zusammenstoßend	meist sehr groß	1 × vollst. sonst nicht	1	6
8	6—8 7			zusammenstoßend	meist sehr groß	nicht vollständig	1	6
7—9 8	7—9 8			zusammenstoßend	meist sehr groß	nicht vollständig	1	6
6—9 7	6—10 8		3 × geteilt	zusammenstoßend	groß bis sehr groß 3 × zerteilt	nicht vollst. grob u. unregelmäßig	1	6

am Schluß der Tabelle S. 753, insbesondere 2. Absatz.

(1952 b) erwähnt aus Nordanatolien neue Fundorte von *muralis*, die unterseits anscheinend ungefleckt sind und von ihm zu *L. muralis muralis* gestellt werden.

Maße und Pholidose: Lg. 59 + (reg.) 78 mm, Rück.-Sch. 52, Bauchsch.-Querreihen 23, Fem.-Por. 18/18, Supraziliarkör. 7/7. Mass. groß, Parietalia nicht ausgebuchtet, Supratemporalia 4, gleichgroß.

Lacerta erhardii Bedr.

Obgleich mir aus dem ganzen Verbreitungsgebiet der ägäischen Inseln 580 Stücke (340 ♂♂, 240 ♀♀) vorliegen, von denen weitaus die meisten von mir selbst gesammelt wurden, so verteilen sie sich so auf 49 Inseln, daß nur von wenigen genügend Material vorliegt, um die Variationsbreite auf den einzelnen Inseln statistisch zu sichern. Von den vielen Pholidosezahlen, die meist nur artliche Unterschiede bilden, habe ich nur vier herausgefunden, von denen ich annehmen konnte, daß sie auch subspezifische Unterschiede zeigen. Es sind das die Zahl der Rückenschuppen um die Körpermitte, die Zahl der Bauchschilderquerreihen, wobei die kaudalsten nur so weit gezählt wurden als sie 6 Schilder haben, die Zahl der Femoralporen und die Zahl der Supraziliarkörner zwischen den Supraziliarschildern und den Supraocularia. Ferner wurde auf das mehr oder weniger häufige Vorkommen von Abweichungen in der Kopfbeschilderung geachtet. In dieser Hinsicht erweist sich das Interparietale und Okzipitale als besonders labil, erst in zweiter Linie auch das Präokulare. Alle Einzelheiten mögen aus der beigefügten Tabelle entnommen werden. Da erfahrungsgemäß die einzelnen Forscher etwas verschieden zählen und mir von der Wernerschen Ausbeute nur ein Teil vorliegt, so daß ich nicht weiß, auf welche Exemplare sich seine Zahlenangaben in seinen Veröffentlichungen beziehen, so habe ich darauf verzichtet, andere als meine eigenen Zählungen in die Tabelle aufzunehmen. Dagegen habe ich Größenangaben, wenn sie die von mir gefundenen Maße überschritten, in die Tabelle aufgenommen. Im Gegensatz zu *Lacerta muralis, melisellensis* und *sicula* tritt bei *erhardii* keine deutliche Zunahme der Körperschuppenanzahl von Norden nach Süden und von den großen Inseln nach den kleinen Inseln zu auf. Im Gegenteil muß man feststellen, daß diese Zahl nach Süden zu etwas sinkt, von Mittelwerten über 60 zu Mittelwerten von 60 bis unter 60. Ein absoluter Unterschied besteht da nur zwischen der nördlichsten Form auf den Nördlichen Sporaden mit 68—74 Rückenschuppen bei ♂♂ und über 62 bei ♀♀ und den südlichsten Formen auf Kreta und dessen umliegenden Inselchen mit 50—65 bei ♂♂ (nur 4mal über 60 bei 24 ♂♂ von der Hauptinsel Kreta und ein Maximum von 58 bei ♂♂ von den kleinen Inseln) und 47—57 bei ♀♀. Auf den vielen dazwischenliegenden Inseln schwanken die Rückenschuppenzahlen sehr, und die meisten errechneten Mittelwerte haben vorläufig, bis mehr Material von einzelnen Inseln vorliegt, nur problematischen Wert. Die Femoralporenzahlen sind bei den nördlichen Formen am höchsten (Mi 23—24 bei ♂♂) und werden nach Süden immer niedriger (auf Kreta und seinen umliegenden Inselchen Mi 18—21 bei ♂♂). Eine Ausnahme bilden die Rassen auf Pachia und Kinaros mit Mi 23 und 23,5 bei ♂♂. Ein quergeteiltes Okzipitale oder Interparietale ist im Norden, außer (nach Werner) bei *ruthveni*, sehr selten, wird aber nach Süden zu häufiger (auf Thera 29%, auf Phytiusa und der Insel am Westende von Heraklea 100%, auf Kreta 34%, auf Prassonisi 50%, auf Dragonada 56%). Für die Inselgruppe von Anaphi und Astropalia-Syrina ist ein langes, schmales Interparietale und ein sehr kleines bis geschwundenes Okzipitale, das oft vom Interparietale getrennt ist, charakteristisch. Ein einseitig oder beiderseitig ein- oder zweimal geteiltes Präokulare kommt auf den nördlichen Inseln nach meinem Material nicht vor. Auf den mittleren ägäischen Inseln tritt es gelegentlich auf, häufig ist es auf Anaphi und seinen vorgelagerten Inselchen Megalo Phtheno und Mikro Phtheno (45%), auf Ofidusa, Astropalia und Syrina (auf letzterer Insel 56%), weniger häufig auf Kreta (17%). Das Massetericum ist im nördlichen Verbreitungsgebiet von *erhardii* meistens groß, jedoch schwankt die Größe individuell stark (manchmal auf beiden Seiten eines Individuums verschieden groß!). Erst auf Kreta und manchen seiner umliegenden Inselchen wird es durchschnittlich kleiner, so besonders auf Lafonisi und Dragonada. Auf Dhia ist es groß, aber bei 66% in 3 Schilder zerteilt. Die Supraziliarkörnerreihe ist, mit Ausnahme von Kreta und seinen umliegenden Inselchen, immer gut ausgeprägt, geschlossen und im Norden häufig vollständig. Als nicht vollständig bezeichne ich sie, wenn sie nach vorne nicht bis zur hinteren Ecke des 1. Supraokulare reicht, sondern nur bis zur hinteren Ecke des 1. Supraziliarschildchens — der weitaus häufigste Fall. Oft liegt dann, durch eine Lücke getrennt, ein isoliertes Körnchen der Ecke des 1. Supraokulare an. Auf Kreta selbst kann die Zahl der Körnchen, häufiger als auf anderen Inseln, bis auf 3 sinken; zum Rassenmerkmal wird diese geringe Zahl (Mi 2—4) aber auf mehreren der umliegenden Inselchen von Kreta.

Von besonderem Interesse ist das Vorkommen von 8 Bauchschilderreihen bei den Populationen der Astropalia-Syrina-Inselgruppe. Ein in der Untergattung *Podarcis* einzigartiger Fall. Diese 8. Bauchschilderreihe entsteht aber nicht wie bei *Lacerta strigata trilineata* durch Vergrößerung der Bauchrandschuppen, die sich dann den Bauchschildern anfügen, sondern durch L ä n g s - t e i l u n g   d e r   ä u ß e r e n   V e n t r a l i a.

Auf manchen Inseln ist die *erhardii*-Population groß und plump, mit oft verdickten Schwänzen, auf anderen kleiner und schlanker. Die größte Form mit 80 mm K.-R.-Lg. bei ♂♂, lebt auf den Tria Nisia, ihr nahe kommt mit 75 mm K.-R.-Lg. bei ♂♂, jene von Kinaros. Besonders klein scheinen die Populationen auf Anaphi und seinen umliegenden Inselchen (58—68 mm K.-R.-Lg. bei ♂♂) und auf einigen Inselchen bei Kreta zu bleiben.

Ergibt sich schon aus diesen morphologischen Verschiedenheiten eine Rassendifferenzierung, so kommt noch eine solche der Färbung und Zeichnung hinzu. Allerdings variieren sowohl Färbung wie Zeichnung nach Geschlecht und Alter wie auch individuell stark, und nur wenige Formen, wie z. B. jene von Mikro Phtheno und Makria oder von Kinaros, zeigen ein einheitliches, charakteristisches, von allen anderen Formen stark verschiedenes Gepräge.

Nachdem ich nun auf meinen Reisen mit ganz wenigen Ausnahmen außer den großen auch die kleinen und kleinsten seewärts liegenden Inseln und Inselchen besucht habe, kann ich mit Sicherheit behaupten, daß es in der Ägäis keine „schwarzen" Eidechsenpopulationen wie in der Adria und im westlichen Mittelmeer gibt. Immer wieder, wenn wir so ein einsam liegendes, fernes, kleines Felseninselchen ansteuerten, hoffte ich, eine der *melisellensis* oder *pomoensis* ähnliche schwarze Form zu finden, und jedesmal wurde

ich enttäuscht. Wohl haben diese Kleininselformen eine mehr oder
weniger braun verdüsterte Grundfarbe und sind damit (meist nur
im Durchschnitt) etwas dunkler als die Population der nächst-
liegenden Großinsel, aber die Zeichnung (wenn vorhanden) bleibt
immer deutlich sichtbar, und die Grundfarbe ist weder oberseits
noch unterseits auch nur annähernd schwarz. Noch am dunkelsten
ist die *erhardii*-Bevölkerung der kleinen Insel Mikronisi an der
Südküste Kretas bei Hierapetra, bei der einzelne Stücke
als Mutanten auftreten, die ober- und unterseits fast schwarz
sind. Das Zeichnungsmuster ist aber in seiner typischen Form auch
bei diesen dunklen Stücken sichtbar. Bei keiner *erhardi*-Form
tritt eine wesentliche Flächenausbreitung der
dunklen Zeichnungselemente auf. Eine dunkle (graue
bis schwarze) Zeichnung der Unterseite beschränkt sich bei einigen
wenigen Formen auf wenig auffällige Nahtstreifen zwischen den
Submaxillaria oder auf kleine Punkte oder Fleckchen auf der
Kehle. Nur bei Männchen von Andros tragen auch die äußeren
blauen Ventralia kleine schwarze Fleckchen.

Es ist altbekannt, daß die schwarzen Inselformen bei *sicula*
und *melisellensis* durch Verdunkelung der Grundfarbe, bei den
muralis-Formen aber, zu denen im weiteren Sinne auch die balea-
rischen, pityusensischen und maltesischen Eidechsen gehören,
durch Ausbreitung und Zusammenfließen des dunklen Flecken-
musters entstehen. In diesem Verhalten, das ich für phylogenetisch
wichtig erachte, stimmt *erhardii* durchaus mit *sicula* und *melisellensis* überein. Dagegen gehört die Mauereidechse des Milos-
Archipels mit ihrer ausgebreiteten und intensiven schwarzen Marmorierung der Kopf- und Halsunterseite und der Kopf- und Halsseiten sowie der beiden äußeren Bauchschilderreihen, die sich bei
alten Männchen auf die ganze Unterseite erstrecken kann, so daß
die immer helle Grundfarbe nur mehr in Form kleiner Quer-
fleckchen zutage tritt, zweifellos zu *muralis*. Diesem grundlegenden
Unterschied gegenüber halte ich alle sonstigen scheinbaren Über-
einstimmungen zwischen *erhardii* und *milensis* für Konvergenzen,
wie sie ja, zum Leidwesen des Systematikers, gerade in der Gat-
tung *Lacerta* so sehr häufig sind. Für *muralis* ist es charakteristisch, daß die Schwarzfärbung auf der Unterseite beginnt und
erst später auf die Oberseite übergreift — man denke nur an die
schöne Reihe *muralis muralis — m. maculiventris — m. nigriventris*.
Auf der Balkanhalbinsel schließt sich an *m. maculiventris — m.
albanica* an, welche Form nach dem Material, das Dr. G. Niethammer 1942 vom Peloponnes mitbrachte (14 St. vom Chelmos-
tal und vom Killene), dort in Gebirgslagen nicht allzuselten zu

sein scheint und auch vom Taygetos bekannt ist. Vom Peleponnes aus bestand sicher früher eine Landverbindung mit dem Milos-Archipel, auf welcher *L. muralis* dorthin gelangte. Reste dieser Verbindung sind heute die Inseln Belopula, Gerakunia (= Falkonera) und Eremomilos (= Antimilos). Auf den beiden letzteren wurde *L. muralis* bereits festgestellt, auf Belopula, das noch unerforscht ist, ist sie zu erwarten.

Würde die Milos-Eidechse eine *erhardii*-Form sein, so müßte *erhardii* eine Anlage zur Ausbreitung der schwarzen Zeichnungselemente haben, und diese müßte doch auch auf den anderen 49 ägäischen Inseln, auf denen sie bisher gefunden wurde, auftreten. Das ist aber nicht der Fall, woraus man schließen muß, daß dem Erbgut von *erhardii* diese Anlage fehlt.

Über die phyletischen Beziehungen von *L. erhardii* habe ich folgende Ansicht: Eher als zu *muralis* halte ich solche zur *taurica-melisellensis*-Gruppe für wahrscheinlich und glaube, daß diese Art autochthon im Gebiet des ehemaligen Ägäisfestlandes und der östlichen Balkanhalbinsel in einer Zeit entstanden ist, in der die erste Ägäislängseinsenkung bereits erfolgt war, denn *erhardii* i s t c h a r a k t e r i s t i s c h f ü r d i e w e s t l i c h e ä g ä i s c h e I n s e l w e l t, d i e w i c h t i g s t e, u n b e z w e i f e l b a r e L e i t f o r m d e r s e l b e n u n d f e h l t d e r ö s t l i c h e n ' ä g ä i s c h e n I n s e l w e l t v o l l k o m m e n. Alle alten Angaben über dortige Vorkommen (z. B. auf Samos) haben sich als falsch erwiesen. Das Zentrum der Entstehung dürfte in der Gegend des heutigen Thessalien gelegen sein, jedenfalls nicht im Süden, wo in manchen Merkmalen abgeleitete Formen leben[10]. Wenn man, wie ich es 1920 (S. 429) versucht habe, *Lacerta melisellensis* (= *fiumana*) und *ionica* von *L. taurica* ableitet, d. h. also, Formen m i t Okzipitalstreifen von einer solchen ohne diesen, dann wird man folgerichtig auch *L. erhardii riveti* oder *thessalica* oder *livadhiaca* als die phyletische Ausgangsform des Rassenkreises von *L. erhardii* halten, von der die Inselrassen, die meistens einen Okzipitalstreifen haben, abzuleiten sind. Andererseits aber liegt es nahe, diese Formen mit *L. taurica* in Beziehung zu bringen, die in derselben Gegend lebt, ebenfalls einen einfarbigen Rücken, dieselben Zeichnungselemente und nahezu dieselben Pholidosezahlen hat. Bei *taurica* stößt das Rostrale meistens an das Nasenloch, bei *erhardii* soll es das nicht tun; wenn man aber eine genügend große Zahl untersucht, so findet man gar nicht selten Ausnahmen, besonders häufig z. B. auf Kreta. *Taurica* hat ein schwach gezähntes Halsband, *erhardii* nicht. *Taurica* hat Körperschuppen mit schwachen Scheitelkielen, *erhardii*

[10] Ähnliche Gedankengänge verfolgte L. M ü l l e r (1933, S. 12).

gewölbte, ungekielte Schuppen. Da die Kielung auch bei der unbestritten zu *taurica* gehörigen *ionica* verlorengeht, so dürfte ihr Fehlen bei *erhardii* ebenfalls kein Bedenken bilden, *erhardii* von *taurica* abzuleiten. Überdies lebt auf der Insel Skyros, gerade in der Gegend, die wir uns als Entstehungszentrum von *taurica* denken könnten, die hochinteressante *L. gaigeae*, die ich als eigene Art auffasse und die die Merkmale von *taurica* und von *erhardii* in so eigenartiger Weise vereinigt, daß man sie weder zu der einen noch zu der anderen Art als Subspecies stellen kann (s. S. 755).

Stücke von *Lacerta muralis muralis* aus Frankreich und Tirol, von *L. m. albanica*, *L. m. milensis*, *L. erhardii* von verschiedenen Inseln, *L. taurica taurica* und *L. t. ionica* wurden auf das Vorkommen einer häutigen Fontanelle zwischen den zwei mittleren, großen Supraokularknochen im Sinne von v. Méhely (1909) untersucht. In dieser Beziehung erwiesen sich alle, auch *L. erhardii*, wie zu erwarten war, als Neolacerten, bei denen bei jüngeren Stücken eine feine spaltförmige Fontanelle vorhanden ist, die aber im Alter ganz verschwindet. Unterschiede zwischen den genannten Arten, besonders zwischen *muralis* und *erhardii*, konnte ich in dieser Hinsicht keine feststellen.

Die Lebensweise und das Gehaben von *L. erhardii* ist auf den einzelnen Inseln oft verschieden und soll bei den einzelnen Rassen besprochen werden. Sie liebt im allgemeinen steinigen Boden mit niedriger, schütterer Vegetation und klettert nicht hoch und nur ausnahmsweise. Ihre Verstecke sind lose aufliegende Steine und Polsterpflanzen, besonders die stacheligen Büsche von *Poterium spinosum*, auf den menschenbewohnten Inseln sekundär auch die künstlichen, gelegten Steinmäuerchen. Sie ist, mit Ausnahme weniger Inselrassen, eine sehr flinke und meistens auch sehr scheue Art, die sich nur schwer oder gar nicht mit der Schlinge fangen läßt. Eine halbwegs rationelle Aufsammlung ist oft nur durch Schießen mit feinstem Vogeldunst möglich.

Zur Zeit, in der die Ägäis von den meisten Naturforschern besucht wird, das ist zwischen März und Juni, trifft man nur Tiere an, die etwa $^3/_4$ Jahre oder älter sind, denn die Eier werden offenbar erst ab Mitte Juli gelegt. Vorher, das ist von Ende April bis Ende Juni, findet man nur trächtige Weibchen, aber nie abgelegte Eier. Die Zahl der Eier in den trächtigen Weibchen ist sehr gering, meistens sind es 2, von denen das rechte mehr kranialwärts liegt. Diese Eier sind auffallend groß (bis 17×10 mm!), nur bei *L. e. leukaori* und *elaphonisii* sind sie klein. Bei *leukaorii* habe ich überhaupt nur je 1 Ei auf der rechten Seite gefunden. Weibchen mit nur einem Ei, das immer rechts liegt, kommen gelegentlich auch andernorts vor. Weibchen mit 3—4 Eiern sind selten. Mit 3 Eiern fand ich je eines von Thera, Ios, Pholegandros, Heraklia, Astropalia und Mykenae (diese klein), mit 4 Eiern je 1 Weibchen von Thera, Astropalia und ganz unvermutet auch von Dragonada. Die Paarung wurde nie beobachtet, sie muß sehr früh, etwa im März, stattfinden. Die Jungen schlüpfen im September (s. S. 705) und haben etwa 30 mm K.-R.-Lg. und keine eigene Jugendzeichnung. Im Frühjahr fängt man dann $^3/_4$jährige Stücke, die im männlichen Geschlecht je nach Rasse 46—51 mm K.-R.-Lg., im weiblichen Geschlecht 40—43 mm K.-R.-Lg. haben. Sie unterscheiden sich deutlich von den viel größeren zweijährigen und noch älteren Stücken. Trächtigkeit habe ich bei $^3/_4$jährigen Weibchen nie beobachtet.

Bei allen Fundorten, von denen eine größere Anzahl von Exemplaren vorliegt, ü b e r w i e g t d a s m ä n n l i c h e G e s c h l e c h t. Eine Ausnahme macht nur *L. e. rechingeri*, bei der die Weibchen bedeutend häufiger sind. Die Männchen müssen arge Raufer sein, denn es ist geradezu eine Seltenheit, ein Exemplar mit einem intakten, nicht regenerierten Schwanz zu finden. So haben z. B. unter 34 Stücken von Kythnos nur 2 (1 ♂ und 1 ♀) sicher intakte Schwänze. Nur auf Anaphi und Kreta überwiegt die Zahl der Stücke mit intakten Schwänzen. Gerade auf diesen Inseln ist aber *L. erhardii* selten und es kommt daher offenbar auch seltener zu Raufereien.

Die Nahrung besteht aus Gliedertieren aller Art, besonders aber Heuschrecken. Ein großes ♂ von Tria Nisia hatte einen *Gymnodactylus kotschyi stepaneki* gefressen, dessen Kopf ihm jetzt noch, im konservierten Zustand, zum Maul heraushängt. Im übrigen hat man nicht den Eindruck, daß sie, auch auf den ganz kleinen Inselchen und Klippen, an Nahrungsmangel leiden würden.

Im folgenden soll eine möglichst übersichtliche Rassengliederung versucht werden. Leider bin ich dabei genötigt, die ohnehin schon große Zahl von Rassen noch um einige zu vermehren. Ich unterscheide bei *Lacerta erhardii* insgesamt 26 geographische Rassen und eine Mischrasse.

Festlandrassen.

Lacerta erhardii riveti Chaban.

(Abb.: Bolkay 1919, T. III; Cyrén 1933, T. III, Fig. 1—3; Werner 1938 b, T. IX, Abb. 27 c.)

Zahlreiche Exemplare aus dem ganzen Verbreitungsgebiet in der Sammlung des Museums Wien.

Oberseite: hellrötlichgrau bis sandfarben, Zeichnung schwarzbraun; Okzipitalstreif fehlt immer, nur im Nacken manchmal angedeutet; Parietalstreif besteht aus großen, unregelmäßigen, viereckigen Flecken. Helle Supraziliarlinie vorne immer deutlich, breit; Körperseiten grob retikuliert, Subokularlinie oft in die Retikulation einbezogen, dann fehlend. Geschlechtsunterschied gering.

Unterseite: beim ♂ öfter orangerot, beim ♀ perlmutterfarbig. Auf der Hinterseite der Hinterschenkel je 2 auffallende, große, helle, im Leben blaue Ozellen.

Masseticum mittelgroß bis groß. Supraziliarkörnchenreihe fast bis ganz vollständig. Die in der Tabelle angeführten Pholidosezahlen entstammen zum Teil eigenen Zählungen an Exemplaren von Üsküb (leg. C. Attems, 1906, Mus. Wien), zum Teil der ausgezeichneten Arbeit von O. Cyrén (1933, S. 219—240)[11].

L. e. riveti ist im ganzen Gebiet von Albanien, Epirus und Mazedonien so häufig, daß sich die Aufzählung von Fundorten erübrigt. Meistens kommt sie n i c h t mit *L. muralis* zusammen vor. (Sehr ausführliche Fundortsangaben bei L. Müller, 1933, S. 9. Die Verbreitungskarte von Buresch & Zonkow 1933, S. 172, müßte durch die inzwischen entdeckten Fundplätze im Epirus ergänzt werden.)

Lacerta erhardii thessalica Cyrén[12].

(Abb.: Cyrén, 1933, T. IV, Fig. 1, ♂, 2, ♀, Typen von Sparmos, Thessal. Olymp; dieselben Werner 1933, S. 112, Fig. 5, 6; Werner 1938 b, T. IX, Abb. 27 d.)

Kein Material vorhanden.

Unterscheidet sich nach Cyren (1928) von *riveti* durch deutlich kürzeren und breiteren, mehr dreieckigen Kopf.

Oberseite: Grundfarbe dunkler als bei *riveti*, bräunlich, oft grünlich. Parietal- und Temporalstreif oft zusammen ein grobes Netzwerk bildend, in dem die Supraziliarlinie fast verschwindet. Unterseite vorne, oft nur Kehle, meist rot, bis auf die äußere Bauchschilderreihe und die Submaxillaria ungefleckt. Femoralozellen groß, deutlich. Mi der Pholidosezahlen etwas höher (siehe Tabelle). Große, robuste Form. Vorkommen: Terra typica: Spar-

---

[11] Ein Männchen aus der Umgebung von Üsküb zeigt eine Abnormität, die mir bisher noch bei keiner Eidechse aufgefallen ist. Von vorne gezählt hat die 7. Querreihe der Bauchschilder durch Verschmelzung nur 4, die 8. und 9. nur 5 Schilder.

[12] Dazu siehe Werner, 1938 b, S. 54, und Cyrén, 1933, S. 236.

Erklärung zu nebenstehender Farbtafel.
Lacerta erhardii livadhiaca Wern. 1 ♂ von oben und unten. Hymettos bei Athen, leg. et don. Georg Veith 1923. Nach dem Leben fec. Dr. B. M. Klein — Wien, 1923.

Tafel 2.

mos, Thessalischer Olymp. Auch im Mavrolongotal im Olymp, dort
mit *L. muralis* zusammen. Gebirgstier, zwischen 800—1000 m, vereinzelt bis 1500 m. Geographische Abgrenzung gegen die beiden
Nachbarrassen derzeit noch nicht möglich. Im ganzen Parnaß-
Gebiet fehlt die Art nach C y r é n (1928). Die von C y r é n 1933
auf Euboea gesammelten *erhardii*-Eidechsen hielt er damals für
riveti[13].

Lacerta erhardii livadhiaca Wern.

Tafel 2.

(Abb.: Cyrén 1933, T. IV, Fig. 3, 4; Werner 1933, S. 112, Fig. 7, 8, S. 113,
Fig. 9, 10; Wern. 1937, S. 97, Fig. 1; Wern. 1938 b, T. X, Abb. 27 e.)

2 ♀, Steni, Euboea, 27. V. 36, coll. Wern.,

1 ♂, Euboea, Coll. Bedriaga 1898 (wurde nicht weiter berücksichtigt,
siehe vorhergehende Fußnote!),

1 ♂, Attika, Coll. Oertzen 1882,

4 ♂, 2 ♀, Hymettos und Pentelikon bei Athen, leg. Cyrén 1900,
L. Müller 1904, G. Veith 1923,

1 ♀, trächtig, Mykenae, NO-Peloponnes, leg. C. Attems, V. 1900,

1 ♀, Korinth, NO-Peloponnes, 4. V. 34, leg. Wern.,

2 ♂, 2 ♀, Gura am Pheneos-See, etwa 1200 m hoch (Kalk), Peloponnes, 19. VI. 42, leg. G. Niethammer,

2 ♀, Berg Killene, bei 1400 m Höhe, in offenem Gelände in Tannenwald,
Peloponnes, 20. VI. 42, leg. G. Niethammer,

1 ♂, „Taygetos, S-Peloponnes??“, Coll. Bedriaga 1884[14].

Kleiner, schlanker. Oberseite ♂: Grundfarbe oliv bis olivbraun, auf den Seiten heller, grau. Parietalstreif s c h m a l, aus
kleinen, oft zusammengeflossenen Fleckchen bestehend, Temporal-

[13] Damals, 1935, noch nicht von *thessalica* unterschieden! (Siehe
Bl. f. Aqu. u. Terr. Kd., 46. Jahrg., ab S. 131.) Im Jahre 1937 hatte Herr
Ing. O. C y r é n die Liebenswürdigkeit, mir diese Exemplare, 1 ♂, 1 ♀,
aus Marmari, Euböa, leg. 4. VI. 1933, zur Ansicht zu senden. Wie ich aus
meinen damaligen Notizen über diese Tiere entnehme, hielt ich sie für
livadhiaca. Die Grundfarbe war (im konservierten Zustand) grünoliv, hell,
die Zeichnung typisch kleinfleckig beim ♂, gestreift beim ♀. Unterseite
beim ♂ orange, die äußere Bauchschilderreihe hellblau. Auf der K e h l e
s c h w a r z e P u n k t f l e c k e. Pholidose normal, Massetericum groß, rund.
W e r n e r (1937) bekam in Steni (Zentral-Euboea) nur Exemplare von
livadhiaca, die auch nach der Abbildung zweifellos solche sind. Die von
W e r n e r angegebenen Rückenschuppenzahlen 60, 60, 70 sind ungewöhn-
lich hoch für *livadhiaca*. Ebenso die K.-R.-Lg. 75 mm des ♂. Die zwei
Weibchen liegen mir vor, haben aber nach meiner Zählung nur 54 und
57 Rückenschuppen. Ein Stück aus „Euboea“ (ex Coll. B e d r i a g a, 1898,
37 c, Mus. Wien) sieht wie *naxensis* aus, und sein Fundort wurde vielleicht
seinerzeit verwechselt.

[14] Dieses Stück fand sich, als *L. peloponnesiaca* beschriftet, in der
Museumssammlung. Der Fundort ist auf der Glasetikette mit 2 Fragezeichen
versehen. Nach den durch N i e t h a m m e r bekanntgewordenen Fundorten
am Peloponnes wäre er immerhin möglich.

streif ein kleinfleckiges Netzwerk bildend; manchmal sind beide Streifen verbunden wie bei *thessalica.* Von diesen Ausnahmen abgesehen, ist der Supraziliarstreif immer deutlich, hellgrau. Unterseite orangerot, äußere Ventralia und Femoralozellen blau. S u b m a x i l l a r i a und K e h l s e i t e n in beiden G e s c h l e c h t e r n g r a u s c h w a r z z e r s t r e u t p u n k t i e r t oder mit e b e n s o l c h e n s e h r k l e i n e n F l e c k c h e n. Beim ♀ bilden die Parietal- und Temporalstreifen oft scharf begrenzte Bänder, in denen die Flecken mehr weniger zusammengeflossen sind. Supraziliar- und Subokularlinie stets scharf abgehoben, breit, hell. Von den Ziliarkörnchen sind manchmal einige verdoppelt.

Pholidosezahlen und Größe siehe Tabelle.

Eine der schönsten und am leichtesten kenntlichen Rassen von *erhardii.*

Vorkommen: Euboea (ob auf der ganzen Insel ist noch fraglich), Umgebung von Athen (Hymettos, Turkowuni, Parnes, Pentelikon), von W e r n e r auch bei Korinth und der küstennahen Insel Hydra, von C. A t t e m s bei Mykenae und von G. N i e t h a m m e r am Pheneos-See und am Berg Killene, den südlichsten bisher bekanntgewordenen Fundorten, festgestellt[15].

Ehemals, im Anfang dieses Jahrhunderts, in der Umgebung von Athen, besonders am Fuß des Hymettos zahlreich, ist diese Rasse nunmehr, wie sowohl W e r n e r (1935, 1938) als auch C y r é n (1935) wiederholt feststellten, so selten geworden, daß man sie dem Aussterben nahe ansehen muß. Auch ich sah 1934 am Hymettos trotz eifrigen Suchens kein einziges Stück. Der hervorragende Reptilienfänger (und Kenner) Oberst G. V e i t h konnte am 24. X. 1923 auch nur ein einziges Männchen am Fuß des Hymettos erbeuten, das ich hier in einer vorzüglichen Farbskizze von Dr. B. M. K l e i n wiedergebe. Eine Ursache für das Verschwinden dieser Form konnte bisher nicht gefunden werden.

Inselrassen.

Lacerta erhardii ruthveni Werner.

(Abb. Werner, 1930, Taf. IV, Fig. 18—22, Type und Paratypen;
Werner 1938 b, T. XI, Abb. 27 k—m.)
2 ♂, 1 ♀, Paratypoide, Insel Skopelos, 7.—9. V. 27, leg. Werner,
1 ♀, Insel Skopelos, Coll. O. Reiser (1898?).

Eine gedrungen gebaute Form, mit graubrauner oder olivbrauner verdüsterter, dunkler Oberseite. Die Zeichnung des

---

[15] Die Konvergenz dieser Stücke mit *L. peloponnesiaca,* die an denselben Fundorten lebt, ist frappierend!

Rückens zeigt Neigung zur Reduktion und zum Verblassen, besonders bei den Weibchen. Okzipitalstreif fehlt immer, Parietalstreifen mehr weniger undeutlich, Temporalstreifen retikuliert. Subokularlinien fehlen beim Männchen. Unterseite grünlichgelb, beim ♂ rötlich, Kehle ungefleckt, beim ♀ blaugrau.

Maße klein bis mittelgroß, Ziliarkörner sehr klein und zahlreich.

Diese Rasse hat die höchste Rückenschuppenzahl von allen *erhardii*-Formen. Die 2 von Werner (1930) angeführten ♂♂ haben 68 und 67, das mir vorliegende ♂ sogar 74 Rückenschuppen; Weibchen haben 62, 63, 64 Rückenschuppen. So hohe Zahlen werden von Männchen nur angenähert auf Tinos mit 65, auf Kythnos mit 64 und auf Thera mit 65 und einmal mit 67 erreicht. Weibchen erreichen in einzelnen Exemplaren allerdings auf Delos mit 62, auf Tinos mit 63, auf Andros mit 68, auf Kythnos mit 62, auf Ios mit 62 und auf Thera mit 64 gleich hohe und sogar höhere Schuppenzahlen, aber der hohe Mittelwert wird nirgends erreicht (s. Tabelle).

Diese Rasse bewohnt die Nördlichen Sporaden. Terra typica ist die Insel Kyra Panagia (= Pelagonisi). Werner fand sie auch auf einem sehr kleinen Eiland in der Bucht von Hagios Petros auf Kyra Panagia und auf Skopelos. Cyrén (1935) stellte sie auf Khiliodromia (= Chelidromia, Xilodromia), Psathura und Giura (= Joura) fest. Piperi, Gramura, die Inselgruppen von Xeronesi und Skantzura, wurden überhaupt noch nicht herpetologisch erforscht.

Auf der festlandnächsten Insel der Nördlichen Sporaden, auf Skiathos, fehlt *L. erhardii*, wie sowohl Werner wie Cyrén feststellten. Ebenso auf der benachbarten Insel Arkonisi. Cyrén fand sie nur auf ein paar kleinen, unbenannten Inselchen bei Skiathos. Diese merkwürdige Feststellung müssen wir in gleicher oder ähnlicher Form bei der Verbreitung von *L. erhardii* wiederholt machen, ohne daß eine halbwegs befriedigende Erklärung dafür gefunden werden kann.

L. e. ruthveni scheint mir direkt von *livadhiaca* ableitbar.

Lacerta erhardii mykonensis Werner.

(Abb. Werner 1937, S. 99, Fig. 2, S. 100, Fig. 3; 1938 a, S. 158, 159, Fig. 2; 1938 b, T. IX, Abb. 27 a, T. X, Abb. 27 i.)

10 ♂, 10 ♀, Insel Andros, 4. VI. 36, leg. Werner,
3 ♂, 2 ♀, Insel Tinos, 29. VI. 38, leg. Werner,
2 ♂, 5 ♀, Insel Mykonos, IV. 27, VI. 36, leg. Werner,
2 ♂, Insel Mykonos, gek. v. Wolterstorff 1907,
1 ♂, 4 ♀, Insel Delos, 15. IV. 11, leg. K. Toldt,

1 ♀, Insel Delos, 19. VI. 36, leg. Werner,
3 ♂ juv., 2 ♀, Insel Syra, verschiedene Sammler 1893, 1904, 1936.

Eine große, robuste, oberseits graubraune, im Leben oft grüne[16] Form mit bei ♂♂ sehr starker, scharfer, braunschwarzer Zeichnung und wohlausgeprägter, oft verbreiteter Okzipitalfleckenreihe und stets scharfen, hellen, breiten Supraziliarlinien. 2 große Femoralozellen. Männchen mit erloschener Zeichnung sind, im Gegensatz zu *naxensis*, sehr selten, aber auch bei solchen ist immer ein Okzipitalstreif erkennbar. Bei den Weibchen ist die Grundfarbe oft olivgrün, die Parietalbänder sind schmal, die Supraziliar- und Subokularlinien sehr scharf, ein Okzipitalstreif fast immer erkennbar, aber häufig in kleine Fleckchen aufgelöst, die über die ganze Dorsalzone zwischen den Parietalbändern zerstreut sind. Zeichnung weniger dunkel, Unterseite hellweißlichgelb. Dunkle kleine Fleckchen auf der Kopfunterseite kommen manchmal vor. Oberlippenschilder häufig schwarz gefleckt.

Die Spitze der 4. Zehe der Hinterbeine reicht beim Männchen bis zum Halsband oder darüber (bei Exemplaren von Mykonos am wenigsten weit, oft das Halsband nicht erreichend), beim Weibchen bis zum Vorderbeinansatz.

Die Körperschuppenzahlen sind hoch, aber niedriger als bei *ruthveni*. Ob die Unterschiede derselben auf den einzelnen Inseln (s. Tabelle) — Andros hat auffallend niedrige — tatsächlich bestehen, müßte erst ein größeres Material erweisen. Das Massetericum ist klein bis mittelgroß, selten groß, die Supraziliarkörnerreihe oft vollständig oder fast vollständig. Für alle vier Inseln zusammengefaßt, ergeben sich folgende Mittelwerte für die Pholidosezahlen:

♂♂, Rückenschuppen 61, Bauchsch. 28, Femoralp. 23, Zil.-Kör. 10.

♀♀, Rückenschuppen 58,5, Bauchsch. 30,5, Femoralp. 21, Zil.-Kör. 9.

Größtes ♂: 73 + 120, größtes ♀: 72 + 110 mm.

Werner hat seine *mykonensis* (1933) auf Grund der grünen Rückenfärbung der Männchen, die er im April antraf, aufgestellt, die Rasse aber später (1937) wieder eingezogen, weil er bei einem zweiten Besuch von Mykonos im Juni keine grünen Männchen antraf[17]. Ferner erwähnte er, daß bei seinem größten Weibchen die Kehle gelb ist und vermutet diese Färbung auch bei anderen erwachsenen Exemplaren. 1938 (S. 156) beschreibt er die *erhardii*

---

[16] Siehe L. M ü l l e r, 1933, S. 12.
[17] Die grüne Rückenfärbung, oft nur am Vorderrücken oder Hals vorhanden, wird aber von anderen Forschern von allen vier Inseln bestätigt! Siehe M ü l l e r, 1933, S. 12.

von Tinos, erwähnt ihre große Ähnlichkeit mit jener von Andros
und meint, man könnte vielleicht diese zwei Formen als besondere
Rasse zusammenfassen. Nach dem mir vorliegenden, recht dürftigen Material bin ich nicht imstande, die Populationen der genannten vier Inseln diagnostisch zu unterscheiden und fasse sie
unter dem nun schon vorhandenen Namen *mykonensis* zusammen,
mit der eingangs gegebenen, von der von W e r n e r abweichenden
Diagnose. Von *naxensis* unterscheidet sich diese Rasse durch
robusteren Körperbau, sehr selten auftretende Verblassung oder
Schwund der Zeichnung und im Durchschnitt dunklere Grundfärbung. Von *thermiensis* und *erhardii* durch intensivere, dunklere
Zeichnung, die besonders in den breiteren, schwärzeren Parietalbändern und dem immer vorhandenen Okzipitalstreifen (der letzteren Formen meistens fehlt) zum Ausdruck kommt. Unglücklicherweise hat W e r n e r diese Rasse gerade nach Stücken von
jener Insel (Mykonos) beschrieben, auf der sie am wenigsten
charakteristisch ist. In der Tat zeigen nämlich die Stücke von
Mykonos einige Anklänge an *naxensis* in dem Auftreten zeich-
nungsverblichener Exemplare und solchen mit relativ kürzeren
Extremitäten. Da aber jene von Delos durchaus mit denen von
Tinos und Andros übereinstimmen, ist es naturgemäß, auch die
Population von Mykonos mit diesen zu vereinigen.

W e r n e r hat es 1933 versäumt, zu seiner *mykonensis* einen
Typus zu fixieren. Ich wähle daher das einzige Stück, ein Weibchen,
das mir aus der Aufsammlung W e r n e r s vom Jahre 1927 vorliegt, mit der Etikettenbeschriftung „Mykonos, Cycladen, 12.—13.
IV. 27" (Mus. Wien, Ac. Nr. CLII/1952-53) zum L e c t o t y p u s.
Die anderen 3 Weibchen, die W e r n e r damals sammelte, gingen
an die Univ. of Michigan, USA. Männchen hat er nur gesehen
(siehe dazu W e r n e r 1930, p. 12/13). Das Stück hat vollständige
M ä n n c h e n z e i c h n u n g und folgende Maße und Polidose-
zahlen: K.-R.-Lg. 58, Schw.-Lg. 80 mm, Rückenschuppen um die
Körpermitte 55, Bauchschilderquerreihen 30, Femoralporen 22/21,
Supraziliarkörner 11/11, beiderseits vollständig.

1936 brachte Prof. Dr. F r. W e r n e r von der Insel Andros
einige lebende Stücke nach Wien mit, die Herr F a b i a n in Pflege
nahm. Ein Weibchen legte (wann?) im Terrarium Eier ab, aus
denen im September 1936 (genaues Datum unbekannt) ein Junges
ausschlüpfte. Dieses starb am 13. Oktober, also im ungefähren
Alter von einem Monat, und gelangte in den Besitz des Museums
Wien. Es dürfte das einzige so junge Stück sein, das sich in Samm-
lungen befindet. K.-R.-Lg. 32 mm (Schwanz abgebrochen und
frisch kegelförmig regeneriert), Rückenschuppen 61. Supraziliar-

körnerreihe vollständig. Massetericum groß, in zwei Schilder geteilt. Zwischen den Präfrontalia ein großes akzessorisches Schildchen. Färbung und Zeichnung wie bei den Erwachsenen. Also keine Jugendzeichnung. Die Zeichnung hebt sich scharf ab. Statt einer deutlichen Okzipitallinie ist die ganze Dorsalzone undeutlich schwärzlich vermikuliert. Gliedmaßen scharf hell ozelliert. Pileus olivgrün, fein dunkelbraun gefleckt. Unterseite perlmutterfarbig, die hinteren zwei Submaxillarschilder fein schwärzlich gekantet. Auffallend sind die großen Bauchrandschilder.

Außer auf Andros, Tinos, Mykonos und Delos hat Werner auch auf Rheneia (= Mikra Delos der deutschen Seekarte) *erhardii* gesehen. Die zwischen Delos und Rheneia liegenden kleinen Inselchen Mikros und Megalos Rhematiaris sowie Prassonisia zwischen Rheneia und Mykonos hat Werner wohl angelaufen, aber nicht betreten, sie sind daher noch herpetologisch unerforscht, ebenso die Inselchen Tragonesi und Stapodia östlich von Mykonos. Von der Insel Syra liegt mir ein so unzureichendes Material vor, daß ich seine Zugehörigkeit nicht beurteilen kann. Nach den Ausführungen von L. Müller (1933, S. 12) dürften die Eidechsen von dort zu *mykonensis* zu stellen sein, was auch aus geographischen Gründen wahrscheinlich ist. Wie mir Herr Dr. Buchholz (in lit. VIII. 1952) mitteilte, hat er auf Syra und den umliegenden Inselchen *L. erhardii* gesammelt; es ist ihm überlassen, diese Frage zu klären. Die nordwestlich von Syra gelegene, ziemlich große Insel Giaros (= Jura) ist herpetologisch noch ganz unbekannt.

Im Gegensatz zu den bisher angeführten Formen, die ich nur nach mindestens 15 Jahre altem Alkoholmaterial, schwarz-weißen Abbildungen und nach der Literatur kenne, sind mir fast alle folgenden Formen aus eigener Anschauung bekannt. Ich habe sie lebend gefangen oder wenigstens gesehen und mir jeweils an Ort und Stelle Notizen über Färbung und Gehaben gemacht. Das erlaubt mir eine exaktere und kritischere Beurteilung der einzelnen Formen. Ich habe trotzdem, um die Brauchbarkeit für die Benützer dieser Arbeit nicht zu schmälern, es, wo es ging, vermieden, Lebendfärbungen in die Diagnose aufzunehmen, erwähne sie aber natürlich im Anhang.

Lacerta erhardii thermiensis Wern.

(Abb. Werner, 1935, S. 95, Abb. 1, Lectotypus ♂, Abb. 2, Paratypoid ♂;
1938 b, T. X, Abb. 27 f.)

25 ♂, 15 ♀ (darunter Lectotypus), Insel Kythnos (Umgebung des Hafens Lutra), 27.—30. V. 34, leg. Wern. & Wettst.[18]

[18] Ein ♂, ein ♀ wurden seinerzeit an das Mus. Prag i. T. abgegeben.

W e r n e r (1935, S. 94—96) hat diese stattliche Form bereits hinreichend charakterisiert. Der *mykonensis*, wie ich sie auffasse, ist sie recht ähnlich, nur fehlen ihr durchaus alle grünlichen Töne, der Okzipitalstreif fehlt manchmal oder ist undeutlich, der Schwanz ist sehr kräftig und dick. Abgesehen von der stattlichen Größe sehen die meisten Exemplare im Zeichnungsmuster wie *L. e. riveti* aus. Die Grundfarbe ist hellgraubräunlich bis hellbraun, nie grün. Okzipitalstreif fehlt manchmal oder ist undeutlich. Die Parietalstreifen bestehen aus einer Reihe großer Flecken. Die Supraziliarlinien sind beim ♂ von der Grundfarbe, beim ♀ hellgelblich. Seiten beim ♂ kräftig retikuliert, beim ♀ ist ein kontinuierliches Temporalband vorhanden, darunter eine helle Subokularlinie. Unterseite weißlich, im Leben oft blaß orangebräunlich, äußere Ventralschilderreihe bildet (im Leben) ein geschlossenes, tiefblaues Längsband, in dem bei alten ♂♂ gelegentlich schwarze Fleckchen auftreten. Kopfunterseite mit kleinen, grauen, unscharf begrenzten Tüpfeln, bei ♀♀ manchmal mit schwarzer Vermikulation. Femoralozellen undeutlich, nicht auffallend. Ein großer, blauer, manchmal mehrfacher Achselozellus beim ♂. Der braune Pileus schwarzbraun getüpfelt. Extremitäten lang, Hinterbeine reichen so wie bei *mykonensis* beim ♂ bis zum Halsband oder darüber hinaus, beim ♀ bis zum Vorderbeinansatz. Massetericum meistens sehr groß.

Bei 2 alten ♂♂ schaut die Zeichnung wie zerfressen aus, und die ganze Dorsalzone ist mit zerstreuten Punkten bedeckt. Sonst findet man keinerlei Tendenz zu verblaßter Zeichnung oder Einfarbigkeit.

W e r n e r hat versäumt, zu seiner *thermiensis* den Typus zu fixieren. Ich wähle daher das ♂ (Mus. Wien, Ac. Nr. CLIII/1952-53) „Kythnos Nr. 1, 28. V. 1934", das W e r n e r 1935, S. 95, in Abb. 1 wiedergibt, als L e c t o t y p u s und das ebendort abgebildete, mir ebenfalls vorliegende ♂ Nr. 4 (Abb. 2) als Paratypoid.

L. e. thermiensis ist auf Kythnos sehr häufig, nicht nur in der Bucht von Lutra auf der Mündungsebene des dortigen Baches, sondern überall, auch oben auf dem Plateau. Die Tiere leben fast ausschließlich terrestrisch in der Phrygana und in felsigem, nicht steilem Gelände und gehen nur gelegentlich auch auf Steinmauern. Sie nächtigen zum Teil unter freiliegenden Steinen, wo sie abends dann durch Aufheben derselben leicht zu fangen sind. Das Gestein ist auf Kythnos ein dunkler, graubrauner Schiefer.

H e r v o r g e h o b e n   s e i   d i e   w i c h t i g e   und   m e r kw ü r d i g e   T a t s a c h e,   d a ß   a u f   M a k r o n e s i   und   K e a

(= Keos), zwei größeren Inseln zwischen dem attischen Festland und Kythnos, *erhardii* f e h l t.

Lacerta erhardii erhardii Bedriaga.

(Abb.: 1933, S. 111, Fig. 1, 2; 1938 b, T. X, Abb. 27 g.)

7 ♂, 8 ♀, Insel Seriphos, 13. VII. 32, leg. Wern.,
10 ♂, 4 ♀, Insel Siphnos, 31. V.—2. VI. 34, leg. Wettst.

Diese nomenklatorische Stammform hat W e r n e r 1933 ausreichend beschrieben. Die Rückenfärbung ist nach ihm hellbraun bis — seltener — hellolivgrün. Von der benachbarten *thermiensis* unterscheidet sich *erhardii* außer durch die zitronengelbe Kehle (von der an den mir vorliegenden konservierten Exemplaren nichts zu sehen ist) durch den vollständigen Mangel einer dunklen Kehlzeichnung, durch den sehr oft fehlenden oder nur angedeuteten Okzipitalstreifen und einen nicht so dicken und nicht so kräftigen Schwanz. Den ♂♂ fehlt der blaue Achselozellus. Das Größenverhältnis der Geschlechter ist auf Kythnos sehr verschieden, die Männchen sind dort riesig, die Weibchen klein und schmächtig (♂ 71,5 + 137, ♀ nur 63 + 98), auf Seriphos sind die Geschlechter gleich groß (♂ 70 + 132, ♀ 70 + 111).

Wenn man von der gelben Kehlfärbung absieht, so stimmen in all den oben genannten Merkmalen die Stücke von Siphnos mit jenen von Seriphos vollkommen überein. Auf Siphnos werden die ♂♂ 73 + 137, die ♀♀ 69,5 + 116 mm lang, also fast ebenso groß und stattlich. Das Verhältnis der Bein- zur Körperlänge ist auf Seriphos und Siphnos wie bei *thermiensis* und *mykonensis*.

Leider habe ich es versäumt, beim Sammeln auf Siphnos auf die Kehlfärbung zu achten, denn ich finde in meinen Tagebüchern keine diesbezügliche Notiz. Wahrscheinlich ist sie mir nicht aufgefallen und war daher e h e r n i c h t gelb. Außer diesem eventuellen Unterschied in der Färbung der Kehle kann ich aber keinerlei Unterschied zwischen den Populationen der beiden Inseln finden und rechne daher — vorläufig wenigstens — die Population von Siphnos zu *e. erhardii*.

Verbreitung: Nur die Inseln Seriphos und Siphnos.

Auf Siphnos ist *erhardii erhardii* spärlich. Am 31. V. 1934 habe ich vormittags innerhalb von 3 Stunden nur 2 ♂♂ und 1 ♀ gesehen und eines der Männchen gefangen, nachmittags 3 ♂♂ und 1 ♀ gefangen und noch 2 Stücke gesehen. In den 3 Tagen unseres dortigen Aufenthaltes mußte ich mich sehr plagen, um 12 Stücke zusammenzubringen.

Auf Seriphos ist *erhardii* nach W e r n e r häufig.

Die beiden kleinen Inselchen Piperi und Serphopula zwischen
Kythnos und Seriphos und die küstennahen Inselchen bei Seriphos
und Siphnos sind herpetologisch noch unerforscht.

Lacerta erhardii naxensis Wern.

(Abb.: Werner, 1930, T. III, Fig. 12—14 v. Naxos, T. III, Fig. 15—17 v. Ios;
1935, S. 99, Fig. 3 v. Ios, S. 97, Abb. 4—6 v. Sikinos, S. 95, Abb. 3
v. Pholegandros.)

6 ♂, 5 ♀, Insel Naxos, leg. Steindachner 1893,

10 ♂, 5 ♀, Insel Heraklea, 2. V. 34, leg. Wettst.,

2 ♂, unbenanntes, dem Westende von Heraklea näheres Inselchen,
2. V. 34, leg. Wettst.,

6 ♂, 6 ♀, Insel Ios, 17. V. 34, leg. Werner 1927,

20 ♂, 4 ♀, Insel Sikinos, 13. V. 34, leg. Werner & Wettst.,

5 ♂, 1 ♀, Inselchen Kardiotissa, 12. V. 34, leg. Wettst.,

15 ♂, 12 ♀, Insel Pholegandros, 10.—11. V. 34, leg. Werner & Wettst.,

24 ♂, 17 ♀, Insel Thera (= Santorin), leg. J. Moser 1930, ex Mus.
Berlin und andere Sammler,

3 ♂, 4 ♀, Insel Therasia, leg. J. Moser 1930, ex Mus. Berlin,

5 ♂, 5 ♀, Insel Palaea Kaimeni in der Bucht von Thera, leg. J. Moser
1930, ex Mus. Berlin,

2 ♂, Insel Nea Kaimeni in der Bucht von Thera, leg. K. Toldt und
R. Ebner, 14. IV. 11.

Die Originalbeschreibung Werners (1899, S. 835) ist für
unsere heutigen Anforderungen ganz unzureichend. Eine bessere
Diagnose gibt Werner erst 1938 b, S. 55, obgleich sie meinem
Dafürhalten nach für diese sehr variable Form noch zu allgemein
gehalten ist. Charakteristisch halte ich im Vergleich mit anderen
erhardii-Rassen folgende Merkmale: Eine große Form, die aber
schlank ist und deren Extremitäten kurz sind. Die 4. Zehenspitze
der Hinterbeine erreicht beim ♂ nur den Ansatz der Vorderbeine,
beim ♀ lange nicht diesen. Die Grundfarbe oben und unten ist
h e l l, oben hellgrau, hellgraubräunlich, hellgraugrünlich[19], unten
gelblichweiß. Dunkle Punkte oder Fleckchen auf den Submaxil-
laren oder der Kehle habe ich an meinem Material aus dem Ver-
breitungszentrum nicht bemerkt. Die Z e i c h n u n g i s t m e i -
s t e n s s e h r r e d u z i e r t. Im häufigsten Fall ist ein breiter,
aus ein oder zwei Fleckchenreihen bestehender Okzipitalstreifen
vorhanden, die Parietalstreifen sind sehr schmal, aus einer Reihe
querer Fleckchen bestehend, die Supraziliarlinien meistens deutlich, oft aber fast von der Grundfarbe, die Temporalstreifen mehr
weniger verblaßt, die Fleckchen selten zu einem Netzwerk zu-
sammenfließend. Femoralozellen deutlich, groß. Sexualdimorphis-
mus nicht sehr ausgeprägt. In beiden Geschlechtern treten einzelne Exemplare auf, die stark gezeichnet sind, so wie bei *myko-*

---

[19] Im Leben Vorderrücken bei ♂♂ oft grün.

nensis, und ebenso solche, bei denen die Zeichnung fast ganz oder
ganz geschwunden ist und die dann einfarbig graugrünlich aussehen. Letztere scheinen beim männlichen Geschlecht häufiger auf-
zutreten, während beim weiblichen Geschlecht wieder häufiger ein
einfarbiger Rücken ohne Okzipitalstreifen anzutreffen ist.

Das Massetericum ist klein bis groß, öfter groß. Die Ziliar-
körnerreihe ist oft fast oder ganz vollständig, die Zahl der Körner
entsprechend groß (s. Tabelle). Bei dieser Rasse tritt erstmalig
unter den bisher besprochenen nicht selten ein- oder zweiseitig ein
geteiltes Präokulare oder zwei Präokularia auf.

Da der wesentliche Unterschied zwischen *naxensis* und *amorgensis* in der Färbung liegt — *amorgensis* ist verdüstert, alte ♂♂
dunkelbraun —, so ist es recht schwer, die Formen von den
kleinen und kleinsten Inseln, die zwischen Naxos und Amorgos
liegen und die, in verschiedenem Grade verdüstert, alle Übergänge
von *naxensis* zu *amorgensis* aufweisen, auf die zwei Rassen aufzuteilen, um so mehr, als mir von den meisten Inseln nur sehr
geringes Material vorliegt.

Am 2. V. 1934 habe ich südlich von Kap Kurupia die Westküste von Naxos angelaufen, die dort mit Sanddünen bedeckt ist.
Die zahlreichen *naxensis*, die dort herumliefen, waren oberseits
g r ü n oder b r a u n mit deutlich sichtbarer Zeichnung, ebenso
waren sie auf einem kleinen, unbenannten Inselchen nahe dieser
Küste. Auf dem kleinen, unbenannten, dem Westende der Insel
Heraklia näheren Inselchen waren die ♂♂ am Rücken grasgrün
mit sehr scharfer, schwarzer Zeichnung (ähnlich wie auf Tinos),
die ♀♀ grün, braun längsgestreift, mit hellgelben Supraziliarstreifen. Auf Heraklea waren die ♂♂ in der Strandregion grün,
oben im Gebirge aber braun. Die Zeichnung ist bei ihnen außerordentlich variabel von sehr scharf und reich schwarzbraun bis
schwach und kleinfleckig graubraun gezeichneten Stücken. Auf
Schinusa sahen sie wie auf Heraklea aus.

Auf den übrigen Inseln, die bei *amorgensis* erwähnt werden,
sind diese Eidechsen mehr weniger braun, können also eher zu
amorgensis gestellt werden. 1938 (S. 88) habe ich auch die
Eidechsen von Heraklea und Schinusa zu *amorgensis* gestellt,
glaube aber jetzt, nach neuerlichem Studium, daß es richtiger ist,
sie *naxensis* zuzurechnen.

Auf Ios sind Stücke mit mehr oder weniger erloschener Zeichnung verhältnismäßig häufig. Massetericum wie auf Heraklea mittel
bis groß. Die Grundfarbe graugrünlich (heller wie auf Heraklea),
die Unterseite aber blaßbläulichgrau, die äußere Bauchschilderreihe blau. Manchmal treten auf diesen und den Kehlseiten

schwärzliche Punkte auf. Die Exemplare von Sikinos sind meistens stark, aber feinfleckig gezeichnet, in der Grundfarbe leicht verdüstert, Unterseite grünlich- oder graulichgelb. Die Sikinos-Eidechsen sind klein (♂ K.-R.-Lg. bis 67, ♀ bis 63 mm); auch die Körperschuppenzahl ist gering (50—60). Massetericum groß. Die Schwänze sind an der Wurzel etwas verdickt, was auf den Abbildungen 4—6 bei Werner 1935, S. 97, gut zu sehen ist.

Noch kleiner (maximalgroßes ♂ nur 64,5 [+ 100] mm) und noch etwas mehr verdüstert ist die Population auf der kleinen Insel Kardiotissa zwischen Sikinos und Pholegandros, wo die Zeichnung bei manchen Exemplaren zu einer unscharfen Retikulation wird. Äußere Bauchschilderreihe hellblau. Schwänze etwas verdickt. Bei mehr Material (ich konnte bei unserem kurzen Aufenthalt nur 5 ♂♂ und 1 ♀ erbeuten) wird es vielleicht möglich sein, diese Form als eigene Rasse zu beschreiben.

Auf Pholegandros lebt eine der typischen *naxensis* auf Naxos äußerlich sehr ähnliche Form, nur sind in der Zeichnung verblaßte Stücke selten, zeichnungslose fehlen anscheinend ganz. Die Unterseite ist perlmutterfarbig, manchmal lilagrau überhaucht. Blaue Färbung der äußeren Bauchschilderreihe undeutlich. Bei Weibchen Submaxillaria oft fein schwarz gesäumt, Kehlseiten schwarz gepunktet. Schwänze an der Basis dick, bei regenerierten verdickt. Massetericum groß bis sehr groß. Die Form ist bemerkenswert, weil sie in gewisser Beziehung Anklänge an die benachbarte *e. erhardii* zeigt.

Eine sehr einheitliche *naxensis* bewohnt den Thera- (= Santorin-) Archipel. Einfarbige Stücke sind, trotz reichem Material, von dort noch nicht bekanntgeworden, aber in der Zeichnung verblaßte Stücke sind nicht selten. Auf Thera und Therasia: Färbung und Zeichnung, soweit die konservierten Tiere eine Beurteilung zulassen, sind recht einheitlich. Grundfarbe grau, grünlichgrau bis bräunlich. Olivgrüne, mit zu zerstreuten Punktflecken aufgelöster Zeichnung, fanden sich unter den etwa 500 Stücken der Coll. Moser im Museum Berlin nur 2 Stücke! Man kann diese als Mutanten in der Richtung zu *amorgensis* auffassen.

Unterseite gelblichweiß, perlmutterfarbig, manchmal grau überhaucht. Femoralzellen undeutlich. Auf Palaea Kaimeni sind manche Stücke schwach graubraun verdüstert. Auf Nea Kaimeni aber scheint eine schon merklich verdüsterte Form zu leben, die vielleicht einen eigenen Namen verdienen würde. Die 2 vorliegenden ♂♂ sind sehr stark braunschwarz gezeichnet, die Temporalstreifen bilden ein geschlossenes, dickes Netzwerk. Die Unterseite ist hellbläulichgrau, die Submaxillaria schwarz gekantet, Kehl-

seiten mit einzelnen schwarzen Punkten, äußere Bauchschilderreihen hellblau und schwarz gefleckt, Schwanzunterseite gelblich
(im Leben vielleicht orange?). Der braune Pileus ist stark schwarzbraun gefleckt. Die *erhardii*-Eidechsen des Thera-Archipels zeichnen
sich dadurch aus, daß die ♀♀ die ♂♂ in der Körpergröße überragen
(s. Tabelle), was sonst selten vorkommt. Ferner dadurch, daß das
Okzipitale oder Interparietale häufig geteilt ist (12 ✕ bei 41 Stücken
auf Thera, 1 ✕ bei 10 Stücken auf Palaea Kaimeni) und daß häufig
einseitig oder zweiseitig 2 Präokularia vorhanden sind. Massetericum meist mittel bis groß. Die Supraziliarkörnchenreihe ist
öfter fast oder ganz vollständig, auf Thera sind häufig einzelne
Körnchen doppelt. Ferner sind die Schwänze an der Basis etwas
verdickt (wie auf Pholegandros), bei regenerierten fast rübenförmig.

Das Verbreitungsgebiet von *L. e. naxensis* umfaßt n a c h
m e i n e r A u f f a s s u n g folgende Inseln Syra (?), Naxos, ein
kleines, unbekanntes Inselchen an der Westküste von Naxos, Heraklea, das dem Westende von Heraklea nähere kleine unbenannte
Inselchen (das weiter abliegende Inselchen Abelos hat k e i n e
Lacerten!), Schinusa (auf dem am Südende von Schinusa gelegenen
kleinen Phytiusa lebt eine eigene Rasse), Ios, Sikinos, Kardiotissa
(dort vielleicht eine eigene Rasse bildend?), Pholegandros, Thera,
Therasia, Palaea Kaimeni und Nea Kaimeni (dort vielleicht eine
eigene Rasse bildend?). Herpetologisch n i c h t e r f o r s c h t sind
im Verbreitungsgebiet von *naxensis* die Christiane-Inseln[20] südwestlich von Thera und die Inseln Makariais, Donusa und Boidi
östlich von Naxos.

Besonders hervorgehoben sei hier, d a ß e s a u f P a r o s u n d
A n t i p a r o s k e i n e *Lacerta erhardii* gibt. Es sei aber auch hervorgehoben, daß die vielen kleinen küstennahen Inselchen, die
diese beiden Inseln umgeben, herpetologisch noch ganz unbekannt sind. In Analogie zu den Balearen und Ost-Kreta wäre es
immerhin möglich, daß auf diesen kleinen Inselchen *Lacerta erhardii* vorkommt, und das würde erst den Schlüssel dafür liefern,
ob die Paros-Gruppe nie von *L. erhardii* besiedelt wurde oder ob
sie dort sekundär — ebenso unerklärlich wie auf Ost-Kreta und
L. lilfordi auf Mallorca und Menorca — ausgestorben ist (s. E i s e n-
t r a u t 1949).

Im großen und ganzen ist *naxensis* noch flinker und noch
scheuer als die ohnehin schon sehr flüchtige *thermiensis* und *erhardii*. Auf den Sanddünen an der Westküste von Naxos liefen die

---

[20] Inzwischen war Herr Dr. B u c h h o l z auf ihnen und fand dort,
wie er mir brieflich mitteilte, k e i n e *Lacerta*.

zahlreichen Eidechsen so pfeilgeschwind dahin, daß ich keiner habhaft werden konnte. Sie flüchteten in stachelige Büsche und kletterten auch in diesen umher. Auf den kleinen Inselchen bei Heraklea waren sie häufig aber so scheu, daß sie weder mit der Schlinge noch mit der Hand zu fangen waren. Auf Heraklea selbst waren sie in der Strandregion mit der Schlinge verhältnismäßig leicht zu fangen, oben im Gebirge aber sehr selten und scheu; sie gehen dort bis auf den Gipfel. Auf Schinusa waren sie selten. Auf Sikinos sind sie wenig zahlreich, die alten ♂♂ weitaus häufiger und leichter zu fangen als die ♀♀ und Einjährigen; fehlt oben auf den Bergen. Im hellgrauen, verkarsteten Kalk von Kardiotissa war *erhardii* in ziemlicher Menge, auf der höchsten Erhebung häufiger wie an der Strandzone, scheu, schwer zu fangen, verkroch sich unter *Poterium-* und Pistazienbüschen, seltener unter Steinen. Während *naxensis* auf allen bisher genannten Inseln ein ausgesprochenes Bodentier ist, ist sie auf Pholegandros ein vorwiegender Bewohner der gelegten Steinmäuerchen. Ein Grund für diese andere Lebensweise war nicht ersichtlich, beide Biotope gibt es auf allen größeren, bewohnten Inseln, und nur auf den kleinen, unbewohnten, fehlen die Steinmäuerchen. Auf Pholegandros geht sie bis auf die höchsten Gipfel, ist aber in den oberen Regionen nur vereinzelt.

Lacerta erhardii phytiusae Wettst.

2 ♂, 1 ♀ (Lectotypus und Paratypoide), Insel Phytiusa südl. von Schinusa, 4. V. 34, leg. Wettst.

Ich wiederhole hier meine Beschreibung vom Jahre 1937 (S. 88). „Eine bemerkenswert einheitliche Rasse. Oberseits verdüstert, olivgrüngrau, Zeichnung stark reduziert, aus 2 Reihen undeutlicher, dunkler, zerfressener Fleckchen (den Resten der Parietalstreifen) bestehend. Unterseite hellgelblichgrau oder grünlichgrau mit lila Schimmer. Hinterextremitäten, Kloakengegend und Schwanz auf der Unterseite hellorangegelb. Immer zwischen Interparietale und Okzipitale ein akzessorisches kleines Schildchen (quergeteiltes Interparietale). Bei 2 Stücken sind 4 Supralabialia vor dem Subokulare vorhanden, bei einem Stück 5, und überdies ist noch das Subokulare durch eine senkrechte Naht in 2 geteilt." Die ♂♂ haben hellblaue, äußere Bauchschilderreihen. Sehr große Rasse (♂ 72 + 123, ♀ 61 + 92 mm).

Die Stücke heben sich auch heute noch, nach 18jähriger Konservierung, von den anderen deutlich ab. Die Grundfärbung der Oberseite ist jetzt ein düsteres Olivgrau. Die Unterseite ist schmutzig hellilagrau, die Kopfunterseite heller, gelblich.

Die von mir angegebene Verwandtschaftsbeziehung zu *amorgensis* muß ich heute revidieren. Die Körpergröße, die hohe Körperschuppenzahl und das geteilte Interparietale sprechen, von der geographischen unmittelbaren Nachbarschaft abgesehen, mehr für eine engere Verwandtschaft mit *naxensis*. Ich habe übrigens schon erwähnt, wie schwer es ist, die Populationen der Inseln zwischen Naxos und Amorgos auf die 2 Nachbarrassen aufzuteilen. Man kann, ohne den Tatsachen Gewalt anzutun, behaupten, daß *phytiusae* Beziehungen sowohl zu *naxensis* wie zu *amorgensis* hat.

Pholidosezahlen siehe Tabelle.

Auf dem sehr kleinen Inselchen Phytiusa, das aus Kalk besteht, war diese Form häufig, aber, wie überall auf den kleinen Inseln, scheu und schwer zu fangen, so daß ich bei unserem kurzen Aufenthalt nur 3 Stück erbeutete.

Lacerta erhardii amorgensis Wern.

(Abb.: Werner, 1933, S. 111, Fig. 3, 4 [Lectotypus ♂]; 1938 b, T. X, Abb. 27 h [dieselben].)

4 ♂, 6 ♀, inklus. Lectotypus, Insel Amorgos (Umgebung von Katapolo), VII. 32, leg. Werner,

6 ♂, 2 ♀, Insel Keros, 5. V. 34, leg. Wettst.,

1 ♂, 1 ♀, Insel Apano Kupho, 4. V. 34, leg. Wettst.,

2 ♂, Inselchen Anhydros (= Amorgopula), südwestl. von Amorgos, 6. V. 34, leg. Wettst.

Der Hauptunterschied gegenüber *naxensis* liegt in der verdüsterten Grundfärbung bei der Mehrzahl, die bei alten ♂ ♂ fast schwarzbraun sein kann. Grüne Stücke sind zu Dunkelolivgrün oder Dunkelgraugrün verdüstert. Die Zeichnung zeigt Neigung zur Auflösung in ein kleinfleckiges Netzwerk (vermikuliert), jedoch gibt es auch genug Stücke mit normaler Zeichnung. Die Unterseite ist beim alten ♂ r ö t l i c h, beim ♀ weißlich, die äußere Bauchschilderreihe einfarbig blau. Eine, manchmal auch zwei Femoralozellen sind meistens deutlich ausgeprägt.

Leider erhält sich die Verdüsterung nicht bei konservierten Exemplaren. Die Typen und Paratypen, die mir vorliegen, sehen jetzt aus wie *naxensis*. Nur der männliche Typus ist noch etwas graubraun verdüstert, hat aber, was man bei *naxensis* meines Wissens nie antrifft, vorne und hinten z i e g e l r o t e Bauchschilder.

In der Pholidose sind keine greifbaren Unterschiede, nur ist die Rückenschuppenzahl auf Amorgos etwas geringer (56—58), nicht aber auf Keros (53—63) und Anhydros (56—63). Die Körpergröße ist aber durchwegs geringer (♂ 69 + 118, ♀ 60 + 103). Das Massetericum ist klein bis mittelgroß, die Supraziliarkörnchenreihe ist fast bis ganz vollständig. Wie bei *naxensis* reicht die Spitze der 4. Zehe beim ♂ ungefähr bis zum Ansatz der Vorderbeine, beim ♀ nicht so weit nach vorne.

Das von We r n e r als Typus bezeichnete ♂ befindet sich im Mus. Wien unter der Ac. Nr. CLIV/1952-53.

Auf Kato Kupho war *L. erhardii* selten, ich sah am 4. V. 1934 nur 3 Stücke und konnte keines fangen, auch mein Reisegefährte Dr. R e c h i n g e r sah nur 3 Stück. Allerdings wehte an diesem Tag ein kalter Wind bei teilweise trübem Wetter. Alle sechs waren dunkelgrau bis dunkelbraun, und ich stelle sie daher zu *amorgensis* und nicht zu *naxensis*. Ebenso selten waren sie auf Apano Kupho, wo ich die zwei gesehenen auch fangen konnte. Sie sind sehr schwach verdüstert — bis mehr Material vorliegt, stelle ich sie provisorisch zu *amorgensis*. Auf dem kleinen Inselchen Glaronisi an der Südostecke von Kato Kupho haben wir keine Eidechsen gesehen, was wohl nur auf das trübe, stürmische Wetter zurückzuführen war, das damals herrschte.

Auf Keros (= Karos) konnte ich am 5. V. 1934 eine Anzahl erbeuten. Die Tiere sind (auch heute noch) in der Mehrzahl stark verdüstert und gehören wohl zweifellos zu *amorgensis*. Allerdings zeigt keines der Männchen die rote Bauchfärbung. *L. erhardii* bewohnt auf Keros zahlreich die schiefermergelige Küstenzone, geht aber vereinzelt bis auf die Gebirgssättel (Kalk) hinauf. Während, nach meinen Tagebuchnotizen, in der Küstenzone n u r d i e M e h r z a h l der Tiere braun, d. h. dunkel waren, gab es höher oben nur dunkle Stücke. Auf den bisher genannten Inseln ist *amorgensis* viel mehr ein Bewohner von Fels und Steinmäuerchen als die die Phygana bewohnende *naxensis*. Auf dem Inselchen Andreas südlich von Keros sah ich nur 2 Stücke, konnte aber keines fangen. Nach meinen Notizen war das eine Stück groß und grün, das andere ein braunes, gestreiftes Weibchen. Auch auf der Doppelinsel Antikeros habe ich am 5. V. 1934 nur 2 große, grüne Männchen gesehen. Auf dieser Kalkinsel waren die Tiere sehr selten und ganz ungemein scheu.

Auf dem Inselchen Grabusa (= Grampusa) an der Nordwestecke von Amorgos landeten wir erst spät nachmittags bei kühlem, windigem Wetter und haben keine Eidechsen gesehen. Ich zweifle aber nicht, daß solche dort vorkommen.

Auch auf Amorgos konnte ich nur am Spätnachmittag des 6. V. einen Spaziergang in der Umgebung von Katapolo machen und sah nur 3 Eidechsenschwänze in den Steinmäuerchen verschwinden.

Der 6. V. 1934 war dem einsamen Inselchen Anhydros (= Amorgopula) gewidmet, auf dem ich mir irgendeine besondere, etwa schwarze Eidechsenform erwartete. In dieser Beziehung war Anhydros ebenso eine Enttäuschung wie alle anderen landfernen Klippen, die ich späterhin noch in der Ägäis besuchte. Anhydros, zwischen Amorgos, Ios, Thera und Anaphi gelegen, ist eine ziemlich flache, aus hellgrauem Kalk bestehende, etwa 2 km² große, unbewohnte Insel, auf die aber gelegentlich Ziegen ausgesetzt werden und die mit aufliegenden Steinen und *Poterium-spinosum-*Phrygana bedeckt ist. Die Eidechsenpopulation ist sehr spärlich, ich sah nur etwa 10 Stücke, die so scheu waren, daß ich sie nicht fangen, sondern nur schießen konnte. Von den 4 erlegten Stücken waren 2 so zerschossen, daß ich sie wegwerfen mußte. Sie flüchteten schon auf mehrere Meter unter die Steine oder in die Dornpolster von *Poterium.* Hob man den Stein auf, so schossen sie unversehens hervor und unter einen anderen. Dieses neckische Spiel konnte man beliebig wiederholen mit dem Effekt, daß man die Hände voller schmerzhafter *Poterium*-Stacheln, aber keine Eidechsen hatte. Die Eidechsen von Anhydros waren alle im Leben dunkelbraun und bei flüchtiger Betrachtung einfärbig. Jedoch kamen Ausnahmen vor, das eine von mir gesammelte ♂ hatte einen im Leben gelbgrünen Dorsalstreifen. Sonst ist auch dieses Stück braun, mit zerfressener, kleinfleckiger schwarzer Retikulation. Das andere ♂ war dorsal dunkellauchgrün, die Zeichnung normal. Beide aber waren im Leben unterseits graugrünlich, die Bauchschilder hellviolett, Hinterbeine, Kloakengegend und Schwanz hellorange. Äußere Bauchschilderreihe einfärbig hellblau. Die Schwanzbasis ist verdickt, Schwanz und Pileus dunkelbraun, letzterer schwarz gefleckt. Weibchen und einjährige Tiere sind dunkelbraun, die Supraziliarlinien hellbraun. Das Massetericum ist groß. Einen diagnostischen Unterschied gegenüber *amorgensis* kann ich nicht feststellen.

L. e. amorgensis bewohnt nach unseren derzeitigen Kenntnissen, die sich auf ein geringes Material stützen, außer der Hauptinsel Amorgos die Inseln Apano Kupho, Kato Kupho, Glaronisi, Keros, die kleinen Inselchen an der Südküste von Keros, die Doppelinsel Antikeros, die Inselchen Grabusa und Anhydros.

Das kleine, flache Inselchen Liadi, östlich von Amorgos, dürfte auch von *amorgensis* bewohnt sein. Bei einem flüchtigen Besuch am 31. V. 1935 sah ich dort 4 Eidechsen. Drei waren braun, eine auf dem Rücken hellgrün mit schwarzer Fleckenzeichnung. Sie waren sehr scheu und hielten sich im Pistazien- und *Juniperus-*Gesträuch auf.

Lacerta erhardii kinarensis Wettst.

Tafel 5, Fig. 3.

2 ♂, 1 ♀ (inklus. Lectotypus), Insel Kinaros (= Chinaro) östl. von Amorgos, 31. V. 35, leg. Wettst.

Die zweitgrößte aller *erhardii*-Rassen (♂ 75,5 + 162, ♀ 70,5 + 104 mm) mit sehr langem Schwanz und auch sonst eine der abweichendsten und markantesten. Oberseite bräunlicholivgrün, Zeichnung zu einer ganz undeutlichen, blaßbräunlichgrauen Fleckung und Netzung verblaßt. Ganze Unterseite, einschließlich Schwanzunterseite, einfarbig hellbläulichgrau. Femoralozellen fehlen. Pileus braun mit mehr oder minder deutlicher, dunkelbrauner Fleckung. Massetericum mittelgroß. Okzipitale klein, berührt das lange, schmale Interparietale in einem Punkt. Dieses Merkmal leitet zu den folgenden Rassen über. Im Leben sahen diese Eidechsen einfärbig dunkelbraun aus und waren selten und scheu.

Lacerta erhardii levithensis Wettst.

3 ♂, 3 ♀ (inklus. Lectotypus), Insel Levitha, 1. VI. 35, leg. Wettst.

Trotz der Nachbarschaft zu *kinarensis* von dieser sehr verschieden. Schon an Ort und Stelle vermerkte ich in meinem Tagebuch: „Auffallend kleine, braune Form." Das größte der alt aussehenden Männchen mißt nur 64,5 + 119 mm. Allerdings ist auch ein ♀ unter meinem Material von 74 + 113 mm Länge, und es hat den Anschein, als ob bei dieser Rasse die ♀♀ größer würden als die ♂♂.

In Zeichnung und Färbung sehr variabel. Die Grundfarbe ist schwach oliv verdüstert. Die Zeichnung variiert von typischer Ausprägung bis zum fast völligen Schwund. Sie ist bei den ♀♀ schärfer und schwarzbraun, bei den ♂♂ verschwommener und braun. Die Kopfseiten und die Kopfunterseite, mit Ausnahme der Mitte, sind bei zwei ♀♀ und einem ♂ mit tiefschwarzen Fleckchen oder Schnörkeln geziert (Analogie zu *thermiensis* und *mykonensis*). Unterseite hellgelblich, schwach graugrünlich überhaucht. Die Unterseite des v e r d i c k t e n Schwanzes gelblich o h n e rötliche Tönung. Äußere Bauchschilderreihe bei allen blau, bei den 3 Stücken mit schwarzgefleckter Kehle tragen auch einige dieser blauen Bauchschilder sowie die Unterseite der Hinterbeine schwarze Fleckchen und das Präanale einen dunkelgrauen Puderfleck. Pileus braun, fein schwarz vermikuliert. Femoralozellen fehlen. Das Interparietale ist langgestreckt, das Massetericum mittelgroß, die Supraziliarkörnchenreihe nie vollständig. Die Rückenschuppenzahlen sind niedrig (s. Tabelle).

Auf Levitha, wo wir am 1. VI. 35 den ganzen Vormittag sammeln konnten, ist *L. e. levithensis* selten. Die meisten waren zwischen 8 Uhr und 10 Uhr zu sehen, eine Erscheinung, die ich zu dieser vorgeschrittenen Jahreszeit, wenn es gegen Mittag schon sehr heiß wird, auch auf anderen Inseln beobachten konnte. Auf dieser bewohnten und stark kultivierten Insel waren die Eidechsen nicht gar so scheu und ließen sich sogar mit der Schlinge fangen. Sie lebten sowohl in der Phrygana wie auch an geschichteten Steinmauern.

Lacerta erhardii amorgensis ≷ syrinae.

3 ♂, 4 ♀, Insel Anaphi, 18.—24. V. 34, leg. Wettst.,
7 ♂, 8 ♀, Insel Astropalia (= Stampalia), 27.—30. V. 35, leg. Wettst.

Die *erhardii*-Populationen dieser beiden Inseln vereinen, wenn auch in verschiedenem Verhältnis, Merkmale von *amorgensis* und *syrinae* in sich und haben meiner Ansicht nach keine subspezifischen Kennzeichen, die es gestatten würden, sie als eigene Rassen zu bezeichnen.

A n a p h i : Eine kleine Form, bei der aber anscheinend, so wie auf Levitha, die Weibchen größer werden als die Männchen (♂ 58 + 118, ♀ 63 + 103 mm). Im Leben schwach bräunlich oder olivbraun verdüstert, ist die Grundfarbe der konservierten Tiere jetzt grünlichgrau bis olivbräunlich. Die Zeichnung kann manchmal recht scharf und schwarzbraun sein, meistens aber ist sie erloschen, unscharf, bräunlich. Ein Okzipitalstreif ist selten vorhanden und wenn, dann besteht er nur aus einer Reihe feiner Strichelchen und Punkte. Unterseite hellbläulichgrau-perlmutterfarbig, Schwanzunterseite gelblich. Äußere Bauchschilderreihe blau. Femoralozellen fehlen. Die Zahl der Körperschuppen ist ebenso gering wie auf der Insel Amorgos (54—58). Schwänze nicht merklich verdickt. Alle diese Merkmale hat die Form von Anaphi mit *amorgensis* gemeinsam. Der hellbraune Pileus ist gar nicht oder spärlich dunkelbraun gefleckt.

Mit *syrinae* gemeinsam hat sie dagegen das sehr kleine Okzipitale, das sehr lange, schmale Interparietale und das häufigere Vorkommen von 2—3 Präocularia, ein- oder beiderseitig (was übrigens auch auf dem benachbarten Thera-Archipel und auf Sikinos vorkommt). Zwei Exemplare haben einzelne Schilder der äußeren Bauchschilderreihe längsgeteilt, so daß an diesen Stellen 7—8 Bauchschilder in einer Querreihe liegen.

Diese Eidechsen sind ziemlich häufig, aber nicht so häufig wie auf den anderen größeren Inseln, und außergewöhnlich scheu und schwer zu fangen. Meistens verkrochen sie sich schon auf mehrere Meter Entfernung. Sie sind ausschließliche Bodentiere der Phrygana und der schieferfelsigen Hänge, die nur ganz ausnahmsweise Steinmauern annehmen. Die Hauptverbreitung liegt in mittlerer Höhe der Insel; darunter oder darüber sind Eidechsen selten, obgleich sie vereinzelt bis auf den höchsten Gipfel der Insel (Viglia, 584 m hoch) gehen. Wie schon bei *levithensis* erwähnt, ist die Mehrzahl in den ersten Vormittagsstunden rege, außerhalb dieser Zeit sieht man nur sehr wenige.

A s t r o p a l i a : Eine große Form ($\male$ 73,5 + 128, $\female$ 72,5 + 100 mm), aber in Färbung und Zeichnung mit der von Anaphi übereinstimmend. Im Leben ist die Oberseite bräunlich, die Unterseite, besonders bei alten Männchen, fleischrot, jetzt in konserviertem Zustand hellbläulichgrau. Die regenerierten Schwänze sind verdickt. Pileus hellbraun mit kräftigen, schwarzbraunen Flecken auf den Parietalia. Das Okzipitale ist verhältnismäßig klein, das Interparietale oft lang und schmal, das Massetericum ist mittelgroß, die Supraziliarkörnerreihe nie vollständig. Unter 15 Stücken haben 3 Stücke ein- oder beiderseitig 2 Präocularia, 4 Stücke haben 8 Bauchschilder-Längsreihen. 60 % aller mir vorliegenden Exemplare zeigen in dem einen oder anderen Merkmal *syrinae*-Typus, 40 % *amorgensis*-Typus. Dazu kommt noch eine spezifische Eigentümlichkeit: 6 Stücke haben ein quergeteiltes Frontale.

Auf Astropalia ist diese robuste Eidechse häufig, geht bis auf die Gipfel der Berge hinauf und ist nicht so scheu wie auf den benachbarten Inseln.

Südlich von Anaphi liegen 4 Inselchen, die früher zweifellos mit Anaphi verbunden waren und auf denen sich *L. erhardii* nach ihrer Abtrennung zu bemerkenswerten eigenen Rassen weiterentwickelt hat. Die Meerestiefe zwischen allen diesen Inselchen und Anaphi ist nicht ganz 100 m.

Lacerta erhardii pachiae Wettst.

5 $\male$, 5 $\female$ (inklus. Lectotypus), Insel Pachia, südl. von Anaphi, 22. V. 34, leg. Wettst.

Grundfarbe der Oberseite braun bis dunkelbraun, der Unterseite hellgrünlich oder hellbläulichgrau. Unterseite der Hinterextremitäten, der Kloakengegend und des Schwanzes orangerötlich. Submaxillaria, manchmal auch die Kehlseiten schwarz gefleckt (ähnlich wie bei *levithensis*, aber weniger intensiv). Zeichnung der Oberseite sehr variabel, selten typisch, meist mehr oder weniger verschwommen. Okzipitallinie fehlt oder ist nur angedeutet. Der

helle (im Leben hellgrüne) Supraziliarstreif meist bis über die
vordere Rumpfhälfte herab vorhanden, manchmal in kleine Fleckchen aufgelöst. Ein altes Männchen mit schwarzbraunem, dickem
Gitterwerk über den ganzen Rücken, dazwischen mit blaugrünen
Fleckchen. Pileus braun, auf den Parietalia mit einem dunklen
Längswisch. Femoralozellen nicht auffallend oder fehlend. Robust
gebaute Tiere mit verdickten Schwänzen, die, mit Ausnahme eines
Männchens, bei allen regeneriert sind. Das Okzipitale ist bei
2 Stücken sehr klein, das Interparietale bei 2 Stücken sehr lang
und schmal, das Massetericum mittelgroß. Supraziliarkörnchenreihe
nicht vollständig.

Färbung im Leben. Männchen: Oberseite dunkelbraungrau
mit lauchgrünen oder grasgrünen runden Fleckchen zwischen der
schwarzen Zeichnung. Pileus dunkelgrünlichgrau. Auf der Unterseite ist die Kehle schwefelgelb bis bläulichgrau mit schwärzlichen
Fleckchen, Brust, gelblich beginnend, orangerot, Bauch dunkel-
ziegelrot, Schwanzwurzel braunrot, gegen die Schwanzspitze wieder lichter; alle Farben ineinander übergehend. Äußere Bauchschilderreihe kontinuierlich ultramarin bis grünblau. Weibchen:
sehr ähnlich dem Männchen, nur etwas kleiner, Unterseite nur
blaßrötlich-perlmutterfarbig, Kloakengegend und Schwanzunterseite schmutzig hellziegelrot, Kehle bläulichweiß, äußere Bauchschilderreihe tiefblau. Manche Weibchen wie die Männchen unterseits braunrot. Ein Weibchen ist oberseits pechschwarz, die zwei
Supraziliarstreifen schmal, unscharf begrenzt, schmutzigweiß-
lichgelb.

Auf der Kalkinsel Pachia waren diese Eidechsen ziemlich
häufig und, zum Unterschied von anderen, nicht besonders scheu.

Lacerta erhardii megalophthenae Wettst.
Tafel 5, Fig. 1.

3 ♂, 3 ♀ (inklus. Lectotypus), Inselchen Megalo Phtheno, östliche,
größere der beiden Phthini-Inseln, südlich von Anaphi, 22. V. 34, leg. Wettst.

Sowohl *pachiae* wie *amorgensis* ähnlich und zwischen beiden
stehend. Die Grundfarbe der Oberseite ist jetzt, im konservierten

---

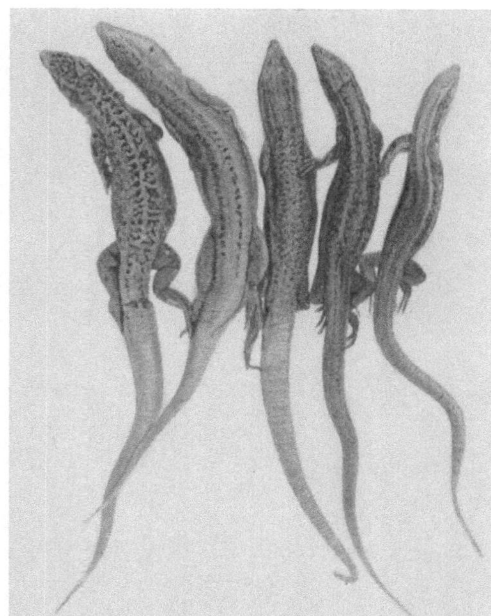

Fig. 1.

Fig. 2.

Zustand, schmutziggraugrün, die Supraziliarstreifen hellbläulichgrau. Bis auf die schmalen, schwarzbraunen, wie angeätzt aussehenden Parietalfleckenstreifen ist das ganze Zeichnungsmuster
verblaßt, undeutlich, eine Okzipitallinie nur angedeutet oder
fehlend. Bei dem Typus-♂ macht sich ein Schwund der Zeichnung
am Unterrücken bemerkbar, der zur folgenden Rasse überleitet.
Unterseite hellbläulichgrau bis hellgrünlichgrau, Kloakengegend
und Schwanzunterseite rötlichgelb. K o p f u n t e r s e i t e   o h n e
F l e c k u n g. Pileus fast einfarbig, olivbraun, manchmal ein
kleiner, undeutlicher, dunkler Längswisch auf den Parietalia. D i e
G e s c h l e c h t e r   s i n d   a u f f a l l e n d   g l e i c h   g e f ä r b t
u n d   g e z e i c h n e t. Femoralozellen fehlen. Kleine aber stäm-
mige Form (♂ 62 + 107, ♀ 65 + 79 mm). Schwanz verdickt,
Rückenschuppenzahl gering (54—57). Okzipitale meist sehr klein,
Interparietale meist sehr lang und schmal, Massetericum variiert
von klein bis groß, Supraziliarkörnchenreihe nicht vollständig. Bei
50 % sind ein- oder beiderseitig 2—3 Präocularia vorhanden.

I m   L e b e n ist die· Oberseite olivgrün, beim ♀ die Supraziliarstreifen gelbgrün. Die Unterseite ist dunkellila, die Kehle
bläulich-perlmutterfarbig. Auf die Schwanzunterseite geht die
Bauchfärbung über Lila in Dunkelorange über. Äußere Bauchschilderreihen grünblau.

L. e. megalophthenae ist eine verhältnismäßig schwerfällige
Form, die leichter zu fangen war als die anderen. Sie schlüpft
gerne in Löcher und Spalten des Mergelschiefers und Kalkes, aus
dem die Insel besteht.

Lacerta erhardii biinsulicola Wettst.

Tafel 4, Fig. 1 und 2.

2 ♂, 1 ♀ (inklus. Lectotypus), Insel Makria, südl. von Anaphi,
22. V. 34, leg. Wettst.,

5 ♂, 2 ♀, Inselchen Mikro Phtheno, westliche, kleinere der beiden
Phthini-Inseln südl. von Anaphi, 22. V. 34, leg. Wettst.

Von allen *erhardii*-Formen, die mir unterkamen, ist dies die
auffallendste, merkwürdigste und am leichtesten kenntliche.

Bei den erwachsenen Männchen bricht die scharfe, schwarzbraune Rückenzeichnung in der Körpermitte plötzlich ab, so daß
die kaudale Rückenhälfte fast einfarbig graubraunoliv ist. Die
Grundfärbung der vorderen Körperhälfte ist ein tiefbraun-
schwarzes Gitterwerk, in das der Okzipitalstreif mit einbezogen
ist und zwischen dem dicht gelagerte, leuchtendgelbgrüne Fleckchen und die ebenso gefärbten, immer deutlichen Supraziliarlinien
stehen. Die kontrastreiche Zeichnung hört dann in der Rücken-

mitte unvermittelt auf, während die Parietalstreifen als mehr oder
minder undeutliche, dunkle Fleckenreihen noch in die einfarbige
Unterrückenzone hineinziehen können. Die erwachsenen Weibchen
sind oberseits einfarbig graubraunoliv mit scharfen, medialwärts
schwarzbraun gesäumten, olivgrünen Supraziliarlinien, die sich auf
dem Unterrücken verlieren. Unterseite bei allen hellbleigrau mit
lila Schein (im Leben auf Makria bläulich-perlmutterfarbig, grau
verdüstert, auf Mikro Phtheno dunkellila). Unterseite in der
Kloakengegend, auf den Hinterbeinen und am Schwanz gelblich
aufgehellt (im Leben auf Makria dunkelrosa, auf Mikro Phtheno
blaßziegelrot), mit grauen Wirtelspangen und Fleckchen. Submaxillaria und manchmal auch die Kehle mit dunkelgrauen Puder-
fleckchen. Äußere Bauchschilderreihe blau. Pileus olivbraun, mehr
oder weniger deutlich schwarzbraun gefleckt. Keine Femoralozellen.
Einjährige Junge sind normal gezeichnet und sehen wie *amorgensis*
aus. Diese Normalfärbung und -zeichnung kann sich individuell
auch bis ins Alter erhalten, wie ein erwachsenes Männchen von
Makria beweist.

Kleine Form ($\male$ 64 + 116, $\female$ 58 + 97 mm). Schwänze n i c h t
deutlich verdickt. Rückenschuppenzahl niedrig (s. Tabelle) Okzipitale normal groß auf Makria, klein oder fehlend auf Mikro
Phtheno. Interparietale sehr lang, Massetericum mittelgroß, Supraziliarkörnchenreihe nicht vollständig.

Es ist sehr auffallend, daß diese extreme Form außer auf dem
isoliert liegenden Inselchen Makria auch auf der von ihm entfernt
liegenden Klippe Mikro Phtheno vorkommt, die dem Inselchen
Megalo Phtheno unmittelbar benachbart ist, auf dem aber eine
andere Rasse vorkommt. Wahrscheinlich leitet sich *biinsulicola* in
zwei konvergenten Linien aus der gemeinsamen Stammform
megalophthenae ab. Wir hätten hier also einen ziemlich sicheren
Fall diphyletischer Entstehung einer extremen Form vor uns. Ein
ähnlicher Zeichnungsmodus, bei dem die vordere Körperhälfte
stark und kontrastreich gezeichnet, die hintere Hälfte aber, ohne
allmählichen Übergang, mehr weniger einfarbig ist, kommt bei
Reptilien gelegentlich vor, besonders bei Schlangen, z. B. bei
Coluber gemonensis oder *Telescopus fallax*, bei Skinken, z. B. bei
Mabuia aurata affinis de Filippi u. a. m., aber unter der riesigen
Menge der *muralis*-artigen Eidechsenformen ist mir ein solcher
Fall noch nicht untergekommen.

Mikro Phtheno ist eine ganz kleine, aus Mergelschiefer und
Kalk bestehende, ziemlich flache Klippe, auf der eine Silbermöven-
kolonie brütet. Bei unserem Besuch am 22. V. waren die Dunen-
jungen schon ziemlich groß. Die Eidechsen leben mitten unter den

Fig. 1.

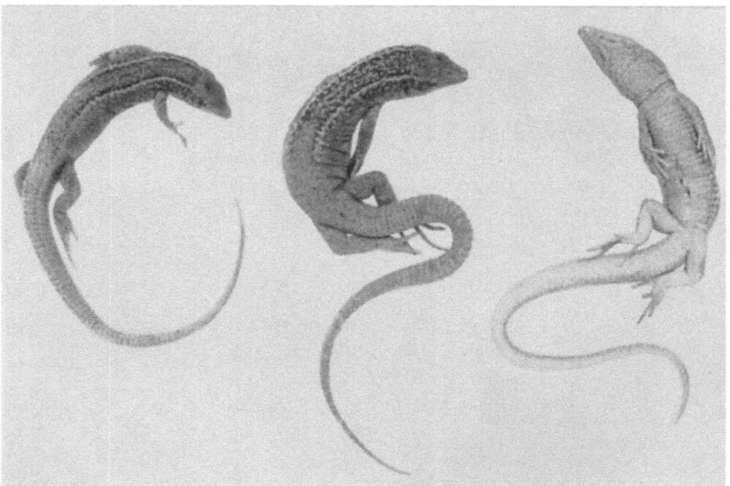

Fig. 2.

Fig. 1. *Lacerta erhardii biinsulicola* Wettst. von der Insel Mikro Phtheno südlich von Anaphi. Von rechts nach links: 1 ♂, 1 ♂, 1 ♀. ½ nat. Gr.

Fig. 2. *Lacerta erhardii biinsulicola* Wettst. von der Insel Makria südlich von Anaphi. Von rechts nach links: 1 ♂ von der Unterseite, 1 ♂ Typus. 1 ♀. ½ nat. Gr.

brütenden Möven. Es war nun offensichtlich, was ich auch auf zwei anderen Möventbrutplätzen beobachtete, daß die Eidechsen dort besonders scheu und heimlich waren und sich möglichst versteckt hielten. Ob sie wirklich von den Möven verfolgt werden, dafür konnte ich allerdings keinen Beweis erhalten. Daß wir trotzdem bei unserem kurzen Besuch sieben Stücke erbeuten konnten, war dem Umstand zuzuschreiben, daß wir zu fünft die Steine umstellten, unter denen wir eine Eidechse verschwinden sahen, wobei es dann manchmal gelang, die nach dem Aufheben der Steine hervorhuschenden Eidechsen zu fangen.

Lacerta erhardii ophidusae Wettst.

2 ♂, 1 ♀ (inklus. Lectotypus), Insel Ophidusa (= Ofidusa) westl. von Astropalia, 31. V. 35, leg. Wettst.

Eine leicht verdüsterte, sehr große Form (♂ 74,5 + 123 mm) mit verdickten Schwänzen, in Zeichnung und Färbung der *pachiae* und *megalophthenae* sehr ähnlich, aber mit a c h t B a u c h s c h i l d e r r e i h e n. Diese 8. Bauchschilderreihe kommt bei dieser und den folgenden *erhardii*-Formen durch Längsteilung der äußeren Bauchschilderreihe und nicht durch Vergrößerung und Formangleichung der Bauchrandschuppen, wie *L. strigata trilineata*, zustande.

Färbung der Oberseite im konservierten Zustand graugrünlich bis bräunlich, Zeichnung beim Männchen bis auf die Parietalstreifen erloschen. Diese medialwärts nahe zusammengerückt, so daß der Dorsalstreif nur schmal ist. Okzipitalfleckenlinie fehlt. Die Supraziliarlinien sind nur bei dem kleineren Männchen hell und deutlich, bei dem größeren Männchen und dem Weibchen von der Grundfarbe. Pileus bei den Männchen hellbräunlich mit sehr starker, dunkelbrauner Fleckung, die auf den Parietalia und Supraocularia wie die Fortsetzung der Parietalstreifen aussieht. Unterseite bei beiden Geschlechtern hellbläulichgrau mit lila Schimmer, Kloakengegend und Schwanzunterseite gelblich, im Leben orangerot, Kehle hellblaugrau o h n e F l e c k u n g. D i e b e i d e n ä u ß e r e n B a u c h s c h i l d e r r e i h e n s i n d e i n f a r b i g h e l l b l a u, a u c h d i e 3. R e i h e (von außen gezählt) h a t n o c h b l a u e A u ß e n e c k e n. Beim ♀ ist die Rückenzeichnung in dunkle Punkte aufgelöst, die auf bräunlicholivgrünem Grunde zerstreut stehen und nur sehr undeutlich eine Längsreihung erkennen lassen. Dadurch entsteht eine entfernte Ähnlichkeit des Zeichnungsmusters mit gewissen Archeolacerten.

Okzipitale klein, dreieckig, Interparietale lang, schmal. Die beiden Schildchen berühren sich nur in einem Punkt oder gar nicht.

Massetericum mittelgroß, Supraziliarkörnchenreihe nicht vollständig.

Die langgestreckte, aus grauem und rotem, festem Kalk bestehende, unbewohnte Insel Ophidusa hat Steilküste und ist oben
flach. Sie wird von Ziegen beweidet. Die mäßig häufigen Eidechsen
waren recht vertraut und ausnahmsweise leicht zu fangen.

Lacerta erhardii syrinae Wettst.

Tafel 3, Fig. 1.

11 ♂, 5 ♀ (inklus. Lectotypus), Insel Syrina südöstl. von Astropalia, 28. V. 35, leg. Wettst.,
    1 ♀, östliche der „Zwei-Brüder"-Inseln (= Due Adelphi = Adelphaes)
nördl. von Syrina, 29. V. 35, leg. Wettst.,
    1 ♀, westliche, kleinere der „Zwei-Brüder"-Inseln, 29. V. 35, leg. Wettst.

Eine normal große, etwas gedrungen gebaute Form, deren
Zeichnung bei Jungen (einjährigen) und Alten mehr weniger reduziert, zerfallen und verblaßt ist. Eine Okzipitalfleckenlinie ist nie
ausgebildet, der Dorsalstreifen meistens sehr schmal. Grundfarbe
verdüstert bräunlich, im Leben n i e m a l s g r ü n o d e r g r ü n-
l i c h, im konservierten Zustand olivgraugrün bis braunoliv. Pileus
wie die Rückengrundfarbe, mit schwarzbraunen Flecken. Unterseite
graugelblich bis graugrünlich. Kopfunterseite ohne Schwarz-
fleckung. Unterseite des meist regenerierten, rübenförmig verdickten Schwanzes blaßorangerötlich. Die äußere Hälfte der
äußeren Bauchschilderreihe hellblau oder nur jedes 2. Schild mit
blauem Fleck. Keine deutlichen Femoralozellen.

Das langgestreckte, schmale, hinten zugespitzte Interparietale
und das immer sehr kleine, oft bis zum winzigen Körnchen reduzierte Okzipitale berühren sich nur in einem Punkt oder gar nicht.
56% haben ein- oder beiderseitig 2 Präocularia. Ein Stück hat
8 Bauchschilderlängsreihen, mehrere andere einzelne, längsgeteilte
äußere Bauchschilder. Die hinteren Ziliarkörner sind häufig verdoppelt. Bei einem Stück ist das Frontale fast quergeteilt, eine
Eigentümlichkeit, die auf Astropalia häufiger auftritt.

Erklärung zu nebenstehender Tafel.

Fig. 1. *Lacerta erhardii megalophthenae* Wettst. von der Insel Megalo
    Phtheno südlich von Anaphi. Von links nach rechts: 1 ♀, 1 ♂
    Typus, 1 ♀ von unten. ¼ nat. Gr.

Fig. 2. *Lacerta erhardii zafranae* Wettst. von der Insel Megali Zafrana,
    etwa 55 km südlich von Astropalia. Links ♀, rechts ♂ Typus.
    ¼ nat. Gr.

Fig. 3. *Lacerta erhardii kinarensis* Wettst. von der Insel Kinaros östlich
    von Amorgos. Links ♀, rechts ♂ Typus. ¼ nat. Gr.

Fig. 1.

Fig. 2.

Fig. 3.

Das Weibchen von der östlichen „Zwei-Brüder"-Insel ist gänzlich zeichnungslos, hat mehrere längsgeteilte äußere Bauchschilder und ein kleines, vom langen Interparietale weit getrenntes Okzipitale.

Das Weibchen von der westlichen „Zwei-Brüder"-Insel ist in der Zeichnung einer *naxensis* ähnlich, Okzipitallinie fehlt. Das kleine Okzipitale ist vom langen Interparietale weit getrennt. Sehr eigenartig ist bei diesem Stück, daß die äußeren Bauchschilder nicht in der Mitte längsgeteilt, sondern daß die hinteren äußeren Ecken abgeteilt sind, so daß der Eindruck vergrößerter Bauchrandschilder entsteht. Als solche habe ich diese Schilder 1937, S. 86, auch bezeichnet.

Auf der relativ größeren, von zwei Familien bewohnten Insel Syrina, die aus grauem Kalk besteht, waren diese Eidechsen sehr häufig, vertraut und ließen sich mit der Schlinge fangen. Ihre Hauptaktivitätszeit war zwischen $^1/_2 9$ Uhr und $^1/_2 11$ Uhr.

Auf den unbewohnten Due-Adelphi-Inselchen, die ziemlich steil aufragen und aus demselben grauen Kalk bestehen, war die sehr spärliche Eidechsenbevölkerung sehr scheu und es gelang mir, bei unserem kurzen Besuch leider nur je ein Weibchen zu erlegen.

Lacerta erhardii subobscura Wettst.

Tafel 3, Fig. 2.

3 ♂, 3 ♀ (inklus. Lectotypus), südwestliche größte Insel der Tria Nisia, südl. von Syrina, 29. V. 35, leg. Wettst.,
1 ♀, nordöstliche kleinste Insel der Tria Nisia, 29. V. 35, leg. Wettst.

Eine der vorigen sehr ähnliche Rasse, die alle Merkmale derselben weiter ausgebildet zeigt und merklich größer ist. Unter dem mir vorliegenden Material von *L. erhardii* ist sie die größte überhaupt (♂ 80 + [reg.] 105, ♀ 78 + 123 mm). Im konservierten Zustand ist die Grundfarbe oben dunkelgraugrünoliv bis braunoliv. Manche Stücke sind typisch gezeichnet, bei anderen ist die Zeichnung verblaßt, bei einem ♂ fehlt sie ganz. Pileus olivbraun, stark dunkelbraun gefleckt. Femoralozellus fehlt. Unterseite hellbleigrau oder gelblich- bis grünlichgrau, Schwanzunterseite gelblich aufgehellt. Nur der regenerierte Schwanzteil mitunter blaßorangefarbig. Äußere Bauchschilderreihe häufig hellblau. Kopfunterseite ungefleckt. Schwänze stark, etwas rübenförmig verdickt. Von den 7 erbeuteten Stücken haben 4 acht Bauchschilderlängsreihen, 3 nur sechs. Okzipitale und Interparietale normal in der Form, aber bei 5 von 7 Stücken voneinander getrennt.

Auch die Tria Nisia bestehen aus grauem Kalk. Es sind ziemlich niedrige, unbewohnte Inselchen. Ihre Eidechsen fielen sofort durch ihre Größe und verdüsterte Färbung auf. Sie lebten unter den Phryganabüschen, waren sehr scheu und waren nur mit der Flinte zu bekommen.

Ein großes Männchen hatte einen *Gymnodactylus kotschyi stepaneki* gefressen, dessen Kopf ihm zum Maul heraussteht.

Die drei Inseln der „Tria Nisia" sind so gleich im Aussehen und der Vegetation, daß wir uns aus Zeitmangel darauf beschränken konnten, die größte und kleinste Insel zu betreten und sicher sind, daß auch die dritte, mittlere Insel dieselbe Fauna aufweist. Außer den genannten Inseln der Syrina-Gruppe gibt es dort noch eine kleine, steil aufragende Klippe westlich der „Zwei-Brüder"-Inseln, die kaum etwas versprach und aus Zeitmangel von uns n i c h t besucht wurde. Die Wrackklippe westlich der Tria Nisia ist eine völlig vegetationslose, flache Klippe, die bei hoher See überspült wird und sicher keine Eidechsen beherbergt. Die Ziegeninsel zwischen Syrina und den Tria Nisia, die wir auch am 29. V. 35 besuchten, ist eine sehr kleine, flache Klippe aus grauem Kalk und ein Silbermövenbrutplatz. Ich habe dort keine Eidechsen gesehen und bin ziemlich sicher, daß sie dort fehlen.

Lacerta erhardii zafranae Wettst.

Tafel 5, Fig. 2.

2 ♂, 1 ♀ (inklus. Lectotypus), Inselchen Megali Zafrana, etwa 55 km südl. von Astropalia, 27. V. 35, leg. Wettst.

Eine von den zwei vorigen Rassen sehr wenig verschiedene Form. In der Größe steht sie zwischen *syrinae* und *subobscura* (♂ 73 + 140, ♀ 62,5 + 107 mm). Sie ist im Gegensatz zu letzteren nur schwach verdüstert, hellbräunlich, im konservierten Zustand hellolivgrünlich. Die Zeichnung ist wie bei den vorigen bis auf die Parietalstreifen verblaßt, diese einander stark genähert, Okzipitalfleckenlinie nur durch einzelne kleine Fleckchen angedeutet. Unterseite graugelb, Schwanzunterseite blaßorangerötlich, Kopfunterseite gelblich ohne Fleckung. Pileus olivbraun, mit starker, dunkelbrauner Fleckung. Okzipitale klein bis sehr klein, Interparietale sehr lang. Die beiden Schildchen berühren sich nur in einem Punkt, in einem Fall gar nicht. Immer 8 deutliche Bauchschilderlängsreihen wie bei *ophidusae*, mit der sie auch Ähnlichkeit haben. Von den äußeren Bauchschilderreihen sind aber höchstens die kleinen Schilder der 8. Reihe hellblau gefärbt. Die Statur ist robust, die langen Schwänze sehr stark, aber nicht rübenförmig verdickt.

Diese gar nicht besonders extreme Form lebt auf der südlichsten Kykladeninsel, zu der wir vorgedrungen sind und auf der wir Eidechsen antrafen. Sie war in dieser Beziehung ebenso eine Enttäuschung wie die Eidechsen von Anhydros. Sie war auf dieser aus grauem Kalk bestehenden felsigen Insel nicht häufig und scheu.

Auf dem am Südende von Megali Zafrana gelegenen sehr kleinen, steilfelsigen Mikra Zafrana und der zwischen diesen gelegenen unbenannten Felsklippe fanden wir k e i n e E i d e c h s e n. Ebenso k e i n e auf dem steilen, etwa 80 m hohen Felsturm der nördlichen Karavi-Insel, dem südlichsten Punkt der Kykladen, den wir erreichten.

Die meines Wissens noch nie von einem Naturhistoriker besuchten, noch südlicher gelegenen Inselchen Avgonisi (= Eierinsel), Unia Nisia, Chamilonisi und die Stakida-Gruppe konnten wir wegen starkem, widrigem Wind, hohem Wellengang und dadurch bedingter Zeitnot und Landungsschwierigkeit nicht mehr besuchen. Es war der tragischeste Tag unserer sonst erfolgreich verlaufenen Ägäisfahrten, als wir am 27. V. 35 in Sichtweite dieser Inseln umkehren mußten, in dem Bewußtsein, wohl nie wieder Gelegenheit zu haben, sie zu besuchen.

Es sei hier wiederum hervorgehoben, daß auf Karpathos bisher keine *Lacerta erhardii* gefunden wurde. Allerdings wurde bisher nur die südliche Hälfte zoologisch erforscht. Da aber *Lac. erhardii* auf Kreta vorkommt, so wäre es nicht ganz ausgeschlossen, wenn auch unwahrscheinlich, daß sie in Nordkarpathos oder auf der anschließenden Insel Saria aufgefunden wird.

Lacerta erhardii cretensis Wettst.[21]

Tafel 6, Fig. 1.

1 ♀, Halbinsel Korikos, Bachschlucht vor Mesoja, NW-Kreta, 19. IV. 42, leg. Wettst.,

3 ♂, 2 ♀, Kisamo Kastelli, NW-Kreta, 22. IV. 42, leg. Wettst.,
1 ♂, Merades bei Kisamo Kastelli, 7. III. 25, leg. Schiebel,
1 ♂, Perivolia, NW-Kreta, 9. V. 1900, leg. C. Attems,
1 ♂, Umgebung von Chania, Alte Sammlung Mus. Wien,
1 ♂, Akrotiri-Hals bei Chania, 29. IV. 42, leg. Wettst.,
1 ♀, zwischen Skines und Rumata, 30 km südwestl. von Chania, 29. V. 42, leg. Rechinger,
1 ♂, Platanos bei Chania, 3. V. 1900, leg. C. Attems,
1 ♂, Nerokuru südl. von Chania, etwa 200 m hoch, 5. V. 1900, leg. C. Attems,
1 ♂, Nerokuru, 29. III. 25, leg. Schiebel,
1 ♀, Tuzla, Suda-Bai, 9. V. 04, leg. Rebel u. Sturany,

[21] Siehe Wettstein 1952.

1 ♀, Lakki, Nordhang d. Leuka Ori, 400 m hoch, 10. VI. 42, leg. Wettst.,

1 ♂, oberhalb Lakki am Weg nach Omalos, etwa 650 m hoch, 25. IV. 42, leg. Wettst.,

1 ♂, Omalos-Hochebene, 1000 m hoch, 17. VI. 42, leg. Wettst.,

1 ♂, Omalos-Hochebene, 8. V. 1900, leg. C. Attems,

1 ♂, Kreta, gek. v. „Linnaea" 1890, Mus. Wien.

Holotypus: 1 ♂ (Mus. Wien, Ac. Nr. CLV/1952-53), Kisamo Kastelli, NW-Kreta, leg. Wettst. 22. IV. 1942.

Diagnose:

Kleine, schlanke Form (♂ 65 + 123, ♀ 56 + 90 mm) **mit kräftiger, kontrastreicher Zeichnung, bei welcher aber die Parietalstreifen fehlen oder nur aus einer Reihe kleiner Fleckchen bestehen;** selten sind sie gut ausgebildet. Okzipitallinie fehlt meistens. Grundfarbe der Oberseite im konservierten Zustand graugrünlich, im Leben hellbräunlichgrau, bei alten Männchen ist der Vorderrücken oft leuchtend grasgrün. Unterseite grünlichgelb bis weißlichgelb, bei alten Männchen im Leben oft orangebraun. Äußere Bauchschilderreihe himmelblau. Femoralozellen deutlich. Okzipitale und Interparietale normal ausgebildet, aber oft (bei 40 %) quergeteilt. Massetericum mittelgroß bis sehr klein. **Das Rostrale berührt sehr häufig das Nasenloch**[22]. Manchmal vergrößerte Bauchrandschilder.

Beschreibung des Holotypus: ♂, K.-R.-Lg. 55,5, Schw.-Lg. (gut reg.) 95 mm. Rückensch. 61, Bauchsch. 26, Fem.-Por. 23/23, Supraziliarkörnchen 10/10. Zwischen Interparietale und Okzipitale ein akzessorisches Schildchen. Grundfarbe der Oberseite im konservierten Zustand mattgrün, im Leben Vorderrücken leuchtend grasgrün. Okzipitallinie fehlt, Zeichnung schwarzbraun, Parietalstreifen auf je einen schmalen Saum an den Supraziliarlinien reduziert, so daß die ganze Rückenzone einfarbig grün erscheint. Supraziliarlinien und Subokularlinien scharf und hell, sie setzen sich auf den Schwanz fort. Temporalstreif ein dichtes Netzwerk, in dem die Grundfarbe als runde, kleine Fleckchen sichtbar ist. Unterseite grünlichgelb. Äußere Hälfte der äußeren Bauch-

[22] Das erwähnt schon Boulenger 1920, I, S. 165, Fußnote.

Erklärung zu nebenstehender Tafel.

Fig. 1. *Lacerta erhardii cretensis* Wettst., Nordwesten der Insel Kreta. Von links nach rechts: Extrem stark gezeichnetes ♂, 1 ♂ Typus von Kisamo Kastelli, 1 ♀ von ebendort. ½ nat. Gr.

Fig. 2. *Lacerta erhardii leukaorii* Wettst. aus dem Tal von Samariá, SW-Kreta. Von links nach rechts: 1 ♀, 1 ♂ Typus, 1 ♂. ½ nat. Gr.

Fig. 1.

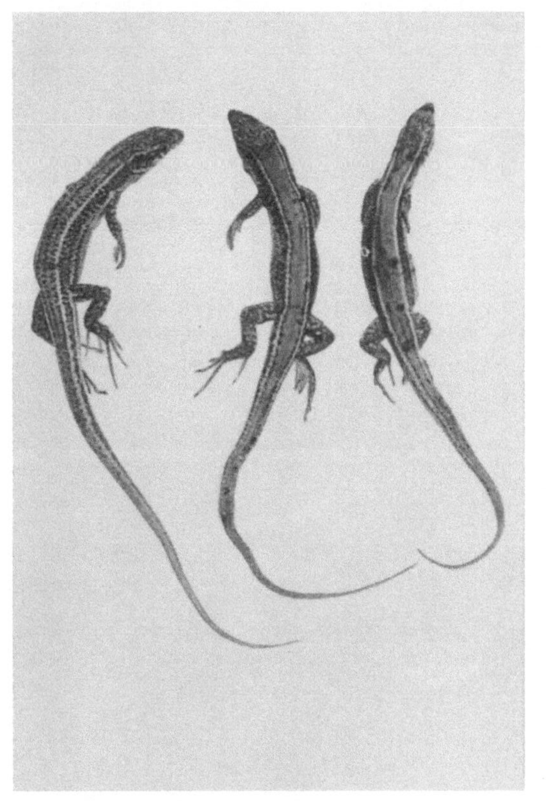

Fig. 2.

Tafel 6.

schilderreihe blau. Hinterseite der Hinterbeine ozelliert, am Oberschenkel 2 größere Ozellen deutlich. Pileus olivbraun, dunkelbraun
fein gefleckt. Massetericum sehr klein, Rostrale berührt deutlich das
Nasenloch. Die 4. Zehe der Hinterbeine erreicht den Vorderansatz
der Vorderbeine. Einige Bauchrandschildchen deutlich vergrößert
bzw. einige äußere Bauchschilder längsgeteilt.

C h a r a k t e r i s t i k : Von allen anderen *erhardii*-Formen
dadurch verschieden, daß bei der Mehrzahl der Exemplare das
Rostrale das Nasenloch berührt. In der Statur, im Verhältnis der
Bein- zur Rumpflänge und in der Grundfärbung der Oberseite ähnlich
naxensis, aber kleiner. In der scharfen, dunklen Zeichnung ähnlich
mykonensis von Andros und Tinos und ganz verschieden von den
benachbarten südägäischen Rassen, bei denen die Temporalstreifen
fast durchwegs mehr weniger verblaßt sind. An diese aber erinnert
das individuelle Auftreten von vergrößerten Bauchrandschildchen
oder von einzelnen, längsgeteilten, äußeren Bauchschildern. Meistens fehlt die Okzipitalfleckenlinie, und die Parietalstreifen sind
stark reduziert, doch gibt es auch einzelne Exemplare, welche
die Zeichnung voll ausgeprägt mit vollständiger Okzipitalfleckenlinie und breiten Parietalstreifen besitzen (besonders die 2 ♂♂ von
Nerokuru). Die ♀♀ sind kleiner und ähneln in der Zeichnung und
Färbung sehr den Weibchen von *Lacerta muralis muralis* Laur.
Auf graugrünlichem Grund heben sich die hellen Supraziliar- und
Subokularlinien scharf ab. Der Temporalstreif ist einfarbig dunkelbraun oder mit runden Flecken der Grundfarbe gesprenkelt.

Pileus verschieden stark dunkelbraun gefleckt. Kopfunterseite
manchmal mit undeutlichen grauen Wischen, Submaxillaria bei
Männchen manchmal mit schwärzlichen Nahtfleckchen. Abweichungen in der Pholidose sind häufig, einige erwähnte ich bereits 1931 (S. 167). Das häufige Auftreten von akzessorischen
Schildchen zwischen Okzipitale und Interparietale (so häufig wie
sonst nur auf Thera) halte ich für rassencharakteristisch. Dreimal
sind ein- oder beiderseitig zwei Präocularia vorhanden. Das größte
♂ von Kisamo Kastelli hat den ganzen Pileus in ein unregel-
mäßiges Mosaik kleiner Schildchen zerteilt, eine Bildung, die ich
noch nie beobachtet habe.

Nachdem ich 1942 die *L. erhardii* auf Kreta selbst sehen. beobachten und sammeln konnte, muß ich meine auf zu geringem und
altem Material basierenden Ausführungen über die Nichtunter-
scheidbarkeit der Kretaform von *naxensis* (1931, S. 165—167, und
1937, S. 89) für hinfällig erklären. Auch meine 1937, S. 89, auf-
gestellte Vermutung, daß *L. erhardii* auf Kreta eingeschleppt

wurde, ist unhaltbar. *L. erhardii cretensis* ist über den ganzen Nordwesten Kretas verbreitet und geht im Gebirge — wenigstens stellenweise — bis 1000 m hoch hinauf und ist keineswegs auf die Küste und die Umgebung der Ortschaften beschränkt. Außer von den bereits genannten Fundorten ist (s. W e t t s t e i n 1931, S. 164 und 167) sie noch von der Akrotiri-Halbinsel bei Chania und von Candia (B o e t t g e r) bekanntgeworden. Candia (= Heraklia) ist der östlichste bisher bekannte Fundort. Innerhalb dieses recht großen Verbreitungsgebietes ist diese Eidechse a u s g e s p r o c h e n s e l t e n, das beweist schon die Fundortsliste mit immer nur einzelnen erbeuteten Exemplaren. Nur in Kisamo Kastelli gelang es mir, an einem Vormittag bei intensiver Suche 5 Stücke zu erbeuten. Im äußersten Nordwesten ist diese Eidechse weniger selten als im Osten ihres Verbreitungsgebietes. Bei Candia, von wo B o e t t g e r sie angibt, und wo wir viel umherstreiften, konnten wir sie nicht finden. Wir fanden sie auch n i c h t in der Mesara, n i c h t im Psiloritis- (= Ida-) Gebirge, n i c h t im Asterusi-Gebirge und n i c h t im Lasithi-Gebirge. Bestimmt aber fehlt sie dem ganzen Osten Kretas von der Mirabella-Bai an, obgleich gerade dieser Teil Kretas mit seiner ausgedehnten Phrygana-Vegetation am kykladenähnlichsten ist. Da aber die der Ostküste vorgelagerten Inselchen (Dionysiaden, Elasa, Kuphonisi) *erhardii*-Eidechsen beherbergen, so muß die Art früher auch auf Ostkreta vorgekommen sein. Sie ist dort offenbar ausgestorben, ebenso wie sie in Attika im Aussterben begriffen ist.

In der weitaus üppigeren Vegetation Westkretas lebt diese Eidechse vereinzelt und selten auf steinigem oder felsigem Boden zwischen Buschwerk, in Bachschluchten und feuchteren Gräben, gelegentlich auch in der Phrygana. Kulturland meidet sie. Sie ist auf Kreta weniger scheu als auf den kleineren Kykladeninseln, aber sehr flink.

Im äußersten Nordwesten Kretas, der Halbinsel Korikos vorgelagert, liegen die Inselchen Grampusa Agria und Grampusa Dimitraki. Auf ersterer wurde nur von einem unserer Begleiter eine Eidechse gesehen. Wenn diese eine *erhardii* war, so ist sie dort jedenfalls sehr selten. Auf Grampusa Dimitraki gibt es keine Eidechsen — ein dort über ein Jahr stationierter Posten hat nie eine gesehen.

Bei Chania liegt die Insel Theodoro. Auf ihr ist *L. erhardii* sehr selten. Ich sah bei einem ganztägigen Besuch am 28. V. 42 nur ein braunes, kleines Stück, ohne es erbeuten zu können. Eine kleine, fast vegetationslose Klippe nördlich von Theodoro ist reptilienleer. Den Inseln der Mirabella-Bai fehlt sie ebenfalls.

Lacerta erhardii leukaorii Wettst.[23]

Tafel 6, Fig. 2.

10 ♂♂, 4 ♀♀, Samariá, Leuka Ori (= Weiße Berge), SW-Kreta, 13.—15. VI. 42, leg. Wettst.,
1 ♀, Felstal oberhalb Samariá (gegen Omalos-Hochebene), Leuka Ori, 11. VI. 42, leg. Wettst.

Holotypus: 1 ♂ (Mus. Wien, Ac. Nr. CLVI/1952-53), Samariá, Leuka Ori, VI. 1942, leg. Wettst.

Diagnose: Ähnlich *cretensis*, aber bedeutend größer (♂ 72 + 124, ♀ 58 + 101), mit geringerer Körperschuppenzahl (♂♂ Mi 54, ♀♀ Mi 52, gegenüber ♂♂ Mi 58, ♀♀ Mi 54,5 bei *cretensis*) und lebhafterer, kontrastreicherer Färbung.

Beschreibung des Holotypus: ♂, K.-R.-Lg. 64, Schwz.-Lg. (reg.) 90 mm. Rückensch. 51, Bauchsch. 25, Fem.-Por. 21/21, Supraziliarkörnchen 5/3. Das Rostrale berührt das Nasenloch. Grundfarbe der Oberseite im konservierten Zustand vorne grünlich, nach hinten in ein helles Rötlichgrau verlaufend. Die Zeichnung in typischer Ausprägung, scharf sich abhebend, braunschwarz. Parietalstreifen gegenseitig stark genähert, Okzipitallinie nur am Hals deutlich, Supraziliar- und Subokularlinie deutlich, aber nur wenig aufgehellt, auf den Schwanz sich fortsetzend. Temporalstreifen ein dichtes, braunschwarzes Netzwerk bildend. In ihnen liegt ein großer, schwarz umrahmter, hellblauer Achselozellus. Schwanzoberseite des regenerierten Teiles hellgrünlichgrau. Oberseite der Hinterbeine ozelliert, die 2 Femoralozellen heben sich nicht deutlich ab. Pileus olivfarbig mit starker, braunschwarzer Fleckung. Unterseite grünlich, Bauch mit rötlichem Hauch. Äußere Bauchschilderreihe himmelblau. Beiderseits 2 Präocularia, Massetericum klein, Okzipitale nur wenig breiter und kürzer als Interparietale, berührt dieses in einem Punkt. Einige wenige Bauchrandschilder schwach vergrößert.

Charakteristik: Eine große aber schlanke Form. 4. Zehe der Hinterbeine reicht beim ♂ bis zum Vorderbeinansatz, beim ♀ nicht so weit. Bei 4 von 10 ♂♂ ist die Rückenzone einfarbig, wie sie bei *cretensis* häufig ist, mit reduzierten Parietalstreifen und fehlender oder nur angedeuteter Okzipitallinie. Die Supraziliarlinien heben sich bei den Männchen nicht besonders deutlich ab. Alle Männchen haben einen großen, hellblauen Achselozellus und leuchtend himmelblaue äußere Bauchschilderreihen. Vergrößerte einzelne Bauchrandschilder sind seltener wie bei *cretensis*. Die Zahl der Supraziliarkörnchen ist, wie manchmal bei *cretensis*, auch bei *leukaorii* mehr weniger (bis auf 3) reduziert,

---

[23] Wettstein 1952.

und ihre Reihe beschränkt sich oft nur auf die hintere Hälfte der
Supraziliarrinne. Diese bei den zwei Kretaformen nur angedeutete
Bildung wird dann auf kleinen Inseln um Kreta zum Rassenmerkmal. Viermal ist das Interparietale quergeteilt. Dreimal sind ein-
oder beiderseitig 2 Präocularia vorhanden. Das Rostrale berührt
oft das Nasenloch.

Die viel kleineren Weibchen sind im konservierten Zustand
von *cretensis*-Weibchen nicht zu unterscheiden. Zwei trächtige
♀♀, die jedes nur e i n kleines Ei rechtsseitig haben, haben nur
eine K.-R.-Lg. von 46 und 58 mm.

Im Leben sind diese schönen Tiere, die sofort als etwas anderes
auffallen, wenn man aus dem Bereich der *cretensis* kommt, oberseits olivfarbig bis hellrötlichgrau. Unterseits sind die ♂♂ je nach
dem Alter perlmutterfarbig, blaßzitronengelb oder orangerot. Die
leuchtend blaue, äußere Bauchschilderreihe und der große, blaue
Achselozellus fallen sofort auf. Die mehr braun und unscheinbar
gefärbten, viel selteneren ♀♀ sind unterseits perlmutterfarbig mit
ebensolcher oder zitronengelber Kopfunterseite. D i e S c h w a n z-
o b e r s e i t e i s t i m m e r, o b r e g e n e r i e r t o d e r n i c h t,
i m K o n t r a s t z u r K ö r p e r f ä r b u n g b l a ß l a u c h g r ü n,
was zum Teil noch jetzt an den konservierten Tieren zu sehen ist.

Wenn man von Chania aus gegen Süden über Lakki auf die
1000 m hohe Omalos-Hochebene in den Weißen Bergen aufsteigt,
so befindet man sich auf dem ganzen Weg auf den Nordhängen
dieses Gebirges im Gebiet der *cretensis*, die auch noch auf der
Omalos-Ebene lebt. Von dieser führt nach Süden ein Sattel (Xylos-
kala-Sattel), auf dem im Jänner Schnee liegt, in das schluchtartige,
von Zypressenwald bewachsene Tal von Samariá auf die Südseite
der Weißen Berge. Dieses von hellem Kalkschutt und Felshängen
bedeckte Tal, auf dessen Sohle ein perennierender Bach fließt, wird
außer von *Lacerta strigata polylepidota* von *Lacerta erhardii
leukaorii* bewohnt. Diese ist oben spärlich, wird aber weiter unten
in der Schlucht, bei der Siedlung Samariá häufig, viel häufiger als
cretensis auf der Nordseite, und geht bis Rumeli an die Südküste
Kretas hinab. Sie lebt dort einzeln an Blockwerk und Felsen, im
Wald und am Bachrand, sogar auf trockenen Schotterbänken. Nach
meinen Beobachtungen laufen sie weit umher und scheinen keinen
festen Wohnplatz zu haben. An den Südhängen der Weißen Berge
geht diese Rasse weit hinauf, R e c h i n g e r sah sie bei der Besteigung des 2300 m hohen Pachnes noch bei 1800 m Höhe. Durch
den späteren Eintritt des Frühjahres in dieser relativ rauhen Ge-
birgsgegend scheint sich auch die Paarungszeit bei dieser Rasse
verschoben zu haben, denn 2 Mitte Juni von mir gesammelte träch-

tige Weibchen hatten nur je ein sehr kleines 4×5 mm messendes Ei im linken Eileiter, während trächtige Weibchen zur selben Jahreszeit andernorts mehr als doppelt so große Eier haben.

Bei Palaeochora an der westlichen Südküste Kretas sah nur mein Begleiter einmal (1. VI.) eine *Lacerta erhardii*. Ob diese zu *cretensis* oder zu *leukaorii*, was wahrscheinlicher, zu stellen ist, bleibt unentschieden.

Lacerta erhardii punctigularis Wettst.[24]

4 ♂ (inklus. Holotypus), Klippe Prassonisi an der SW-Ecke Kretas, 4. VI. 42, leg. Wettst.

D i a g n o s e : Wie *L. e. leukaorii*, aber Unterseite bläulich-grünlich, ohne Rotfärbung. Kopfunterseite grün-permutterfarbig mit schwarzen Punktfleckchen. Äußere Bauchschilderreihe d u n k e l b l a u.

B e s c h r e i b u n g   d e s   H o l o t y p u s : ♂ (Mus. Wien, Ac. Nr. CLVII/1952-53). Oberseite olivbraun (jetzt im konservierten Zustand vorne grünlich, hinten rötlichgrau verfärbt), mit scharfer, typischer, braunschwarzer Zeichnung. Parietalbänder reduziert, Okzipitallinie durch isolierte schwarze Fleckchen angedeutet. Supraziliar- und Subokularlinien von der Grundfarbe, nicht heller. Pileus korrodiert, olivfarbig, sehr stark schwarzbraun gefleckt. Unterseite bläulichgrünlich, Bauch und Unterseite der Hinterbeine lila überflogen. Kehle mit einigen schwarzen Punktfleckchen, Sub-maxillaria innen mit schwarzen Randstricheln. Ein großer, blauer, schwarz umrahmter Achselozellus (links doppelt). K.-R.-Lg. 65, Schwz.-Lg (reg.) 101 mm; Körpersch. 56, Bauchsch. 27; Fem.-Por. 18/20; Supraziliarkörnchen 6/7. Zwischen Okzipitale und Inter-parietale ein akzess. Schildchen. Massetericum mittelgroß, das Rostrale berührt das Nasenloch nicht.

C h a r a k t e r i s t i k : Größe und Habitus wie bei *leukaorii*, vielleicht etwas kleiner (65 + 119 mm). Die Variationsweite der Zeichnung ist dieselbe, ein ♂ hat fast geschwundene Parietal-streifen und keine Okzipitallinie. Der Schwanz ist nicht im Kon-trast zum Rücken lauchgrün gefärbt. Supraziliarlinien immer von der Grundfarbe, kaum etwas heller. Äußere Bauchschilderreihe dunkelblau, nicht himmelblau. Keine deutlichen Femoralozellen. Schwänze nicht verdickt. Ein zweites ♂ hat die Kehle genau wie der Typus, aber nur grau getüpfelt, zwei haben fast einfarbige Kopfunterseiten. Massetericum mittelgroß bis groß, Supraziliar-körnchenreihe kurz. Bei 2 Stücken liegt ein akzess. Schildchen

---

[24] Siehe Wettstein 1952.

zwischen Okzipitale und Interparietale, einmal sind einseitig zwei
Präocularia vorhanden. Vergrößerte Bauchrandschilder kommen
vereinzelt vor. Bei 2 Stücken berührt das Rostrale das Nasenloch
nicht, bei den zwei anderen berührt es das Nasenloch undeutlich.
Alle 4 alten ♂♂ haben korrodierte Pilei und eine eigenartige
Form des Frontales, die sonst auch vereinzelt auftritt, hier aber
konstant zu sein scheint. Die beiden vorderen Seitenecken des
Frontales sind vorgezogen und die beiden Vorderseiten konkav.
♀ noch unbekannt.

Die Klippe Prassonisi liegt östlich von der Leuchtturminsel
Elaphonisi in der Stavros-Bai an der SW-Ecke Kretas und ist ein
sehr kleines, schmales, ziemlich flaches Eiland aus grauem Kalk
und Silbermöven- und Felsentaubenbrutplatz. Die Eidechsenbevölkerung war sehr spärlich und sehr heimlich (wie auf dem
Mövenbrutplatz Mikro Phtheno). Weibchen habe ich keine gesehen.

Auf der unweit östlich von Prassonisi gelegenen, noch kleineren Klippe P l a k u l i t h a, die flach, niedrig, kaum bewachsen
und ebenfalls Möven- und Taubenbrutplatz ist, gibt es keine Reptilien.

Hier sei auch erwähnt, daß es auf der Insel G a v d o s keine
Lacerta gibt. Die nördlich von Gavdos liegende Insel Gavdopula
ist herpetologisch noch ganz unerforscht, ebenso die beiden Paxi-
madia-Inseln in der Mesará-Bay an der mittleren Südküste Kretas.

Lacerta erhardii elaphonisii Wettst.[25]

5 ♂, 4 ♀ (Holotypus: ♂, Mus. Wien, Ac. Nr. CLVIII/1952—53),
Leuchtturminsel Elaphonisi (= Elaphonesi = Lafonisi) an der SW-Ecke
von Kreta, 4. VI. 42, leg. Wettst.

D i a g n o s e : Eine kleine, etwas gedrungen gebaute Form
(♂ 58 + [gut reg.] 99, ♀ 53 + 82 mm). Oberseite wie bei *leukaorii*
und *punctigularis*, Unterseite aber bei den ♂♂ einschließlich der
Oberschenkelunterseite bis zur Kloake s c h w e f e l g e l b.
Weibchen unterseits lila-perlmutterfarbig, Kopfunterseite manchmal gelb. ♂♂ mit blauem Achselozellus und blauer äußerer Bauchschilderreihe. 2 Femoralozellen deutlich. Schwanz nicht anders-
farbig, schwach verdickt. Femoralporenzahl niedrig: ♂♂ 16—
(19)—20, ♀ 17—(18)—20, Bauchschilderzahl bei ♂♂ niedrig,
25—26.

B e s c h r e i b u n g d e s H o l o t y p u s : ♂ K.-R.-Lg. 57,
Schw.-Lg. (gut reg.) 99 mm, Körpersch. 54, Bauchsch. 26, Fem.-
Por. 19/20, Supraziliarkörnchen 8—6, Massetericum sehr klein.
Grundfarbe der Oberseite olivbraun (jetzt grünlich), mit dem
typischen, scharfen, braunschwarzen Zeichnungsmuster. Parietal-

[25] Siehe Wettstein 1952.

streifen und Okzipitallinie reduziert. Pileus oliv mit schwarzbraunen Flecken. Supraziliarlinien heller als die Grundfarbe. Unterseite grünlichgelblich, Kopfunterseite ungefleckt. Schwanz etwas verdickt. Rostrale berührt das Nasenloch nicht. Ein blauer, schwarzumsäumter Achselozellus. Oberseite der Hinterbeine ozelliert, die 2 Femoralozellen nicht sehr deutlich.

Charakteristik: Klein und gedrungen, die Hinterbeine reichen mit der Spitze der 4. Zehe beim ♂ bis zum Halsband oder darüber, beim ♀ bis zum Vorderbeinansatz oder fast bis zu ihm. Zeichnung und Oberseitenfärbung der Männchen wie bei *leukaorii* und *punctigularis*, mit derselben Variationsbreite, aber Stücke mit fast zeichnungsloser Rückenzone seltener. Supraziliar- und Subokularlinie meist scharf und heller als die Grundfarbe. Die viel kleineren, schmächtigen Weibchen, wie jene von *leukaorii*, braungrau mit schwarzbrauner, typischer, streifiger Zeichnung und sehr hellen, weißlichen, scharf sich abhebenden Supraziliar- und Subokularlinien. Massetericum klein bis sehr klein. Einmal ein akzessorisches Schildchen zwischen Okzipitale und Interparietale. Von allen Inselformen um Kreta hat *elaphonisii* die höchste Zahl von Supraziliarkörnchen, die mit 6—10 so hoch wie auf Kreta selbst ist. Einmal ist die Körnchenreihe sogar vollständig. Die Femoralporenzahl ist niedrig, ebenso die Bauchschilderzahl der Männchen. Bei 3 ♀♀ und 1 ♂ berührt das Rostrale das Nasenloch.

Elaphonisi (= Schlangeninsel) ist eine langgestreckte, niedere Kalkinsel, die von der Kretaküste nur durch einen sehr schmalen, seichten Kanal getrennt ist, also, geologisch gesprochen, noch nicht lange Insel wurde. Ihr westliches Ende bildet eine höhere Felskuppe, auf der ein Leuchtturm steht, sonst ist sie auf weiten Strecken mit Sanddünen bedeckt. Die dort lebenden Eidechsen sind selten und sehr scheu.

Lacerta erhardii werneriana nov. nom.
Tafel 7, Fig. 1.

Lacerta erhardii obscura Wettst. 1952[26].

10 ♂, 8 ♀ (Holotypus: ♂, Mus. Wien, Ac. Nr. CLIX/1952—53), Inselchen Mikronisi bei Hierapetra, Südküste von Kreta, 19. V. 42, leg. Mihan, Rechinger, Stubbe, Wettst., Zimmermann,

[26] Siehe Wettstein 1952. R. Mertens hatte die Liebenswürdigkeit, mir mitzuteilen, daß der Name *obscura* durch *Lacerta saxicola obscura* Lantz & Cyrén bereits präokkupiert ist, was mir entgangen war. Ich wähle daher den neuen Namen *werneriana* zum Andenken an Prof. Dr. Franz Werner, der sich so viel und eingehend mit den Formen von *Lacerta erhardii* beschäftigt hat.

2 ♂, 2 ♀, Insel Gaidaronisi (= Gaidaros, recte Hryssa) bei Hierapetra, 19. V. 42, leg. Wettst.

Diagnose: Im Leben oben dunkelbraun bis bläulichschwarz, unterseits lilagrau bis grauschwarz. Im konservierten Zustand braun mit schwarzer, normaler Zeichnung und helleren Supraziliarlinien. Unterseite grau bis grünlichgelblich oder perlmutterfarbig. Nur ein dunkles ♂ ist jetzt noch oben und unten grauschwarz, aber mit deutlich sich abhebender Zeichnung. Große, plumpe Form (♂ 74 + 100, ♀ 72 + 99 mm), mit reduzierter Körperschuppenzahl (♂ Mi 53, ♀ Mi 49), Femoralporenzahl (♂ Mi 21, ♀ Mi 19) und Supraziliarkörnerzahl (2—7, Mi 2—4).

Beschreibung des Typus: ♂ K.-R.-Lg. 74, Schw.-Lg. (reg.) 91 mm; Rückensch. 54; Bauchsch. 27; Fem.-Por. 21/20; Supraziliarkörner 3/3. Jetzt im konservierten Zustand oben dunkelolivbraun, Supraziliar- und Subokularlinien etwas heller. Zeichnung braunschwarz. Okzipitallinie sehr fein, nur bis zum Vorderrücken reichend. Parietalstreifen reduziert, Temporalstreifen ein grobes Netzwerk bildend. Zwei bis drei von den helleren Maschen bilden blaugefärbte Axillarozellen. Pileus olivbraun mit schwärzlicher Sprenkelung. Oberseite der Hinterbeine undeutlich genetzt, ohne Ozellen. Unterseite graugrünlich, äußere Bauchschilderreihe hellblau. 4. Zehe der Hinterbeine reicht knapp bis zum hinteren Ansatz der Vorderbeine. Rostrale berührt das Nasenloch in einem Punkt. Massetericum mittelgroß. Interparietale und Okzipitale zu einem Schild verschmolzen. Schwanz nur sehr wenig verdickt.

Charakteristik: Die im Leben so charakteristische, dunkelbraune Färbung der Oberseite und das Lilagrau der Unterseite hält sich leider nicht in Alkohol. Jetzt sehen die Exemplare wie dunkler getönte Stücke von *leukaorii* aus, sie zeigen aber kein Grün, während *leukaorii* im konservierten Zustand grüne Töne bekommt. Die Zeichnung und ihre Variationsbreite ist wie bei *leukaorii*, aber die Hinterbeine sind nur bei einigen Stücken

---

Erklärung zu nebenstehender Tafel

Fig. 1. *Lacerta erhardii werneriana* Wettst. von der Insel Mikronisi, bei Hierapetra an der Südküste von Kreta. Von links nach rechts: 1 ♂, mutativer Nigrino, war im Leben oben und unten einfarbig schwarz, hellte sich nach zehnjähriger Konservierung auf, 1 ♂ Typus, 1 ♀. ½ nat. Gr.

Fig. 2. *Lacerta erhardii rechingeri* Wettst. von der Insel Dragonada, Dionysiaden-Inseln am NO-Ende von Kreta. Von links nach rechts: 1 ♀, 1 ♂ Typus, 1 ♂. ½ nat. Gr.

Die Figuren sämtlicher Tafeln: phot. Dr. B. M. Klein — Wien, 1952.

Fig. 1.

Fig. 2.

schwach ozelliert, ohne deutliche Femoralozellen, und die Axillarozellen — meist 2 bis 3 — treten nicht so deutlich hervor. Die
Weibchen sind in der Zeichnung den Männchen ähnlich, nur ist
diese nicht so scharf und nicht so dunkel, die Supraziliarlinien
hell. Ein kleiner Axillarozellus ist öfter vorhanden, ebenso bei
alten ♀ eine hellblaue, äußere Bauchschilderreihe, die den Männchen
nie fehlt. Einige Exemplare haben kleine, dunkelgraue Fleckchen
auf dem letzten Submaxillare und auf den Kehlseiten. Mit 3 Ausnahmen unter 18 berührt bei allen das Rostrale das Nasenloch.
Die sehr wenigen Supraziliarkörnchen sind
meistens grob und stehen oft einzeln. Das Massetericum ist meistens groß bis sehr groß, selten klein. Charakteristisch ist die Bildung der Okzipitalgegend: Das Interparietale ist
lang-rechteckig und stößt mit seiner ganzen kaudalen Seite an das
trapezförmige Okzipitale. Beim Typus und einem zweiten Männchen ist es mit ihm zu einem Schild verschmolzen. Bei einem
Männchen ist das Interparietale quergeteilt und das linke Präokulare in 3 Schilder geteilt. *L. e. werneriana* ist die einzige
bisher bekanntgewordene *erhardii*-Rasse, bei der
der Rückenschuppenmittelwert bei den Weib-
chen unter 50 liegt. (Mikronisi 47—53, Mi 49, Gaidaronisi
2mal 47, Mi 47.) Die Schwänze sind nur unwesentlich, jedenfalls
nicht auffallend verdickt und brechen nicht leicht ab. Bei den
Männchen erreicht die 4. Zehe der Hinterfüße den hinteren Ansatz
der Vorderbeine nicht oder nur knapp, bei den Weibchen bei
weitem nicht.

Fünf trächtige Weibchen haben je zwei große Eier inne.

Ein sehr interessantes Stück ist das bereits erwähnte schwarze
Männchen, das jedenfalls eine melanistische Mutante darstellt und
beweist, daß solche Nigrinos auch bei *Lacerta erhardii* auftreten
und möglicherweise unter geeigneten Umständen zu einer einheitlich schwarzen Population führen können. Dieser Fall erscheint
mir vollkommen gleich mit jenem der schwarzen Form von *Lacerta
melisellensis argus* Schreiber auf der Insel Sant'Andrea in der
Adria, die ich seinerzeit (1926) „var. *digenea*" genannt habe. Er
erhärtet auch meine früher dargelegte Ansicht, daß die Verdunkelung bei *Lacerta erhardii* durch Verdunkelung der Grundfarbe wie
bei *sicula* und *melisellensis*, und nicht durch Ausbreitung und Verschmelzung der Zeichnung wie bei *muralis* zustande kommt.

Dieser Nigrino wurde von Herrn Dr. Klaus Zimmermann auf Mikronisi gefangen und mir freundlicherweise überlassen. Er war im Leben oben und unten blauschwarz und hat sich
durch die Konservierung bis heute leider aufgehellt, so daß die

Grundfarbe dunkelbläulichgrau wurde und das schwarze, normale
Zeichnungsmuster sichtbar wird (genau dasselbe, aber nicht in so
starkem Maß, ist auch bei länger konservierten Stücken von *L.
melisellensis melisellensis* der Fall). Die Unterseite ist schiefer-
schwarz, die Umgebung der Kloake, die Mitte der Schwanzunterseite, Fußsohlen, Zehen, der Rand des Halsbandes und einiger
Bauchschilder sowie ein undeutlicher Fleck auf der Kehle sind
gelblich. Die äußere Bauchschilderreihe ist außen hellblau gefleckt.
Pileus tiefdunkelolivbraun, seine Fleckung ganz undeutlich. K.-R.-
Lg. 72, Schw.-Lg. (reg.) 96, R.-Sch. 51, B.-Sch. 27, Fem.-Por. 22/21,
Supraziliarkörner 5/5. Massetericum groß. Zwischen den Präfrontalia
ein akzessorisches Schildchen.

Die Eidechsen von Gaidaronisi stimmen in allen wesentlichen
Merkmalen mit jenen von Mikronisi überein, nur ist die Allgemein-
färbung jetzt etwas heller. Im Leben waren sie fast ebenso dunkelbraun wie jene. Daß sie auf Gaidaronisi kleiner bleiben ($\male$ 62 + 80,
$\female$ 63 + 88), kann nach dem geringen Material nicht behauptet
werden.

Mikronisi ist ein sehr kleines, felsiges Eiland, das mit vielen
lose aufliegenden Steinen und einer sehr dürftigen Vegetation von
Gras und kleinen graublättrigen Büschen bewachsen ist. Es besteht
aus vulkanischem, braunrotem und grüngrauem Gestein und liegt
am Ostende der viel größeren Insel Gaidaronisi, von der sie nur
durch einen ganz schmalen, seichten Meeresarm getrennt ist. Sie
ist Brutplatz der Silbermöven, und auf ihr sind Hauskaninchen
ausgesetzt. Die Eidechsen sind dort, auf engem Raum zusammen-
gedrängt, zahlreich und, trotzdem sie recht scheu und heimlich
sind, leicht zu fangen, da sie im Gegensatz zu ihren Verwandten
wenig flink sind. Sie lagen gerne unter den losen Steinen, und
wenn man diese rasch aufhob und gleich zugriff, so bekam man
sie fast immer. Auch das Fehlen der stacheligen Büsche von
Poterium spinosum erleichterte den Fang.

Gaidaronisi ist eine große, aber unbewohnte, 6 km lange,
niedrige, mit Sanddünen bedeckte Insel, die Ähnlichkeit mit Elaphonisi hat. Das Gestein ist heller Muschelkalk. Die dürftige Vegetation besteht hauptsächlich aus Büschen von *Juniperus macro-
carpus* und einer schön lila blühenden *Statice*. Auf Gaidaronisi
sind die Eidechsen sehr selten und ganz ungemein scheu. Schon
auf 10 und mehr Schritte flüchten sie in das dichte Buschwerk. In
4 Stunden konnte ich nur 6 Stücke erbeuten, von denen 2 später
den Sammelsack durchbohrten und leider entkamen.

Auf der größeren Leuchtturminsel K u p h o n i s i am SO-Ende
von Kreta, die wir vom 22. bis 23. V. 42 besuchten, war unsere

Sammeltätigkeit aus kriegsbedingten Gründen leider sehr eingeschränkt. Wir alle zusammen — 6 Personen — sahen nur 2 Stücke von *L. erhardii*. Eines davon fing Herr Dr. Klaus Zimmermann und überließ es mir. *L. erhardii* ist dort jedenfalls sehr selten und scheu. Ihre Rassenzugehörigkeit kann nach dem einen vorliegenden Weibchen nicht festgestellt werden. Es ist oberseits kaum verdüstert und in Zeichnung und Habitus von *L. e. cretensis* nicht zu unterscheiden. Die Unterseite ist hellgraulila. Die Pholidose zeigt Eigentümlichkeiten: Die Zahl der Bauchschilder ist mit 33 die höchste im Bereiche von Kreta, die Zahl der Körperschuppen, Femoralporen und Supraziliarkörnchen ist so niedrig wie bei *werneriana*.

Beleg: 1 ♀, Insel Kuphonisi, 22. V. 42, leg. K. Zimmermann. K.-R.-Lg. 56, Schw.-Lg. (reg.) 45 mm, K.-Sch. 53, B.-Sch.-Querr. 33, Fem.-Por. 19/20, Supraziliarkörnchen 4/4. Massetericum mittelgroß. Das Rostrale berührt das Nasenloch.

Auf der kleinen, nackten Klippe F o t i a östlich von Hierapetra an der Südküste Kretas g i b t e s k e i n e R e p t i l i e n.

Lacerta erhardii rechingeri Wettst.[27]
Tafel 7, Fig. 2.

5 ♂, 11 ♀, Insel Dragonada, Dionysiaden-Inseln nördlich von Sitia, NO-Kreta, 14. V. 42, leg. Wettst.,
1 ♂, 1 ♀, Insel Paximada, Dionysiaden-Inseln, 14. V. 42, leg. Rechinger u. Stubbe.

D i a g n o s e: Sehr leicht kenntliche Form. Größe von *cretensis*, etwas plumper, Grundfarbe oben braun. O k z i p i t a l l i n i e u n d P a r i e t a l s t r e i f e n f e h l e n i n d e r R e g e l, d e n M ä n n c h e n m e i s t e n s a u c h d i e S u p r a z i l i a r l i n i e n. Die Rückenzone ist mit schwarzen Punktfleckchen spärlich und regellos besetzt. Körperseiten fein schwarzbraun retikuliert, d. h. das Netzwerk ist fein, die Maschen groß. Unterseite im konservierten Zustand grau bis lila-perlmutterfarbig. Zahl der Rückenschuppen (♂ 51—57, ♀ 49—55), der Femoralporen (♂ 18 bis 22, ♀ 17—21) und der Supraziliarkörnchen (2—5 [7]) niedrig. Die Okzipitalregion zeigt häufig Unregelmäßigkeiten. Massetericum meist klein, sehr klein, undeutlich oder fehlend.

B e s c h r e i b u n g d e s H o l o t y p u s: ♂ (Mus. Wien, Ac. Nr. CLX/1952-53), Insel Dragonada, 14. V. 42, leg. Wettst. K.-R.-Lg. 65,5, Schw.-Lg. (gut reg.) 97 mm. R.-Sch. 56, B.-Sch.-R. 27, Fem.-Por. 20/21, Supraziliarkörner 4/3. Massetericum klein. Grundfarbe des Rückens jetzt im konservierten Zustand olivbräun-

---

[27] Siehe Wettstein 1952.

lich. Rückenzone mit einzelnen, spärlichen, dunkelbraunen Punktfleckchen regellos bestreut. Parietalstreifen sind, unter Schwund
der Supraziliarlinien, mit den Temporalstreifen zu einem relativ
feinen, schwarzbraunen Netzwerk verschmolzen, in dem die
Maschen (von der Grundfarbe) relativ groß sind. Ein undeutlicher,
hellblauer Achselozellus. Auf den Halsseiten je ein blauer, runder
Fleck. Oberseite der Hinterbeine undeutlich ozelliert, keine besonders hervortretenden Femoralozellen. Unterseite perlmutterfarbig,
graulila überflogen. Äußere Bauchschilderreihen hellblau. Pileus
dunkel olivbraun, sehr fein und spärlich dunkel gefleckt. Kopfbeschilderung normal. Das Rostrale berührt n i c h t das Nasenloch. Das hinten spitz zulaufende Interparietale berührt das
breitere, dreieckige Okzipitale in einem Punkt. Seitenecken des
Frontales spitzig vorgezogen.

C h a r a k t e r i s t i k : 3 Männchen gleichen dem Typus, nur
fehlt ihnen das blaue Fleckchen auf den Halsseiten. Bei einem
offenbar etwas jüngeren Männchen sind Reste der Parietalstreifen
und deutlich ausgebildete, helle Supraziliarlinien vorhanden. Im
Leben ist die Oberseite bei beiden Geschlechtern dunkelbräunlich
oder bronziggraulich, mit schwarzer Zeichnung, bei den Weibchen
etwas dunkler als bei den Männchen. Die Weibchen haben in der
Mehrzahl ebenfalls eine einfarbige, höchstens zerstreut dunkel
punktierte Dorsalzone, bis zum Schwund reduzierte Parietalstreifen, aber, bis auf die zwei ältesten, größten, deutliche, helle
Supraziliarlinien. Die Temporalstreifen der Weibchen sind, wie
üblich, dunkelbraune Bänder ohne oder nur mit schwach ausgeprägter Netzung. Ein Weibchen von nur 53 mm K.-R.-Lg. fällt
durch vollständige Ausbildung des Zeichnungsmusters auf.

Die Unterseite ist im Leben perlmuttergrau bis lilagrau, bei
den Männchen heller als bei den Weibchen. Die Weibchen haben
oft eine s c h w e f e l g e l b e K e h l e. Das Rostrale berührt, mit
einer Ausnahme, das Nasenloch n i c h t. Das Massetericum ist sehr
variabel, einmal sehr groß, meistens klein und undeutlich, einmal
fehlend. Ebenso variabel ist die Okzipitalgegend: 7mal ist das
Interparietale oder das Okzipitale quergeteilt, darunter 2mal alle
beide, so daß 4 Schildchen hintereinander liegen, einmal sind die
beiden Schildchen zu einem verschmolzen. Die Weibchen sind
schlanker und erscheinen im Feld kleiner als die Männchen. Sie
sind anscheinend, im Gegensatz zu den meisten anderen Rassen
von *erhardii*, in bedeutender Überzahl. Die regenerierten Schwänze
sind oft rübenförmig verdickt.

D i e E i d e c h s e n v o n P a x i m a d i a wird man vielleicht,
wenn mehr Material vorliegt, als eigene Rasse beschreiben müssen.

Das einzige Paar, das ich von dort bekam, ist oberseits grau statt braun, unterseits noch grauer wie bei *rechingeri*, und die Zeichnung ist beim Männchen wohl vom selben Typus, aber sie ist zerfallen und schaut wie angeätzt (zerfressen) aus. Die seitlichen Bauchschilder sind beim Männchen dunkler blau. Massetericum beim Männchen groß, beim Weibchen mittelgroß. Pileus dunkelbraun, sehr stark schwarz gefleckt.

Unweit der NO-Spitze von Kreta liegt die aus 3 Inseln bestehende, unbewohnte Gruppe der Dionysiaden (= Gianitsades). Die der Kretaküste am nächsten liegende, ziemlich große Insel Janisada (= Gianitsada) ist öde, kahl, nur mit dürftiger Phrygana bedeckt und sehr trocken. Auf ihr konnten wir, ebenso wie in ganz Ost-Kreta, das Vorkommen von *L. erhardii* n i c h t feststellen.

Die mittlere, größte Insel D r a g o n a d a wird von der scheuen, kleinen *rechingeri* spärlich bewohnt. Sie hält sich gerne im Pistaziengestrüpp verborgen. Die meisten fand ich um unseren Lagerplatz in Strandnähe, wo besonders die Weibchen zwischen 8 Uhr und 10 Uhr vormittags lokal häufig waren. Die Vegetation dieser von verwilderten Hausziegen bewohnten Insel besteht aus Steinphrygana mit *Poterium spinosum, Juniperus puniceus,* Pistaziengestrüpp und strauchförmiger Wolfsmilch.

Die äußerste und kleinste Insel P a x i m a d a habe ich nicht selbst besucht. Nach R e c h i n g e r und S t u b b e ist sie sehr felsig und steil und nur von Halophyten bewachsen (sogar *Poterium spinosum* fehlt). *L. erhardii* ist dort trotzdem zahlreich.

Mit diesen Eidechsenformen nächst verwandt dürfte die von der Insel E l a s a bei Kap Sideros sein, von wo B o e t t g e r (siehe W e t t s t e i n 1931) *L. erhardii* erwähnt. Wir hatten keine Gelegenheit, diese Insel zu besuchen.

Es sei hier nochmals hervorgehoben, daß in der ganzen Osthälfte Kretas, vom Psiloritis-Gebirge an, bisher noch niemals *L. erhardii* festgestellt wurde, während sie auf den meisten der küstennahen Inseln dieser Osthälfte vorkommt. Eine Erscheinung, die nur den einen zwingenden Schluß zuläßt, daß diese Eidechse auf Ost-Kreta sekundär ausgestorben ist. Eine Ursache dafür ist ebensowenig zu finden wie für das beginnende Aussterben in Attika. Trockenheit kann nicht allein die Ursache sein, denn wenn auch Ost-Kreta im ganzen genommen trockener als West-Kreta ist, was sich schon äußerlich in der Vegetation kundtut, so gibt es genug feuchte Gegenden, wie die Mesara-Ebene, die Hänge des Psiloritis-Gebirges, das Lasiti-Gebirge, das Sumpfdelta bei Sitia u. a. m., die nach unserem Ermessen *L. erhardii* günstige Lebensbedingungen bieten würden.

Fundgegenden, Name der Subspec., Zahl der verarbeiteten Exemplare	Kopf-Rumpf-Länge + Schwanzlänge		Rückenschuppen		Bauchschilderquerreihen		Femoralporen	
	♂	♀	♂	♀	♂	♀	♂	♀
Mazedonien *riveti*[1], 36 ♂, 18 ♀	70 +149	70 +123	55—58—61 50—57—62 54—59—62	53—56—60	26—27—29 27—28—30 26—27—28	28—30—30 29—30—31 28—29—30	18—21—23 16—20,5—25 20—22—23	19—21—22
Thessalischer Olymp *thessalica*[2], 7 ♂, 6 ♀	71 +122	69 +123	55—59—62		26—29 27	29—30 30	18—23—25	
Attika und nördlicher Peloponnes *livadhiaca*[3], 8 ♂, 11 ♀	68 +143	71 +116	52—58 55 51—52—53	52—59 (65) 56	25—28 26 26—27—28	28—30 29 27—28—30	19—25 22 21—22—24	20—25 22
Insel Skopelos *ruthveni*[4], 2 ♂, 2 ♀	70 +111	62 +105	67—74 70,5	62—64 63	26 26	27—29 28	21—24 22,5	21—24 22,5
Insel Andros *mykonensis*[5], 15 ♂, 10 ♀	72 +130	77,5 +124	55—68 61	54—68 59	26—29 27	28—31 30	21—26 23	19—25 22
Insel Tinos *mykonensis*[6], 3 ♂, 2 ♀	73 +120	67 +102	62—65 63	60—63 61,5	27—29 28	28—33 30,5	22—27 24	20—21 20,5
Insel Mykonos *mykonensis*[7], 15 ♂, 10 ♀	72 +119	72 +110	55—65 60	52—60 56	28—29 28	30—32 31	20—24 23	20—23 21
Insel Delos *mykonensis*[8], 1 ♂, 5 ♀	64 +111	59 +101	65	57—62 59	27	30—32 31	21—22 21,5	20—22 21
Insel Syra subspec.?[9] 8 ♂, 4 ♀	75 +121	67 +114	53—60 56	50—53 52	28—29 28	30—31 30,5	20—24 21	18—22 20
mykonensis[10], Gesamtverbreitung exkl. Syra, 34 ♂, 27 ♀	73 +130	77,5 +124	55—68 61	52—68 58	26—29 27	28—33 30	20—27 23	19—25 21
Insel Kythnos *thermiensis*[11], 24 ♂, 14 ♀	71·5 +137	68 +98	57—64 61	55—62 58	27—30 28	28—31 30	19—26 23	19—25 21

[1] Okzipitalstreifen fehlt, grobgefleckter Parietalstreifen. Kopfunterseite meist ungefleckt.

[2] Kürzerer und breiterer Kopf als *riveti*, dunkler, grob retikuliert.

[3] Schlank. Parietalstreifen schmal. Kehlseiten schwarz gepunktet. Buntfarbig.

[4] Zeichnung retikuliert, Grundfarbe graubraun, dunkel, ♂ blaugraue Kehle, rötlicher Bauch.

[5] Zeichnung schwarz, scharf. Grundfarbe bräunlich. Zwischen Masseticum und Supratemporalia 2 Schildchenreihen.

Ziliarkörner		Okzi-pitale	Inter-parie-tale	Okzip. u. Interpar. zusammen-stoßend od. getrennt	Masse-tericum	Ziliar-körner-reihe	Prä-okulare	Zahl der Bauch-schilder-längsreihen
♂	♀							
10—16 12	10—14 12	2 × geteilt	—	1 × getrennt	sehr groß bis mittel bei ♀ meist klein	2 × voll-ständig oft fast vollständig	1	6
—	—	—	—	—	meist groß	—	—	6
7—13 10	7—13 10	1 × fehlend	1 × geteilt	2 × getrennt	mittel bis klein	fast bis ganz voll-ständig	1	6
11—14 12,5	13—16 14,5	2 × geteilt	—	zu-sammen	sehr klein bis mittelgroß	sehr klein nicht voll-ständig	1 (1 × rechts 2)	6
10—16 13	7—13 11	2 × geteilt	—	1 × getrennt	sehr klein bis mittel selten fehlend	meist voll-ständig	2 × ein- oder zwei-seitig 2	6
7—12 9,5	7—9 8	—	—	zu-sammen	mittelgroß 1 × fehlend	nicht voll-ständig	1	6
8—11 10	7—11 10	nach Werner öfter geteilt	—	zu-sammen	klein bis meist sehr groß	oft voll-ständig	1	6
9	8—10 9	—	—	zu-sammen	klein	oft voll-ständig	1	6
5—8 6	6—9 7	—	–	zu-sammen	mittel bis klein	nicht voll-ständig	1	6
7—16 11	7—13 10	—	—	—	—	—	—	—
5—11 (17) 8	5—11 8	selten geteilt	—	meist breit zus.	groß bis sehr groß	4 × vollständig sonst nicht	1	6

[6] Zeichnung schwarz, scharf. Grundfarbe bräunlich. Zwischen Massetericum und Supratemporalia 2 Schildchenreihen.

[7] Zeichnung normal, scharf. Grundfarbe bräunlich, ♂ oft grün. Kehle des ♀ oft gelb.

[8] Zeichnung scharf und dunkel, Grundfärbung bräunlich.

[9] Zeichnung normal, oft verblaßt. Zugehörigkeit zu *mykonensis* fraglich.

[10] Stark gezeichnet, oft grün.

[11] Grobe Fleckenzeichnung auf Hellgraubraun, lange Beine, dicker, kräftiger Schwanz.

Fundgegenden, Name der Subspec., Zahl der verarbeiteten Exemplare	Kopf-Rumpf-Länge + Schwanzlänge		Rückenschuppen		Bauchschilderquerreihen		Femoralporen	
	♂	♀	♂	♀	♂	♀	♂	♀
Insel Seriphos *erhardii*[12], 7 ♂, 8 ♀	71 +132	68 +111	56—61 (65) 59	54—60 57	26—27 27	29—31 29	23—25 24,5	20—25 23
Insel Siphnos *erhardii*[13], 10 ♂, 4 ♀	73 +137	70 +116	56—63 60	56—58 56,5	26—29 27,5	28—30 29	22—27 24	21—23 (26) 22
e. erhardii[14], Gesamtverbreitung, 17 ♂, 12 ♀	73 +137	70 +116	56—65 60	54—60 57	26—29 27	28—31 29	22—27 24	20—26 23
Insel Naxos *naxensis*[15], 23 ♂, 7 ♀	70 +123	67 +73	54—63 59	55—64 59	27—29 28	28—32 30	19—24 22	20—24 21
Insel Heraklea *naxensis*[16], 10 ♂, 5 ♀	67 +118	65 +101	52—61 56	51—56 53	26—28 27	30—33 31	19—23 22	19—23 21
Zweites, näheres Inselchen am Westende von Heraklea *naxensis*[17], 2 ♂	61 +115	—	56—63 59,5	—	26—28 27	—	21—22 22	—
Insel Pholegandros *naxensis*[18], 15 ♂, 12 ♀	69 +129	74 +105	53—63 58	53—58 55	25—30 28	29—32 31	19—24 22	18—22 20
Inselch. Kardiotissa *naxensis*[19], 5 ♂, 1 ♀	64·5 +100	58 +80	51—60 57	55	26—28 27	30	21—23 22	20
Insel Sikinos *naxensis*[20], 20 ♂, 4 ♀	67 +120	63 +100	(50) 52—60 57	56—59 57,5	25—28 27	30—32 31	19—23 21	19—22 21
Insel Ios *naxensis*[21], 6 ♂, 6 ♀	68 +116	67 +111	54—62 58	(49) 53—62 56	25—27 26	29—30 29,5	20—24 21	18—22 21
Insel Therasia *naxensis*[22], 3 ♂, 4 ♀	65 +120	64 +111	54—63 60	53—59 56,5	28—29 29	28—30 30	20—22 21	19—24 21

[12] Zeichnung normal auf Hellbraun bis Helloliv, lange Beine, Kehle oft gelb.
[13] Wie auf Seriphos, aber ohne gelbe Kehle.
[14] Okzipitallinie selten, Kehle oft gelb.
[15] Zeichnung oft verblaßt, Grundfärbung graugrünlich.
[16] Wie *naxensis*, aber einzelne Exemplare verdüstert.
[17] Schwach verdüsterte *naxensis*.

Ziliarkörner		Okzi- pitale	Inter- parie- tale	Okzip. u. Interpar. zusammen- stoßend od. getrennt	Masse- tericum	Ziliar- körner- reihe	Prä- okulare	Zahl der Bauch- schilder- längsreihen
♂	♀							
8—14 11	8—12 10	—	—	meist breit zusammen 1 × getrennt	mittel bis sehr groß 1 × fehlend	oft voll- ständig	1	6
8—11 9	7—12 9,5	—	1 × geteilt	zu- sammen	mittel bis sehr groß 1 × fehlend	1 × vollständig sonst nicht	1	6
8—14 10	7—12 10	—	—	—	—	—	—	—
5—9 6	5—12 8	—	—	zu- sammen	mittel- groß bis groß	nur 1 × voll- ständig	1	6
6—13 9	4—11 8	—	—	zu- sammen	mittel- groß	nur 1 × voll- ständig	1	6
5—12 8	—	1 × geteilt	immer geteilt	zu- sammen	mittel- groß	nicht voll- ständig	1 × einseitig fehlend	6
6—12 9	3—12 8	1 × geteilt	3 × geteilt	zu- sammen	mittel bis sehr groß	nur 4 × voll- ständig	1	6
10—14 11	10	—	—	zu- sammen	groß	oft voll- ständig	1 × rechts 2	6
5—12 9	(4) 9—10 9	—	2 × geteilt	zu- sammen 1 × getrennt	groß	3 × voll- ständig	3 × einseitig 2	6
8—11 9	3—11 7	—	—	zusammen 1 × getrennt	mittel bis groß	1 × voll- ständig	1 × rechts 2 1 × fehlend	6
8—15 11,5	9—11 10	—	1 × geteilt	zu- sammen	mittel	2 × voll- ständig	1	6

[18] Ähnlich wie auf Kythnos, kleinfleckiger, ♀ oft mit grauschwarz gefleckter Kehle.
[19] Einheitliche, etwas retikulierte, schwach verdüsterte Form.
[20] Variabel, kleinfleckig, oft retikuliert, *naxensis*-artig.
[21] Typ. *naxensis*, mehr weniger einfarbige Exemplare häufig. Zwischen Massetericum und Supratemporalia 1 Schildchenreihe.
[22] Grundfarbe grau oder grünlichgrau, Zeichnung kleinfleckig, oft mehr weniger ver-blaßt, Seiten oft retikuliert. Unterseite gelblichweiß.

Fundgegenden, Name der Subspec., Zahl der verarbeiteten Exemplare	Kopf-Rumpf-Länge + Schwanzlänge		Rückenschuppen		Bauchschilder-querreihen		Femoralporen	
	♂	♀	♂	♀	♂	♀	♂	♀
Insel Thera (Santorin) *naxensis*[23], 24 ♂, 17 ♀	68 + 122	70 + 110	54—65 (67) 59	54—64 57	26—29 28	27—32 30	19—24 21	18—23 20,5
Inselchen Nea Kaimeni *naxensis*[24], 2 ♂	61 + 102	—	53—56 54,5	—	26—27 26·5	—	19—22 20,5	—
Inselchen Palaea Kaimeni *naxensis*[25], 5 ♂, 5 ♀	63 + —	64 + 90	51—62 59	50—56 54	27—28 27	29—31 30	21—24 22	18—22 20
naxensis[26], Gesamtverbreitung, 108 ♂, 60 ♀	70 + 129	74 + 111	50—67 58	50—64 56	25—30 27	27—33 30	19—24 22	18—24 21
Inselchen Phytiusa *phytiusae*[27], 2 ♂, 1 ♀	72 + 123	61 + 92	58—62 60	56	26—28 27	32	21—22 22	22—24 23
Insel Amorgos *amorgensis*[28], 4 ♂, 6 ♀	71 + 118	60 + 103	56—58 (68) 57	52—61 57	27—28 27,5	29—31 30	19—25 22	19—21 20
Insel Keros *amorgensis*[29], 6 ♂, 2 ♀	69 + 127	54 + —	53—63 57	58—59 58,5	26—29 27	29—30 29,5	19—23 21	22—23 22
Insel Apano Kupho *amorgensis*[30], 1 ♂, 1 ♀	65·5 + 104	63 + 88	60	52	27	30	21—22 21,5	18—20 19
Inselchen Anhydros *amorgensis*[31], 2 ♂	69 + 114	—	56—63 59,5	—	26—27 26,5	—	21—23 22	—
amorgensis[32], Gesamtverbreitung, 13 ♂, 9 ♀	71 + 127	63 + 103	53—63 59	52—61 57	26—29 27	29—31 30	19—25 21	18—23 20

[23] Grundfarbe grau oder grünlichgrau. Zeichnung kleinfleckig, oft mehr weniger verblaßt. Seiten oft retikuliert. Unterseite gelblichweiß.

[24] Stärker verdüstert, stark gezeichnet. Pileus grob schwarz gefleckt. Unterseite bläulichgrau.

[25] Wie auf Thera, aber schwach verdüstert.

[26] Zeichnung oft verblaßt, selten schwach verdüstert.

[27] Verdüstert olivgrüngrau. Zeichnung reduziert. Unterseite lila, hinten orangegelb.

Ziliarkörner		Okzi-pitale	Inter-parie-tale	Okzip. u. Interpar. zusammen-stoßend od. getrennt	Masse-tericum	Ziliar-körner-reihe	Prä-okulare	Zahl der Bauch-schilder-längsreihen
♂	♀							
8—15 11	8—14 11	2 × geteilt	10 × geteilt	2 × getrennt	klein bis groß	meist vollständig oft teilweise doppelt	4 × einseitig 2 2 × fehlend	6
7—9 8	—	—	—	zu-sammen	groß	nicht voll-ständig	1 × rechts 2	6
8—14 11	8—12 10	—	1 × geteilt	zu-sammen	mittel bis groß	meist voll-ständig	1 × 2	6
5—15 9	3—14 9	—	—	—	—	—	—	—
7—13 10	9	—	immer geteilt	zu-sammen	groß	1 × voll-ständig	1	6
7—14 9	6—10 8	—	1 × geteilt	zu-sammen	klein bis sehr groß meist mittel	3 × voll-ständig	1 × links 2	6
3—10 8	8	—	2 × geteilt	zu-sammen	klein bis mittel	2 × voll-ständig	1	6
8	3	—	1 × geteilt	zu-sammen	mittel	nicht voll-ständig	1	6
7—9 8	—	1 × geteilt	—	zu-sammen	groß	nicht voll-ständig	1	6
3—14 8	3—10 8	—	—	—	—	—	—	—

[28] Verdüstert, plump. ♂ dunkelbraun. Zeichnung kleinfleckig, retikuliert. Unterseite rötlich.

[29] Wie *amorgensis*, vielleicht etwas kleiner?

[30] Wie *amorgensis*, weniger dunkel und kleiner?

[31] Große, robuste, verdüsterte Form.

[32] Verdüstert. Unterseite oft rötlich.

Fundgegenden, Name der Subspec., Zahl der verarbeiteten Exemplare	Kopf-Rumpf-Länge + Schwanzlänge		Rückenschuppen		Bauchschilder-querreihen		Femoralporen	
	♂	♀	♂	♀	♂	♀	♂	♀
Insel Kinaros *kinarensis*[33], 2♂, 1♀	75,5 +162	70,5 +104	55—60 57,5	53	27	30	22—25 23,5	22—23 22,5
Insel Levitha *levithensis*[34], 3♂, 3♀	64,5 +119	74 +113	52—55 54	52—55 54	26—28 27	29 29	20—23 21,5	19—22 20,5
Insel Anaphi *amorgensis* ≷ *syrinae*[35]. 3♂, 4♀	58 +118	63 +103	55—58 57	54—56 55	27—28 27	29—31 30	19—22 21	20—23 21
Insel Astropalia *amorgensis* ≷ *syrinae*[36], 7♂, 8♀	74 +128	73 +100	54—62 58	51—59 54	27—29 28	29—31 30	19—24 22	18—22 21
amorgensis ≷ *syrinae*[37], Gesamtverbreitung, 10♂, 12♀	74 +128	73 +100	54—62 57	51—59 55	27—29 28	29—31 30	19—24 22	18—23 21
Insel Pachia *pachiae*[38], 5♂, 5♀	68,5 +116	64 +97	57—61 60	53—56 55	25—28 26	27—29 28	21—25 23	20—24 22
Inselchen Megalo Phtheno *megalophthenae*[39], 3♂, 3♀	62 +107	65 +79	56 56	54—57 55	27—28 28	30 30	20—23 21	19—22 20
Inselchen Mikro Phtheno *biinsulicola*[40], 5♂, 2♀	63 +99	56 +83	52—57 54	51—53 52	26—28 27	29—30 29,5	20—23 21	19—21 20
Inselchen Makria *biinsulicola*[40], 2♂, 1♀	64 +116	58 +97	57—58 57,5	54	26—27 26,5	29	21—22 22	22

[33] Sehr groß und robust. Zeichnung sehr undeutlich, verblaßt. Oberseite bräunlicholivgrün. Unterseite hellbläulichgrau.

[34] Kehle und Bauchrandsch. bei 50% schwarz gefleckt. Schwach oliv verdüstert. Sehr variabel. Schwanz verdickt.

[35] *amorgensis* ≷ *syrinae*, Interparietale sehr lang!

[36] *amorgensis* ≷ *syrinae*, regenerierte Schwänze verdickt, 6× quergeteiltes Frontale.

Ziliarkörner		Okzipitale	Interparietale	Okzip. u. Interpar. zusammenstoßend od. getrennt	Massetericum	Ziliarkörnerreihe	Präokulare	Zahl der Bauchschilderlängsreihen
♂	♀							
8—9 8,5	9—10 9,5	klein	sehr lang 1 × geteilt	zu- sammen	mittel	nicht voll- ständig	1	6
7—10 9	8—12 10	—	lang	zu- sammen	mittel	nicht voll- ständig	1	6
9—13 10,5	8—12 10	sehr klein	sehr lang 1 × geteilt	zu- sammen	klein bis groß	1 × voll- ständig	3 × 2—3 ein- oder zweiseitig	6 2 × einige äußere Bauchschild. längsgeteilt
5—10 8	8—13 10	—	oft lang und schmal	zusammen 1 × nicht	mittel	nicht voll- ständig	3 × ein- oder zweiseitig 2	4 × 8 sonst 6
5—13 9	8—13 10	—	—	—	—	—	—	—
7—10 8	7—11 9	2 × sehr klein	2 × sehr lang	zu- sammen	mittel	nicht voll- ständig	1	6
9—11 10	9—10 9,5	4 × sehr klein	4 × sehr lang	zu- sammen	klein bis groß	nicht voll- ständig	3 × 2—3 ein- oder zweiseitig	6
8—12 9,5	8—11 9	meist klein 1 × fehlend	sehr lang	zu- sammen	klein bis groß	nicht voll- ständig	3 × ein- oder zweiseitig 2	6
8—11 9	8	normal	sehr lang	zu- sammen	mittel	nicht voll- ständig	1	6

[37] Interparietale lang und schmal, manchmal 8 Bauchschilderreihen.

[38] Robust. Zeichnung variabel. Oberseite braun. Unterseite grünlichgrau und orange. Schwanz verdickt.

[39] Verdüstert olivgrün. Unterseite grünlichgrau, lila und gelborange. Schwanz verdickt.

[40] ♂: scharfe Rückenzeichnung bricht in der Rückenmitte ab, kaudale Rückenhälfte einfarbig graubraunoliv. ♀: ähnlich. Unterseite bleigrau mit Lila, hinten gelblich.

Fundgegenden, Name der Subspec., Zahl der verarbeiteten Exemplare	Kopf-Rumpf-Länge + Schwanzlänge		Rückenschuppen		Bauchschilderquerreihen		Femoralporen	
	♂	♀	♂	♀	♂	♀	♂	♀
biinsulicola[41], Gesamtverbreitung, 7 ♂, 3 ♀	64 +116	58 +97	52—58 55	51—54 53	26—28 27	29—30 29	20—23 21	19—22 20,5
Insel Ofidusa *ophidusae*[42], 2 ♂, 1 ♀	74,5 +123	65 +85	56—60 58	58	28	30	20—22 21	23
Insel Syrina *syrinae*[43], 11 ♂, 5 ♀	71 +131	67 +105	54—62 58	55—57 56	27—29 28	30—32 31	17—23 20	19—21 20
östl. und westl. Insel der Due Adelphi *syrinae*[44], 2 ♀	—	62 +—	—	55	—	28	—	20
größte und kleinste der Tria Nisia *subobscura*,[45] 3 ♂, 4 ♀	80 +—	78 +123	54—57 56	55—56 55	27—28 27	29	18—21 19,5	18—19 19
Inselchen Megali Zafrana *zafranae*[46], 2 ♂, 1 ♀	73 +140	62,5 +107	54—61 57,5	53	27—28 27,5	29	19—23 21	18—19 18,5
Insel Kreta, Nordwesten, *cretensis*[47], 19 ♂, 10 ♀	65 +123	56 +90	(50) 54—65 58	53—60 56	25—29 26	28—31 29	18—23 21	18—21 20
Insel Kreta, Tal von Samariá, *leukaorii*[48], 10 ♂, 5 ♀	72 +124	58 +101	50—55 (61) 54	49—54 (57) 52	25—28 27	28—31 30	19—23 21	17—21 19
Klippe Prassonisi *punctigularis*[49], 4 ♂	65 +119	—	51—57 54,5	—	26—27 26,5	—	17—20 18	—

[41] Rückenzeichnung bricht in der Rückenmitte ab; dunkel.

[42] Leicht verdüstert. Zeichnung variabel. Zwei äußere Bauchschilderreihen blau. Schwanzunterseite orangerot. Schwanz verdickt.

[43] Verdüstert, braun, plump, stark geschlechtsdimorph. Zeichnung ± reduziert. Schwanz rübenförmig. Ziliarkörner hinten oft doppelt.

[44] Ähnlich *syrinae*.

[45] Größte Rasse, dunkelbraun bis oliv. Zeichnung reduziert bis fehlend. Schwanz verdickt.

Ziliarkörner		Okzi-pitale	Inter-parie-tale	Okzip. u. Interpar. zusammen-stoßend od. getrennt	Masse-tericum	Ziliar-körner-reihe	Prä-okulare	Zahl der Bauch-schilder-längsreihen
♂	♀							
8–12 9	8–11 9	—	—	—	—	—	—	—
8–10 9	10–11 10,5	klein	lang	zu-sammen 1 × nicht	mittel	nicht voll-ständig	1 × einseitig 2	8
7–12 9	8–11 10	sehr klein bis fehlend	oft lang und schmal	6 × zus. sonst getrennt	mittel	nicht voll-ständig	9 × ein- oder zweiseitig 2	1 × 8 öfter einige äußere Bauchschilder längsgeteilt
—	7–9 8	klein	lang und schmal	getrennt	mittel	nicht voll-ständig	1	6–8
9–10 9	7–9 8	normal	normal	5 × getrennt	mittel	nicht voll-ständig	1	4 × 8 3 × 6
7–9 8	8	klein	lang	1 × getrennt	mittel	nicht voll-ständig	1	8
6–10 8	3–8 6	1 × geteilt	7 × geteilt	zu-sammen	mittel 1 × fehlend	nicht voll-ständig	3 × ein- oder zweiseitig 2	6
3–9 6	5–9 7	—	4 × geteilt	zu-sammen	mittel 1 × fehlend	nicht voll-ständig	3 × ein- oder zweiseitig 2	6
5–7 6	—	—	2 × geteilt	zu-sammen	mittel bis groß	nicht voll-ständig	1 × einseitig 2	6

[46] Groß und robust, wenig braun verdüstert. Unterseite graugelb, am Schwanz orange.

[47] Kleine, schlanke Rasse. Zeichnung kräftig. Parietalstreifen reduziert. Rostrale berührt das Nasenloch bei allen Kreta-Rassen oft.

[48] Größer als *cretensis*. Färbung kontrastreicher, lebhafter.

[49] Oben olivbraun, unten bläulichgrün. Kehle schwärzlich gefleckt. Großer, blauer Achselozellus.

Fundgegenden, Name der Subspec., Zahl der verarbeiteten Exemplare	Kopf-Rumpf-Länge + Schwanzlänge ♂	♀	Rückenschuppen ♂	♀	Bauchschilder-querreihen ♂	♀	Femoralporen ♂	♀
Insel Elaphonisi *elaphonisii* [50], 5 ♂, 4 ♀	58 +109	53 +82	51—58 55	52—55 54	25—26 26	28—31 29	16—20 19	17—20 18
Inselchen Mikronisi bei Hierapetra *werneriana* [51], 10 ♂, 8 ♀	74 +100	72 +99	51—55 (58) 53	47—53 49	27—28 27	30—32 31	20—22 21	18—21 19
Insel Gaidaronisi *werneriana* [52], 2 ♂, 2 ♀	62 +80	63 +88	52—54 53	47	26—27 26,5	29—30 29,5	20—22 21	18—20 19
werneriana [53], Gesamtverbreitung, 12 ♂, 10 ♀	74 +100	72 +99	51—58 53	47—53 49	26—28 27	29—32 30,5	20—22 21	18—21 19
Insel Kufonisi subsp.? [54], 1 ♀	— 	56 +45	— 	53	— 	33	— 	19—20 19,5
Inselchen Dragonada *rechingeri* [55], 5 ♂, 11 ♀	65,5 +106	64 +86	51—57 54,5	49—55 52	27	30—31 30	18—22 20	17—21 18
Inselchen Paximada *rechingeri* [56], 1 ♂, 1 ♀	66 +100	63 +81	52	51	27	29	20	19
rechingeri [57], Gesamtverbreitung, 6 ♂, 12 ♀	66 +106	64 +86	51—57 54	49—55 52	27 27	29—31 30	18—22 20	17—21 18,5
Insel Dhia *schiebeli* [58], 3 ♂, 3 ♀	61 +95	48 +79	53—55 54	51—53 52	27—28 27	29—30 29	17—20 19	17—20 19

[50] Klein, gedrungen. Unterseite bei ♂♂ schwefelgelb, bei ♀♀ lila-perlmutterfarbig.
[51] Dunkelste Rasse! Ein mutatives ♂ einfarbig schwarz.
[52] Zu *werneriana* gehörend.
[53] Dunkelste Rasse von *Lacerta erhardii*.
[54] Subspec.? Kaum verdüstert. Unterseite graulila. Klein, schlank.

Anmerkung. Bei *riveti* sind die ersten zwei Horizontalreihen der Zahlen für Rückenschuppen, Bauchschilder und Femoralporen den Arbeiten Cyréns (1928, 1933) entnommen, die dritte Reihe betrifft eigene Zählungen an 7 ♂♂ und 7 ♀♀ aus der Umgebung von Üsküb (Coll. Mus. Wien, leg. C. Attems 1906). Die Zahlen für *thessalica* stammen alle aus denselben Arbeiten Cyréns und ebenso die unterste Reihe der Rückenschuppen, Bauchschilder und Femoralporen bei *livadhiaca*. In allen diesen Fällen steht der wahre Mittelwert (= Mi), durch Bindestriche mit der niedrigsten und höchsten Zahl der Variationsbreite verbunden, in der Mitte. In allen anderen Spalten der Tabelle steht der wahre Mittelwert unter den beiden Endwerten der Variationsbreite und beruhen alle auf eigenen Messungen und Zählungen. Nur von drei Inseln, von denen.mir nur un-

| Ziliarkörner | | Okzipitale | Interparietale | Okzip. u. Interpar. zusammenstoßend od. getrennt | Massetericum | Ziliarkörnerreihe | Präokulare | Zahl der Bauchschilderlängsreihen |
♂	♀							
6–10/7	6–8/7	—	1× geteilt	zusammen	meist sehr klein bis klein	1× vollständig	1	6
2–7/4	1–5/2	2× verschmolzen	1× geteilt	zusammen	mittelgroß	nicht vollständig sehr reduziert	1× links 3	6
2–3/3	2–3/2	—	—	zusammen	mittelgroß	nicht vollständig sehr reduziert	1	6
2–7/4	1–5/2	—	—	—	—	—	—	—
—	4	—	—	zusammen	mittelgroß	nicht vollständig, sehr reduziert	1	6
3–4/3	2–5 (7)/4	5× geteilt, 1× verschmolzen	4× geteilt	zusammen	meist sehr klein undeutlich oder fehlt	nicht vollständig sehr reduziert	1	6
3	3	—	—	zusammen	mittel bis groß	nicht vollständig sehr reduziert	1	6
3–4/3	2–7/4	—	—	—	—	—	—	—
3–5/3,5	2–4/3	—	—	zusammen	groß, 4× in 3 Schilder zerteilt	nicht vollständig, sehr reduziert	1× rechts 3	6

[55] Klein, braun, retikuliert. Okzipital- und Parietalstreifen fehlen meistens.

[56] Vorläufig zu *rechingeri* gestellt.

[57] Braune, retikulierte Form. Okzipitallinie fehlt.

[58] Zeichnung reduzierter als bei *rechingeri*. Unterseite chromgelb. Großes Massetericum geteilt.

genügendes Material vorlag, war Herr Dr. Buchholz so liebenswürdig, mir von seiner Ausbeute 1952 die von ihm ermittelten Zahlen der Rückenschuppen und Femoralporen mitzuteilen, die mitverwendet wurden. Sie betrafen 11 ♂♂, 5 ♀♀ von Mykonos, 5 ♂♂, 2 ♀♀ von Syra und 17 ♂♂, 2 ♀♀ von Naxos. Herrn Dr. Buchholz sei hier für diesen wertvollen Beitrag nochmals bestens gedankt.

In der Tabelle ist, nach Geschlechtern getrennt, die größte gemessene Kopf-Rumpf-Länge mit der größten gemessenen Schwanzlänge am selben Fundort kombiniert! Die beiden Maße betreffen daher, in Anbetracht der überwiegend regenerierten Schwänze, in den seltensten Fällen dasselbe Exemplar! Die Art und Weise wie ich maß und zählte, ist ausführlich in der Anmerkung zur Tabelle von *Lacerta strigata* auf S. 780 beschrieben.

Lacerta erhardii schiebeli Wettst.[28]

2 ♂, Insel Dhia (= Dia = Standia) bei Candia an der Nordküste
Kretas, 1.—2. VI. 25, leg. G. Schiebel,
1 ♂, 3 ♀, Insel Dhia, 23. VI. 42, leg. Wettst.

D i a g n o s e : Kleine schlanke Form, ähnlich *L. e. rechingeri*,
aber heller, Zeichnung noch mehr reduziert, Unterseite von Kopf
und Hals in beiden Geschlechtern im Leben leuchtend chromgelb.
Häufig ein in 3 Schilder geteiltes, großes Massetericum.

B e s c h r e i b u n g d e s H o l o t y p u s : ♂ (Mus. Wien,
Ac. Nr. CLXI./1952-53), Insel Dhia, 23. VI. 42, leg. Wettst.,
K.-R.-Lg. 55, Schw.-Lg. (Spitze fehlt) etwa 102 mm. Rü.-Sch. 54,
B.-Sch. 27, Fem.-Por. 20/20, Supraziliarkörner 3/3. Das große
Massetericum ist in 3 Schilder geteilt. Rechtes Präokulare in
3 Schilder geteilt. Rückengrundfarbe hellgraubräunlich, Zeichnung
stark reduziert. Dorsalzone zwischen den deutlichen, hellen Supraziliarlinien mit zerstreuten dunkelbraunen Fleckchen, als den
Resten von Okzipital- und Parietalstreifen, besetzt. Temporalstreif
ein dunkelbraunes scharf konturiertes Band mit kleinen, hellen,
runden Fleckchen. Oberseite der Hinterfüße mit hellen kleinen
Tupfen, ein Femoralozellus deutlich. Ein kleiner Achselozellus.
Unterseite perlmutterfarbig, im Leben Kopf- und Halsunterseite
leuchtend chromgelb. Äußere Bauchschilderreihe blaßblau. Pileus
hellolivbraun, ungefleckt. Rostrale berührt rechts das Nasenloch,
links nicht.

C h a r a k t e r i s t i k : Habitus schlank, Schwanz nicht verdickt, klein (♂ 61 + etwa 102 mm), ♀ auffallend klein und
schmächtig (ein trächtiges ♀ nur 48 + 79 mm). Zeichnung der
anderen 2 Männchen ähnlich dem Typus, die Fleckchen der Dorsalzone aber zahlreicher und etwas größer, deutlich als Reste der
Okzipitallinie und der Parietalstreifen erkennbar. 2 Femoralozellen
ziemlich deutlich. Achselozellus klein und undeutlich. Pileus
i m m e r u n g e f l e c k t.

Die Weibchen haben die matteste, erloschenste Zeichnung
unter allen *erhardii*-Rassen. Sie sind hellgraubräunlich mit weißlichen Supraziliar- und Subokularlinien. Die Temporalbänder sind
kaum dunkler, ihre helleren Ozellen sehr undeutlich, verschwommen. Unterseite gelblich, äußere Bauchschilderreihe blaßblau. Das
trächtige ♀ hatte im Leben die ganze Unterseite leuchtend chromgelb, die andern zwei nur Kopf- und Halsunterseite. Pileus hell-
olivfarbig, ungefleckt.

[28] Siehe Wettstein 1952.

Außer dem Typus hat nur noch ein Stück ein das Nasenloch undeutlich berührendes Rostrale. Okzipitalgegend sehr einheitlich, normal, das Interparietale berührt das Okzipitale bei allen mit breiter Naht. Massetericum groß, b e i 4 v o n 6 S t ü c k e n i n 3 S c h i l d e r g e t e i l t. Ein Männchen und ein Weibchen haben ein großes, akzessorisches Schildchen zwischen den Präfrontalia. Die Zahlen der Schuppenformel sind ebenso gering wie bei den vorhergehenden Rassen (s. Tabelle). *L. e. schiebeli* ist ein direkter Abkömmling von *L. e. cretensis,* bei dem die Zeichnung reduziert und verblaßt ist und das große Massetericum die Tendenz zum Zerfall zeigt.

Die ziemlich große Insel Dhia bildet ein hügeliges Plateau mit steil abfallenden Küsten. Sie ist sehr steinig (karstig) und von einer fast ausschließlichen *Poterium-spinosum*-Vegetation bedeckt. Auf ihr leben Wildkaninchen. *L. e. schiebeli* ist außerordentlich selten, scheu und hält sich anscheinend nur auf den höheren Teilen der Insel auf.

Lacerta gaigeae Wern.

(*L. taurica gaigeae* Wern. 1930, S. 9.)
(*L. erhardii gaigeae* Mertens u. Müller 1940, S. 9.)
(Abb.: Wern. 1930, T. I, Fig. 4—6 (Typus ♂), T. II, Fig. 7—11; 1938 b, T. VII, Abb. 25 c.)

7 ♂, 4 ♀ (Paratypoide), Insel Skyros, 30. IV.—5. V. 27, leg. Fr. Werner.

M e r t e n s und M ü l l e r (1940, S. 9) haben ohne Begründung diese von W e r n e r als *taurica*-Form beschriebene Eidechse zu *erhardii* gestellt, was aber unrichtig ist. *L. gaigeae* unterscheidet sich von *erhardii*:

1. Durch ein schwach, aber deutlich gezähntes Halsband.

2. Durch fein, aber bei Lupenvergrößerung deutlich gekielte Schuppen auf der hinteren Rückenhälfte bei erwachsenen Männchen, was bei *erhardii* n i e m a l s vorkommt. W e r n e r hat dieses Merkmal übersehen.

3. Durch ein das Nasenloch häufig berührendes Rostrale, was bei den geographisch benachbarten Inselrassen von *erhardii* nicht, bei *L. e. livadhiaca* nur sehr selten bei Stücken vom Peloponnes vorkommt.
Diese drei Merkmale hat *gaigeae* mit *taurica* gemeinsam.
L. gaigeae unterscheidet sich von *taurica:*

1. Durch das sehr *erhardii*-ähnliche Zeichnungsmuster, insbesondere durch das bei Männchen häufige Auftreten einer

Lacerta gaigeae	Kopf-Rumpf-Lg. +Schw.-Lg.		Rücken-schuppen		Bauch-schilder-querreihen		Femoral-poren	
	♂	♀	♂	♀	♂	♀	♂	♀
Insel Skyros 7♂, 4♀	65 +105	62 +83	57—64 60	54—59 56	26—27 27	29 29	22—26 23	21—24 23

durchlaufenden Okzipitalfleckenlinie, durch reduzierte, bei Weibchen oft geschwundene Parietalstreifen.

2. Durch die schwarz gepunktete Kopfunterseite und die schwarz gesäumten Submaxillaria, wie es ähnlich auch benachbarte *erhardii*-Rassen, besonders *L. e. livadhiaca*, haben. Diese Merkmale hat *gaigeae* mit *erhardii* gemeinsam.

Es ist unmöglich, ohne den Tatsachen Gewalt anzutun, eine solche intermediäre Form als Rasse der einen oder der anderen Art anzusehen. Dazu kommen noch spezifische Merkmale, wie der höchst auffallende, große, tiefschwarze, hufeisenförmige Axillar-ozellus bei beiden Geschlechtern, dessen exzentrisch gelegener, blauer Kern in der Supraziliarlinie liegt, wie das sehr große Massetericum, das oft an die Supratemporalia stößt, und wie die oft großen Temporalschilder.

Ich betrachte daher *L. gaigeae* als eigene Art. Sie ist klein und schlank (K.-R.-Lg. ♂ 65, ♀ 62). Die Oberseite der erwachsenen Männchen im Leben leuchtend grün, die der Weibchen graugrün. Die Zeichnung ist bei den Männchen oft kräftig, *muralis*-artig, bei den Weibchen oft bis zur Einfarbigkeit verblaßt. Die Dorsalzone ist oft verschwommen und blaß retikuliert wie bei manchen Stücken von *L. muralis muralis*. Die Temporalbänder sind auch bei sonst verblaßter Zeichnung ziemlich deutlich, retikuliert und von den hellen, breiten Supraziliar- und Subokularlinien eingefaßt. Unterseite bei beiden Geschlechtern perlmutterfarbig. Äußere Bauchschilderreihe bei erwachsenen Weibchen grünblau, bei erwachsenen Männchen blau mit schwarzen runden Fleckchen. Die Pholidose (s. Tabelle) zeigt, außer den schon erwähnten, keine spezifischen Besonderheiten. Hervorgehoben sei nur, daß von den 11 untersuchten Stücken 5, also 45%, ein akzessorisches Schild-chen zwischen Okzipitale und Interparietale besitzen.

Skyros ist eine große, isoliert liegende Insel östlich von Euböa. Sie liegt geographisch ungefähr in der Gegend, die ich mir theoretisch als das ehemalige Entstehungszentrum des *L. erhardii*-Kreises aus einer *taurica*-ähnlichen Form denken kann.

Ziliarkörner		Okzipitale	Okzip. u. Interpar. zusammen-stoßend od. getrennt	Masse-tericum	Ziliar-körner-reihe	Präokulare	Zahl der Bauch-schilder-längs-reihen
♂	♀						
5—9 7	4—8 6	5 × geteilt	zusammen-stoßend	sehr groß stößt an die Supra-temporalia	nicht vollständig	1	6

Nach Werner (1930, S. 10) ist *gaigeae* auf Skyros an vegetationsreichen Stellen häufig und lebt ausschließlich terrestrisch.

Die Skyros umgebenden kleinen Inselchen, etwa 11 an der Zahl, und die Leuchtturminsel Präsuda zwischen Skyros und Euböa wurden noch nie herpetologisch untersucht und würden vielleicht interessante Ergebnisse bringen. Ich halte sie für das aussichtsreichste Ziel einer künftigen herpetologischen Forschungsfahrt in die ägäische Inselwelt.

Lacerta taurica taurica Pall.

(Abb. Werner, 1938 b, T. VII, Abb. 25 a.)

(Kein eigenes neues Material.)

Seit der Fundortzusammenstellung dieser Art in Griechenland durch mich (1920) und Werner (1938 b) sind von Kattinger (1942, IV.) neue Beobachtungen gemacht worden[29]. Nach ihm ist die Art in der Umgebung von Saloniki an allen geeigneten Orten nicht selten. Sie ist dort im Frühjahr vorwiegend grün, unterseits rötlichgelb, in den trockenen Sommermonaten vorwiegend bronzebraun, unterseits grünlichweiß. Eiablage im April. Kattinger fand sie noch an der Landenge von Longos, unfern Mudaniá und zwischen Bitolj (= Monastir) und Lachze. Bei Bitolj war *taurica* zwischen 14. u. 16. V. lebhaftgrün mit rötlichgelber Unterseite und lebte auf Steintrümmern mit *L. m. albanica* und *L. erhardii riveti* zusammen. Cyrén (1935, S. 133) gibt sie von der Ebene bei Mesolongion (gegenüber Patras am Golf von Korinth) an. Ein bemerkenswertes Vorkommen, weil man so weit westlich eigentlich schon *ionica* erwarten sollte.

Sehr bemerkenswert ist die von Kattinger entdeckte und benannte

[29] Die Angabe von Tortonese (1948), daß *taurica* auf Rhodos vorkomme, beruht, wie bereits Mertens (1952 b) darlegte, auf einer Fehlbestimmung.

Lacerta taurica thasopulae Kattinger,

von der kleinen Felseninsel Thasopulo bei Thasos, der ersten
bekanntgewordenen Inselrasse der echten *taurica*. Dort ist diese
terrestrische Art zum Felsentier geworden (Kattinger, 1942,
IV., S. 60, Abb. 2).

Lacerta taurica ionica Lehrs.
(Abb.: Werner, 1938 b, T. VII, Abb. 25 b.)

3 ♂, Karkalis am Fluß Lusios, Nebenfluß des Alfios, 8. VI.,
3 ♂, 2 ♀, Eichenwald bei Divri (Kapellio), Landschaft Elis, 11. VI.,
3 ♂, Kalawryta, 14. VI.,
1 ♂, Chelmos, 1900 m hoch, 18. VI.,
1 ♀, Pheneos-See, 750 m hoch, 19. VI.,
6 ♂, 2 ♀, Berg Killene in offenem Tannen- und Kiefernwald, 1400 bis
1600 m hoch, 20. VI.,
1 ♂, 1 ♀, Killene-Gipfel (Kalk), 2375 m hoch, 20. VI.,
1 ♀, oberhalb Lavka am Stymphalos, 24. VI.,
2 ♂, 1 ♀, Vythina, 26.—27. VI.
Alle vom Peloponnes, leg. G. Niethammer 1942.

Das Material ist sehr aufschlußreich, weil es zeigt, daß *ionica*
auf dem Peloponnes nicht nur ein Tier der Ebenen und der Küstengebiete ist, sondern weit ins Innere und hoch hinauf ins Gebirge
geht. Ein Pärchen wurde sogar auf dem 2375 m hohen Gipfel des
Killene erbeutet. In den lichten Wäldern der Killene-Hänge lebt
sie mit *L. m. albanica* und *L. e. livadhiaca* zusammen. Die Zeichnung variiert nur wenig und in den bekannten Grenzen von *ionica*.
Die Weibchen sind stets einfarbiger. Von den erwachsenen Männchen haben viele große, runde, schwarze Flecken auf der äußeren
Bauchschilderreihe und s o s t a r k v e r g r ö ß e r t e B a u c h-
r a n d s c h u p p e n , d a ß m a n s i e g a n z g u t a l s 8. B a u c h-
s c h i l d e r r e i h e b e z e i c h n e n k ö n n t e.   Die größten
Männchen der Kollektion sind von Vythina und haben 67 + 139
und 66 + 137 mm Länge.
Cyrén (1935, S. 132) hat bei der Besteigung des 2355 m
hohen Chelmos am 6.—8. VI. 1934 bei schönstem Wetter keine
Eidechsen gesehen. „In der Umgebung von Sudhena (1100 m) gab es
aber reichlich *L. peloponnesiaca* und *L. taurica*, letztere in einer
Form, die im allgemeinen grüner als die typische war und eventuell als eine Übergangsform zu der *L. t. ionica* betrachtet werden
könnte." Die mir von Kalawryta[30] vorliegenden 3 Männchen sind
typische *ionica*, die keinerlei Anklänge an *taurica* erkennen lassen
(siehe dazu Wettstein 1920, S. 437). Dagegen ist ein Männchen
vom Chelmos, 1900 m hoch gesammelt, so auffallend, daß es eine

---

[30] Talauswärts von Sudhena, 700 m hoch gelegen.

Erwähnung verdient. Die ganze Rückenzone ist einfarbig grün, dunkler als bei *ionica,* ohne Spur von Flecken, und die Parietalbänderflecken sind mit jenen der Temporalbänder verbunden, so daß die fast weißen Supraziliarstreifen in Fleckchen aufgelöst erscheinen. Es hat somit in der Rückenzeichnung eine große Ähnlichkeit mit dem von K a t t i n g e r (1942, VI.), S. 59, Abb. 1, wiedergegebenen *taurica*-Exemplar von Bitolj (= Monastir). Die einfarbige Rückenzone, die geringe Größe des anscheinend erwachsenen Männchens von 61,5 + 105 mm Länge und die geringe Zahl von 53 Rückenschuppen und 17/18 Fem.-Poren lassen vermuten, daß dieses Stück eher zu *taurica* als zu *ionica* gehört oder ein Übergangsstück ist. Es kann nicht unerwähnt bleiben, daß unter den 5 sonst typischen *ionica*-Stücken von Divri sich ein jüngeres Männchen befindet, das eine ähnliche Rückenzeichnung, aber schwarze Vertebralflecken aufweist. Es hat aber 59 Rückenschuppen und 22 Fem.-Poren und erweist sich als *ionica.*

Lacerta peloponnesiaca Bib. u. Bory.

1 ♂, 1 ♀, Kalamata (am Straßengraben), 6. VI.,
1 ♂, 1 ♀, 1 juv., Karkalis am Fluß Lusios, Nebenfluß des Alfios (auf Schiefer), 8. VI.,
3 ♂, 1 ♀, Vythina (= Bythina), etwa 1100 m hoch, 8.—27. VI.,
1 ♂, 2 ♀, Langadia (auf Schiefer), 700 m hoch, 8. VI.,
5 ♂, 2 ♀, Ruinen von Olympia, 9.—10. VI.,
2 ♂, 5 ♀, Umgebung von Divri (Kapellio), Eichen- und Tannenwald, bis 1000 m hoch, Elis, 11.—12. VI.,
1 ♂, 1 ♀, Mega Spileon bei Kalawrita, 800 m hoch, 14. VI.,
1 ♀, Berg Chelmos, 1150 m hoch, 18. VI.,
1 ♂, 3 ♀, Gura am Pheneos-See, 1200 m, Kalk, 19. VI.,
2 ♂, 1 ♀, Killene oberhalb Busi, 1400—1600 m hoch, 21. VI.,
5 ♂, 2 ♀, Lavka und Kastania am Stymphalos-See, 23.—24. VI.,
1 ♂, 2 juv., zwischen Kandila und Levidi, 25. VI.,
1 ♂, Levidi, 25. VI.
Alle vom Peleponnes, leg. G. Niethammer 1942.

Diese im Peloponnes weit verbreitete und für ihn charakteristische Eidechse kommt bei Gura am Pheneos-See mit *L. erhardii livadhiaca,* zwischen Kandila und Levidi mit *L. danfordii graeca,* im Eichenwald bei Divri mit *L. strigata* subspec.? und *L. taurica ionica* und am Berg Killene in den lichten Nadelwäldern mit *L. muralis albanica* und *L. taurica ionica* zusammen vor. Dort erreicht sie mit 1600 m auch die höchste bisher bekanntgewordene Höhe.

Zu systematischen Bemerkungen gibt das vorliegende Material keine Veranlassung. Ihre sicherlich nahe Verwandtschaft zu *L. taurica* wäre hervorzuheben.

Der Rassenkreis der Smaragdeidechsen.

Bis in die zwanziger Jahre hinein war die Auffassung über
den Rassenkreis der Smaragdeidechse mit seinen 3 Hauptformen
L. viridis, major[31] und *strigata* bei den europäischen Herpetologen
ziemlich einheitlich. Das Nebeneinandervorkommen von *viridis*
und *trilineata* in manchen Gebieten der Balkanhalbinsel veranlaßten dann L. Müller (1935, S. 225—236), *viridis* und *trilineata* als verschiedene Arten zu behandeln und dann auch *strigata*
von *trilineata* spezifisch zu trennen, in welcher Auffassung ihm
Mertens folgte. Das große Ägäismaterial, das mir zur Verfügung
steht und das ich durch die noch größeren, älteren Bestände des
Nat. Mus. Wien, soweit sie seit dem Kriegsende wieder aufgestellt
wurden, ergänzen konnte, gibt mir Gelegenheit, meinen Standpunkt in dieser Frage darzulegen. Es ist nicht angängig, die postulierte geographische Ausschließlichkeit geographischer Rassen
eines Rassenkreises zu einem Dogma zu erheben und die systematische Kategorisierung dann diesem Dogma unterzuordnen.
Wo zwei Rassen eines Rassenkreises sich berühren, kommt es
naturnotwendig zu einer Vermischung. Wir müssen da zwei Möglichkeiten in Betracht ziehen. Entweder hat sich die eine Rasse aus
der anderen durch allmählich sich verändernde Umweltsbedingungen kontinuierlich entwickelt, dann können die Individuen in
den zwei (am weitesten voneinander entfernten) Rassenzentren
deutlich verschieden sein, dazwischen aber findet sich ein kontinuierlicher Übergang von Population zu Population, so daß die
Entscheidung für den Systematiker schwer ist, wo er die Grenze
für die zwei Rassen ziehen soll. Solche Fälle haben wir z. B. im
Bereich der Alpen bei Säugetier- und Vogelarten, die von der
Tiefebene bis ins Hochgebirge verbreitet sind.

Die andere Möglichkeit ist die, daß zwei Rassen eines Rassenkreises erst geographisch getrennt waren und später, sei es durch
Wanderung oder geographische Veränderungen, wieder zusammenkommen. Falls sie die sexuelle Affinität inzwischen nicht verloren
haben, bilden sie dann an der Berührungszone Bastarde. Die Berührungszone kann, verschieden im einzelnen Fall, je nachdem wie
tief die eine Rasse in das Gebiet der anderen Rasse eindringt, nur
schmal sein, sie kann aber auch sehr groß und flächenhaft sein.
Auch solche Beispiele gibt es in der Ornithologie und Mammalogie
zahlreiche. Ich erwähne nur die Nebel- und Rabenkrähe, den europäischen West- und Ostigel, den Haus- und Weidensperling. Bei
diesen Arten ist die Bastardnatur in den Rassengrenzgebieten

---

[31] Die altbekannte *major* Blgr. muß jetzt leider *trilineata* **Bedriaga**
heißen.

leicht erkennbar, weil die Färbungsmerkmale — beim Igel auch
die osteologischen Merkmale des Schädels — jeder Rasse recht
konstant sind.

Ein solcher Fall von Rassenkreuzung liegt nun zweifellos
auch bei *L. viridis* und *trilineata* vor. Niemand hat bisher daran
gezweifelt, daß *viridis* und *trilineata* nächstverwandt sind, und
immer wieder wurde betont, wie schwierig oft einzelne Stücke zu
beurteilen und zu bestimmen sind. Otto C y r é n hat in seiner ausgezeichneten Arbeit (1933, S. 219—240) die Unterscheidungsmerkmale zwischen *viridis* und *trilineata* kritisch und übersichtlich
zusammengestellt:

	L. viridis	*L. trilineata*
Präokulare:	meistens 1	meistens 2 (fast ausnahms-los, außer bei den mittel-griechischen)
Rostrale:	berührt nur ausnahms-weise das Nasenloch	berührt immer sehr deut-lich das Nasenloch
Ventrallängsreihen:	fast immer 6	fast immer 8
Zahl d. Schläfenschilder:	selten über 20	meistens weit über 20 (sehr selten darunter)
Kehle:	beim ♂ fast immer blau	beim ♂ nie blau
Zeichnung des Pileus:	nie mit hellen, dendri-tischen Schnörkeln	beim ♂ immer mit dendri-tischen, hellen Schnör-keln
Helle Streifenzeichnung des Rückens:	nur in 2- oder 4-Zahl, nie mit unpaarigem Dorsalstreifen	bei Jungen und alten ♀ meistens in 3- oder 5-Zahl, mit unpaarigem Dorsalstreifen

Schon der Umstand, daß fast keines dieser Merkmale durch-
greifend und konstant ist, wie es für Artmerkmale gefordert
werden muß, beweist, daß es sich hier um Rassen einer Art und
nicht um verschiedene Arten handelt. Es würde aber vielleicht
genügen, wenn wenigstens ein oder zwei Merkmale konstant verschieden wären. Das wäre nach bisherigen Ansichten bei der Kehlfärbung, der Pileuszeichnung und dem Dorsalstreifen der Fall
— alle an und für sich schon, gegenüber den morphologischen
Merkmalen, solche von sekundärer Bedeutung. Man kann sich
meine Überraschung vorstellen, als ich 1942 auf Kreta, einer Insel
mit zuverlässig reiner und sehr einheitlicher *trilineata*-Population,
die erwachsenen Männchen mit einer prächtig türkisblauen Kopfunterseite antraf. Da diese Färbung im konservierten Zustand bald
verschwindet, war dieser Umstand bisher nicht bekannt. Das
einzige Stück einer Smaragdeidechse, das bisher von der Insel

Paros bekannt wurde, ein von mir am 8. V. 1934 gesammeltes altes *trilineata*-Männchen, hat eine kobaltgraue, intensive Färbung der ganzen Kopfunterseite, die heute noch erhalten ist.

Andrerseits fand M e r t e n s in Süditalien (Golf von Salerno), also im Gebiet einer reinen *viridis*-Population, die alten Männchen o h n e eine Spur von Blau auf der Kopfunterseite (s. „Pallasia II., 1., 1925, p. 80). Was nun die Pileuszeichnung anbelangt, so befindet sich unter den zahlreichen von mir auf der Insel Samothrake gesammelten Smaragdeidechsen, die zweifellos reine *viridis* sind, ein altes Männchen, dessen Pileus fast so mit hellen dendritischen Schnörkeln versehen ist, wie es für *trilineata* im allgemeinen charakteristisch ist. Ein ähnlich, nur mehr punktartig statt gestrichelt und nicht so dicht gezeichnetes Männchen bildet C y r é n (1933, Taf. I, bei S. 240) ab. Immerhin ist die Pileuszeichnung ä l t e r e r Männchen bei den beiden Formen noch am konstantesten von allen Merkmalen. Daß man in seltenen Ausnahmsfällen junge *trilineata*-Stücke ohne Dorsalstreifen und noch seltener junge *viridis*-Stücke mit Andeutung eines solchen findet, ist bekannt[32].

Nun wird von L. M ü l l e r (1935, S. 225—236) angegeben, daß die beiden Formen dort, wo ihre Verbreitungsgebiete auf der Balkanhalbinsel zusammenstoßen, sie unvermischt nebeneinander leben, es also weder zur Bildung von Zwischenformen noch von Bastarden kommt[33]. Er hat dabei übersehen, daß L. v. M é h e l y (1905, S. 304) schon 1905 unter dem Namen v a r. *i n t e r m e d i a* eine Zwischenform aus Kroatien beschrieb und daß St. K a r a m a n (1922, S. 18) schreibt: „Die der *viridis*-Gruppe angehörenden Eidechsen Mazedoniens sind nicht von typischer Form." Und nachdem K a r a m a n die einzelnen Individuen von verschiedenen Fundorten beschreibt, die bald der *viridis*, bald der *trilineata* näherstehen, schließt er: „Wie wir aus den Beschreibungen der mazedonischen Eidechsen ersehen, gehören sie weder zu der einen noch zu der anderen typischen Art, sie bilden vielmehr Übergänge

---

[32] Das Museum Wien besitzt 3 junge, zweifelsfreie *viridis*-Exemplare von der Insel Brioni (Istrien), die weitab vom Verbreitungsgebiet der *trilineata* liegt, von denen eines eine deutliche scharfe, ein anderes eine nur angedeutete weißliche Vertebrallinie hat.

[33] Die habituellen Merkmale, auf die L. M ü l l e r Wert legt, sind meiner Erfahrung nach ganz unzuverlässig, einerseits unterliegen sie zu sehr subjektiver Beurteilung, anderseits hängen sie zu sehr von Alter, Geschlecht, Ernährungszustand und Konservierung ab. Selbst die Kopfform, in Maßzahlen ausgedrückt, gibt keine brauchbaren Unterscheidungsmerkmale, mindestens keine, die brauchbarer wären als Schuppenzahlen und Färbung.

von der einen zur anderen. Es wird deswegen auch die Feststellung der geographischen Verbreitung dieser zwei Arten in
Mazedonien schwierig sein. Es scheint aber, daß sich jene aus den
niederen Stellen mehr der *major,* jene aus höheren hingegen mehr
der *viridis* nähern." Auch M e r t e n s (1923, S. 222—225) scheinen
Stücke einer solchen Zwischenform aus Cernavoda vorgelegen zu
haben, wenn es nicht überhaupt nur *viridis*-Exemplare waren, denn
aus seinen genauen Angaben ist nicht zu ersehen, worin sich seine
5 als *trilineata* bestimmten Exemplare von den 24 als *viridis*
bestimmten Stücken unterscheiden sollen. Die Körpermaße,
Schuppen- und Schilderzahlen, e i n s c h l i e ß l i c h d e r n u r
6 V e n t r a l i a - L ä n g s r e i h e n, stimmen überein, und von den
5 angeblichen *trilineata*-Exemplaren hat nur ein einziges eine helle
Vertebrallinie. Mir selbst liegen zufällig 3 Exemplare vom Weg
Nerez—Gornja Voda bei Üsküb, Süd-Serbien (leg. K. A t t e m s,
6. VI. 1906) vor, die einen deutlichen Mischcharakter aufweisen,
wie die folgende Tabelle zeigt.

Eine Mischpopulation dürfte auch in Thessalien leben, von wo
mir leider Material fehlt. Wie aber aus den Angaben C y r é n s
(1933, S. 230) hervorgeht, ist es eine *trilineata*-Population mit fast
ausnahmslos nur einem Präokulare, niedriger Schläfenschuppen-
zahl und manchmal fehlendem Rückenstreifen bei den Jungen.

Die einzige bis jetzt bekanntgewordene Gegend, in der eine
viridis- und eine *trilineata*-Form unvermischt nebeneinander leben,
ist NW-Kleinasien, die Umgebung von Konstantinopel, Thrazien
und SO-Bulgarien. Von Kleinasien und Konstantinopel liegt mir
ein größeres Material beider Formen vor und ich konnte mich
davon überzeugen, daß man bei keinem Stück darüber im Zweifel
sein kann, ob es zu *L. viridis meridionalis* Cyrén (= *vaillanti*
Bedr.?) oder zu *trilineata* gehört.

Andererseits ist *strigata* mit *trilineata* durch die Zwischenformen *media* und *wolterstorffi* so eng verbunden, daß eine Trennung in 2 Arten meines Erachtens nicht durchführbar ist.
L. M ü l l e r s gegenteilige Ansicht kommt in der Arbeit von
L. M ü l l e r & W e t t s t e i n (1933) zum Ausdruck. Die für
strigata charakteristische Beibehaltung des Streifen- und Flecken-
kleides bis ins Alter hinein macht sich sogar noch bei den *trilineata*-
Formen von Rhodos und Kreta in abgeschwächter Form bemerkbar.

Fast alle Autoren mit Ausnahme von L. M ü l l e r sind sich
darüber einig, daß auch *viridis* mit *strigata* nächstverwandt ist
und erstere von letzterer direkt ableitbar ist. Die Schwierigkeit
einer direkten Ableitung lag nur daran, daß man diese immer auf

*trilineata-viridis-*Bastarde?	sex.	Rückenschuppen + Bauchrandschilder	Prä-ocularia	Rostrale berührt Nasenloch	Ventralia-längsreihen	Zahl der Schläfenschilder	Kehle	Pileuszeichnung	Körperzeichnung
Weg Nerez— Gornja Voda bei Üsküb, Süd-Serbien. Attems leg. 6. VI .1906	♀ ad.	51	2—2	ja, breit	6 Bauchrandschilder schwach vergr.	10/11	deutlich bläulich-grün	einfarbig oliv-braun	männchenartig, einfarbig grün, schwarz gepunktet, äußere Ventralia gefleckt
	♀ jun.	47	1—1	ja, in 1 Punkt	6 Bauchrandschilder schwach vergr.	13/12	gelblich wie Unterseite	einfarbig oliv-braun	einfarbig bräunlich-grün, ohne schwarze Punkte
	juv.	49	2—2	nicht	6 Bauchrandschilder schwach vergr.	14/13	gelblich wie Unterseite	einfarbig oliv-braun	*viridis-*Jugendkleid (kein Vertebral-streif)

Trilineata-Merkmale in Fettdruck!

dem Wege über Kleinasien suchte, wo eine breite Lücke zwischen den Verbreitungsgebieten der beiden Formen besteht[34]. Nun hat aber F r. Werner (1902, S. 1117) schon 1902 darauf hingewiesen, daß der geographische Zusammenhang zwischen *viridis* und *strigata* nördlich des Schwarzen Meeres gegeben ist. B o u l e n g e r (1920, I., S. 77) schreibt in bezug auf *viridis*: „Its range in Russia has still to be determined, owing to confusion with the var. *strigata*, but it certainly occurs in the Kieff Government and probably down to the mouth of the Dnieper." N i k o l s k y (1915, Vol. I) gibt als Fundorte für *viridis* an: K i e w, Odessa, Podolien, W i z i r k a, Bessarabien (Akkerman), für *strigata* als westlichste Orte K i e w und W i z i r k a. Es kann also keinem Zweifel unterliegen, daß sich die Verbreitungsgebiete von *viridis* und *strigata* in Südrußland berühren, wenn nicht überschneiden.

Die nahe Verwandtschaft zwischen *L. agilis exigua* und *L. strigata* wurde so häufig betont, zuletzt von C y r é n (1924), daß sie hier nicht wieder dargelegt werden muß. Der ganze Formenkreis ist ein so schönes Schulbeispiel — erdgeschichtlich gedacht — junger Artentstehung, daß er geradezu zur Aufstellung eines echten phylogenetischen Stammbaumes verlockt. B o u l e n g e r (1920, I., S. 38) hat ihn versucht, und in weitaus besserer, natürlicherer Form C y r é n (1924, S. 27). Hier gebe ich meine von der C y r é n s etwas abweichende Ansicht über die phyletischen Zusammenhänge der Zaun- und Smaragdeidechsen wieder.

L. viridis hat sich meiner Meinung nach in Südrußland aus *L. strigata* entwickelt und sich, mit Umgehung des Karpathenbogens, nach Westen ausgebreitet, soweit es die klimatischen Bedingungen ihr erlaubten. Bei ihrer Ausbreitung nach Südwesten entlang der Schwarzmeerküste gelangte sie auch nach Thrazien und von dort an das Ägäische Meer und über die damals noch bestehende Landbrücke über den Bosporus nach Kleinasien. Auf diesem Wege änderte sie ab und wurde zur Form *meridionalis*. In diesen Gebieten

---

[34] Soweit ich aus der Literatur ersehe, ist *L. viridis* (in der Form *meridionalis*) nur aus dem äußersten Nordwesten Kleinasiens mit Sicherheit bekannt. Südöstlichster Fundort ist Eski-Schehir (siehe W e r n e r 1902, S. 1070). Wenn L. M ü l l e r (1935, S. 228) mit Berufung auf B o u l e n g e r das Verbreitungsgebiet östlich bis Trapezunt ausdehnt, so bezieht er sich meiner Ansicht nach auf eine unsichere Angabe, denn die einzigen 2 Stücke, die B o u l e n g e r aus Kleinasien, aus „Khotz" bei Trapezunt, vorlagen (Boulenger, 1920, I., S. 73, 76, 77), könnten nach den Angaben, die B o u l e n g e r über sie macht, auch einer anderen Form angehören. Im übrigen ist die Frage, ob *viridis* in Kleinasien nur auf den Nordwesten beschränkt ist oder an der Schwarzmeerküste bis Trapezunt reicht, für die folgenden Erwägungen ohne Bedeutung. Im ganzen übrigen Kleinasien fehlt, soviel wir bisher wissen, *L. viridis* durchaus.

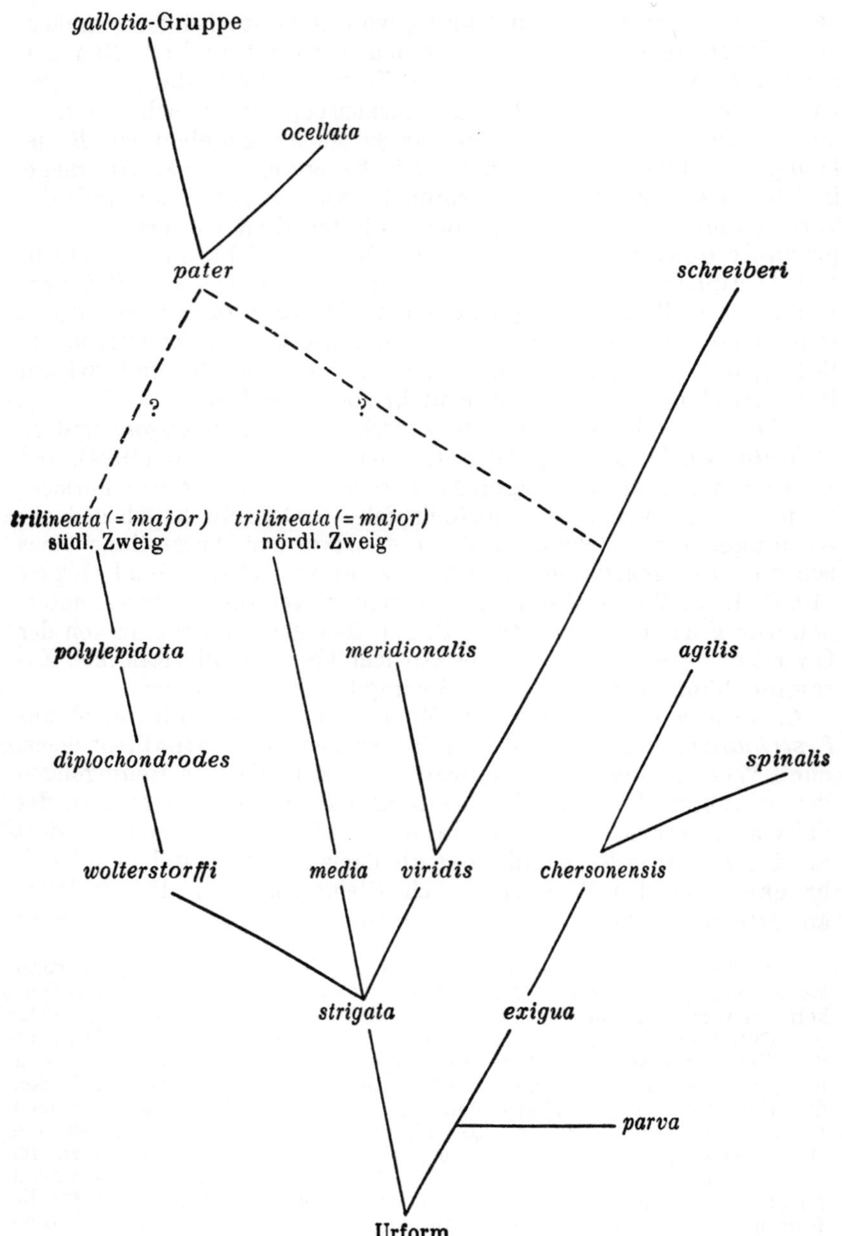
gallotia-Gruppe
ocellata
pater
schreiberi
?
?
trilineata (= major)
südl. Zweig
trilineata (= major)
nördl. Zweig
polylepidota
meridionalis
agilis
diplochondrodes
spinalis
wolterstorffi
media
viridis
chersonensis
strigata
exigua
parva
Urform

muß sie früher dagewesen sein als *trilineata,* denn auf den Inseln Thasos und Samothrake, die sich erst später vom Festland ablösten, lebt sie allein. Über die Smaragdeidechsenfauna von Imbros und Tenedos wissen wir leider nichts. Auf Lemnos gibt es nach Werner überhaupt keine Smaragdeidechsen. Ihre weitere Ausbreitung in Griechenland nach Süden, die sich heute zerstreut und inselartig bis in den Peloponnes (Kambos im Taygetos, Voidia) erstreckt, muß zu einer Zeit begonnen haben, als die landnahen Sporaden- und Mittleren Kykladen-Inseln noch mit dem Festland in Verbindung standen, denn auf Skyros und Euböa lebt *viridis* neben *trilineata* und auf Tinos allein, durch Andros mit einer *trilineata*-Population vom Festland getrennt!

L. trilineata grenzt in ihrem kleinasiatischen Verbreitungsgebiet im Nordosten an *media*[35], im Südosten an *wolterstorffi.* Unterzieht man die hier tabellarisch zusammengestellten Pholidosezahlen einer näheren Betrachtung, so gewinnt man den Eindruck, daß die *trilineata*-Form diphyletisch entstanden ist. Die nord-kleinasiatische mit geringerer Körperschuppenzahl, wenig Analporen und baldigem Verlust der Jugendzeichnung ließe sich von *media*, die süd-kleinasiatische, einschließlich der von Rhodos und Kreta, mit hoher Körperschuppenzahl, höherer Analporenzahl und lang persistierender Jugendzeichnung, ließe sich von *wolterstorffi* ableiten. Über die Verbreitung von *trilineata* im Inneren Kleinasiens wissen wir leider nichts. Sehr wahrscheinlich wird sie im Wüstengebiet Lycaoniens fehlen. Ob und wo diese beiden Linien der *trilineata* an der Westküste zusammenkommen, ist leider ebenfalls noch unbekannt. Auffallend ist, daß *trilineata* auf den kleinasiatischen Inseln Kos im Süden und Chios und Mytilene im Norden, wenn auch selten, vorkommt, auf den dazwischenliegenden ganz gleichartigen, grünen und wasserreichen Inseln Samos und Ikaria aber fehlt.

Von den ägäischen Inseln ist *trilineata* mit Sicherheit bekannt von:

Nördliche Sporaden: Skiathos, hier neben *viridis*!; Skopelos; Arkonisi; Chiliodromia. Auf den östlicheren Nord-

---

[35] Von R. Mertens u. L. Müller (1940, S. 44) wird *L. trilineata media* außer von Nordost-Kleinasien und dem Kaukasus auch aus Donau-Bulgarien und der Dobrudscha angegeben. In der zu diesem Vorkommen zitierten Arbeit von L. Müller (1939, S. 12) heißt es aber: „Beide Exemplare sind durchaus typisch, erinnern also nicht an *L. tr. media* (Lanz & Cyrén)." Diese Verbreitungsangabe in der „Liste" scheint also irrtümlich zu sein. Sie ist meines Erachtens geographisch auch unwahrscheinlich, denn zwischen Nordost-Kleinasien und der Dobrudscha liegt ein etwa 1500 km langes, nur von *trilineata trilineata* besiedeltes Gebiet.

sporaden fehlen, soweit bisher bekannt, Smaragdeidechsen. Auf
Skyros kommt *trilineata* vor.

M i t t l e r e   K y k l a d e n : Euböa, hier neben *viridis*!;
Andros; auf Tinos — eines der größten tiergeographischen Rätsel
der an solchen so reichen Ägäis — lebt n i c h t *trilineata*, sondern
L. viridis in der Rasse *citrovittata* Werner, 1938 (= *aurata*
Bedriaga, 1882); von Syra und Mykonos sind Smaragdeidechsen
nur durch B e d r i a g a bekanntgeworden, und aus seinen Angaben geht nicht hervor, ob diese zu *viridis* oder *trilineata* gehören; Naxos; Paros; Ios.

W e s t l i c h e   K y k l a d e n ; Lückenlos von Kea über
Kythmos, Seriphos, Siphnos (von B i r d [1935, S. 280] und von
m i r dort gesehen) bis Milos. Nur auf Kimolos bisher nicht festgestellt.. Auf allen Inseln ist die Smaragdeidechse selten bis sehr
selten und überdies scheu und schwer zu fangen. Trotzdem kann
gesagt werden, daß sie auf den südlicheren Kykladen (Pholegandros, Sikinos, Thera und Anaphi) fehlt, weil diese Inseln zu
vegetations- und wasserarm sind, um dieser anspruchsvolleren
Eidechse Lebensmöglichkeiten zu bieten. Auf Amorgos könnte sie
möglicherweise noch gefunden werden. Das Verbreitungsgebiet
von *trilineata* auf den Kykladen deckt sich teilweise mit dem von
Vipera ammodytes, und auch jenes von *Agama stellio* fällt hinein.

Weit davon getrennt, bewohnt *trilineata* auf dem südlichen
Inselbogen Kythera, Kreta und Rhodos, fehlt aber bemerkens-
werterweise anscheinend auf Karpathos und Kasos und auf den
kleineren Inseln in der Umgebung von Rhodos.

Die Smaragdeidechse liebt außer Wärme eine üppigere Vegetation und Wasser. Wahrscheinlich hat sie im Ägäisraum ursprünglich eine viel weitere, vielleicht sogar zusammenhängende Verbreitung gehabt und durch die fortschreitende Austrocknung und
Verkarstung der landferneren Inseln ist sie auf diesen ausgestorben. Diese Abhängigkeit von einem zusagenden Biotop erkennt
man deutlich auf Kreta. Im vegetations- und wasserreichen West-
teil der Insel ist die Smaragdeidechse an allen zusagenden Stellen
häufig und geht ins Gebirge hoch hinauf (Omalos-Hochebene
1000 m, Nida-Hochebene 1400 m). Im viel öderen, wasserärmeren
Ostteil der Insel ist sie nur in der sumpfigen Deltaebene von Sitia
häufig, fehlt aber sonst ganz. Auf den kleinen, Kreta umgebenden,
trockenen und mit Phrygana-Vegetation bedeckten Inselchen fehlt
sie gänzlich — auch auf Dhia und Gavdos — mit Ausnahme von
Theodoros, wo ein einziges Pärchen angetroffen wurde. Theodoros
liegt aber so küstennah, daß sie von der Eidechse vielleicht
schwimmend besucht werden könnte. Die bereits erwähnte Selten-

heit auf den mittleren und westlichen Kykladen spricht auch dafür, daß sie dort bereits im Rückgang beziehungsweise Aussterben begriffen ist.

Wie immer, wenn man sich mit einem größeren Formenkreis befaßt, von dessen inniger Verwandtschaft man überzeugt ist (s. W e t t s t e i n 1921, Formenkreis von *L. taurica — ionica — fiumana — melisellensis*), bedauert man, keine quadrinäre Nomenklatur anwenden zu können, mit der man die Verwandtschaftsverhältnisse am besten ausdrücken könnte. Da dies aber aus praktischen Gründen nicht angeht, muß man darauf verzichten, die nahe Verwandtschaft auch nomenklatorisch auszudrücken. Da mir die Verwandtschaft von *strigata* mit *media, wolterstorffi* und *trilineata* (= *major*) immerhin noch größer erscheint (gemeinsames fünfstreifiges Jugendkleid), so fasse ich diese, so wie es früher auch M e r t e n s und W e r n e r getan haben, unter dem Namen *strigata* zusammen, *viridis* mit ihren Rassen unter dem Namen *viridis*. Diese Trennung erfolgt auf Grund rein praktisch-formaler Erwägungen und widerspricht eigentlich meiner wissenschaftlichen Überzeugung, nach der die ganze Smaragdeidechsengruppe unter dem Namen *viridis* zusammengefaßt werden müßte[36].

In Südosteuropa und dem Vorderen Orient können wir demnach folgende Formen unterscheiden:

Lacerta viridis viridis (Laurenti)
Lacerta viridis meridionalis Cyrén
Lacerta viridis citrovittata Werner 1938 (= *aurata* Bedriaga 1882)[37]

Lacerta strigata strigata Eichwald
Lacerta strigata media Lantz & Cyrén
Lacerta strigata wolterstorffi Mertens

---

[36] Solche systematisch und nomenklatorisch schwierige, ja ich möchte sagen unangenehme Formengruppen sind vom stammesgeschichtlichen und genetischen Standpunkt aus überaus anregend. Leider stellt sich in der Herpetologie, wie bekannt, der experimentellen Erforschung solcher Gruppen das bisher nicht überwundene Hindernis der schwierigen Züchtung entgegen. So müssen derartige Erwägungen leider immer mehr oder weniger spekulativ bleiben. Auf diesem Wege ist bereits P r y e r (1886) zu dem Begriff der „Dualspecies" oder „Doppelarten" gelangt, der, ebenso wie die von H e r i n g (1941) enger gefaßte Definition desselben Begriffes, genau auf unseren *viridis-trilineata*-Dualismus zutrifft. Näheres siehe bei W. R a m m e, Mitt. Zool. Mus. Berlin, 1951, 27. Bd. (Jahrg. 1950) ab S. 313.

[37] *aurata* Bedr. 1882 ist, worauf mich Herr Prof. Dr. R. M e r t e n s freundlichst aufmerksam machte, durch *Lacerta aurata* Linné präokkupiert, daher der W e r n e r sche Name *citrovittata* zu gelten hat.

Lacerta strigata trilineata Bedriaga (= *major* Boulenger)
Lacerta strigata hans-schweizeri L. Müller
Lacerta strigata diplochondrodes Wettst., Rhodos
Lacerta strigata polylepidota Wettst., Kreta

Lacerta strigata Eichw.

Lacerta strigata diplochondrodes Wettst.[38]

Holotypus: ♂, Monolito, Rhodos, 19. V. 35, leg. Wettst. (Mus. Wien. Ac. Nr. CLXIII/1952—53/1),
Holotypus: ♀, Iannadi, Rhodos, 21. V. 35, leg. Wettst. (Mus. Wien, Ac. Nr. CLXIII/1952—53/2).
Paratypoide:
1 ♀ ad., 2 ♀ juv., Monolito, 19. V. 35, leg. Wettst.,
2 ♂ juv., Iannadi, 21. V. 35, leg. Wettst.,
1 ♀ ad., Villanova, don. Dr. Soleri, 1935,
1 ♀ jun., Coschino bei Stadt Rhodos, 14. V. 35, leg. R. Homberg,
1 ♂ juv., Embona, 16. V. 35, leg. Dr. Frida Rechinger,
alle auf Rhodos.

Diagnose: Eine große *trilineata*-artige Form mit hoher Körperschuppenzahl [♂♂ 54—(56)—58; ♀♀ 50—(53)—55] und fast immer verdoppelter Supraziliarkörnchen- reihe. Die beiden Seitenstreifen des fünfstreifigen Jugendkleides bleiben lange, bei Weibchen bis in das Alter hinein, wenigstens andeutungsweise erhalten. Seiten und Dorsalzone bei den Jungen grob braunschwarz gefleckt (die einzelnen Fleckchen umfassen 2—25 Schuppen). Im Alter in beiden Geschlechtern oberseits ein- farbig grün, fein schwarz gepunktet, unterseits hellgelblich. Bauch- randschilder vergrößert, 8 Bauchschilderreihen vortäuschend. Kopfunterseite in der Mitte wie die Körperunterseite gelblich, bei alten Männchen sehr blaßbläulichgrünlich überflogen, an den Seiten und Halsseiten im Leben hellblau. Diese Färbung erinnert an *L. s. wolterstorffi*. Jüngere Exemplare haben häufig, wie schon Calabresi bemerkte, 2 weiße, ozellenartige Flecken auf der Hinterseite der Oberschenkel. Der Pileus ist bei jüngeren Exem- plaren olivbraun mit oder ohne verwaschene, dunkelbraune Fleck- chen, bei alten Exemplaren beiderlei Geschlechtes hellgelblichgrün mit feiner, schwarzer Marmorierung. Das Okzipitale ist meistens breiter als das Interparietale und stößt meistens in breiter Naht mit diesem zusammen, manchmal aber auch nur in einem Punkt und dann ist es von gleicher Breite. Abweichungen in der Kopf- beschilderung: bei einem Exemplar liegt ein langes Schildchen zwischen den Präfrontalia, bei einem andern ist das linke Fronto- parietale quergeteilt.

[38] diplochondros = doppeltgekörnt. Siehe Wettstein 1952.

Durch die Verdoppelung der Supraziliarkörnchenreihe unterscheidet sich die Rhodos-Rasse von allen andern Smaragdeidechsenrassen. Die Körnchenreihe ist immer vollständig und geschlossen und ihre Zahl sehr hoch. Überdies sind, mit einer einzigen Ausnahme unter 10 Stücken, 1 bis 8 Körnchen verdoppelt, so daß eine zweite kürzere Körnchenreihe entsteht. Unter dem sehr großen untersuchten Material aus dem übrigen Verbreitungsgebiet von *trilineata* fand ich nur 1 ♀ jun. aus Cumani, Peloponnes. bei dem beiderseits ein Körnchen verdoppelt ist. Näheres über die Pholidose ist aus der Tabelle zu entnehmen.

Eine Tabelle über 32 Stücke aus Rhodos findet sich ferner bei E. C a l a b r e s i (1923, S. 6—7).

Diese Smaragdeidechsen-Form ist auf Rhodos nicht häufig, verstreut und einzeln. Im oberen Teil der Gebirge haben wir sie nicht gesehen.

Lacerta strigata polylepidota Wettst.[39]

H o l o t y p u s: ♂, Chania, NW-Kreta, 25. V. 42, leg. Wettst. (Mus. Wien, Ac. Nr. CLXIV/1952—53/1),

H o l o t y p u s: ♀ mit legereifen Eiern, Chania, NW-Kreta, 25. V. 42, leg. Wettst. (Mus. Wien, Ac. Nr. CLXIV/1952—53/2).

P a r a t y p o i d e (36 Stück):

3 ♂ juv., Halbinsel Korikos, NW-Kreta, 19. IV. 42, leg. Behnke, Wettst., K. Zimmermann,

1 juv., Halbinsel Titiron gegen Kap Spartha, NW-Kreta, 22. IV. 42, leg. H. Stubbe,

1 ♂ Kisamo Kastelli, NW-Kreta, 22. IV. 42, leg. Wettst.,

1 ♂ Chania, 30. V. 42, leg. Wettst.,

1 ♂, 1 ♂ jun., Acrotiri-Hals bei Chania, 28.—29. IV. 42, leg. Wettst.,

1 ♂, zwischen Chania und Sudabai, 29. IV. 42, leg. K. Zimmermann,

4 ♂, 2 ♀, 1 ♀ jun., Omalos-Hochebene in den Levka Ori, 1000 m hoch, 25. IV., 11. und 17. VI. 42, leg. Wettst.,

1 ♀, Aga Thopi-Berg, Schlucht bei der Omalos-Hochebene, 200 m unter den Schneefeldern, 26. IV. 42, leg. Wettst.,

1 ♀, Bachschlucht oberhalb Samaria, Levka Ori, 13. VI. 42, leg. Wettst.,

1 ♂ jun., Palaeochora, SW-Kreta, 5. VI. 42, leg. Wettst.,

2 ♂, Platania bei Malemis, 21. VI. 42, leg. Bauer,

2 ♂ jun., 6 km westlich von Heraklia, 25. VI. 42, leg. Wettst.,

1 ♀, Hagia Paraskies südöstl. von Heraklia, 14. VII. 42, leg. Behnke,

4 ♀, 3 juv., Nida-Hochebene, 1400 m hoch, 6. u. 11. VII. 42, leg. Wettst.,

2 ♂, 1 ♂ jun., Sitia, NO-Kreta, 5. und 7. V. 42, leg. Wettst.,

1 ♂ jun., Piskokefalo bei Sitia, 8. V. 42, leg. Wettst.,

1 ♀, Insel Theodoro bei Chania, 28. V. 42, leg. Wettst.

D i a g n o s e: Die kleinste bisher bekanntgewordene *trilineata*-artige Form (♂ bis 142, ♀ bis 125 mm K.-R.-Lg.) mit der höchsten Körperschuppenzahl [♂♂ 55—(58)—62; ♀♀ 48—(54)—60]. Kopf-

---

[39] polylepidota = vielschuppig. Siehe Wettstein 1952.

unterseite bis zur Kehlfurche bei alten ♂♂ und ♀♀ im Leben
türkisblau, welche Färbung im konservierten Zustand sehr
bald verschwindet. Die Bauchrandschilder sind bald mehr, bald
weniger vergrößert und bilden häufig keine geschlossene Längs-
reihe. Der Pileus wird im Alter schwarzbraun oder braunschwarz
mit hellgrünen, dendritischen Schnörkeln, die aber feiner und
spärlicher sind als bei den festländischen *trilineata*-Populationen.
(In dieser Beziehung und in den stark aufgetriebenen Backen
ähnelt das Typus-Männchen einem Männchen von *wolterstorffi* aus
dem Amanus-Gebirge.) Das fünfstreifige Jugendkleid erhält sich,
wenn auch nur andeutungsweise, in den Supraziliarstreifen bei den
Weibchen bis ins Alter hinein. Der Subtemporalstreif aber, zum
Unterschied von *diplochondrodes,* zerfällt meist in eine Reihe von
Stricheln oder Ozellen. Erwachsene Männchen haben eine tiefgelbe
Unterseite einschließlich der Kehle bis zur Kehlfurche, erwachsene
Weibchen sind unterseits mehr grünlichgelb und die Kehle chrom-
gelb, an die sich vorne die türkisblaue Kopfunterseite anschließt.
Junge haben im Leben häufig eine zitronengelbe Kehle.

Eine ausführliche Beschreibung dieser damals von mir noch
nicht als neu erkannten Form habe ich 1931 (S. 167—169) gegeben.
Ich habe dieser auf Grund des neuen Materials nichts hinzuzu.
fügen. Wie damals angegeben, habe ich die vergrößerten Bauchrandschilder (sog. 8. Ventralschilderreihe) nicht mitgezählt,
während ich sie jetzt, wie S. 780 ausgeführt, konsequenterweise
mitzähle — daher die Differenz der Zahlenwerte. Berichtigen
möchte ich, daß die 1931, S. 168, erwähnte „Innenseite" der Oberschenkel, auf denen bei Jungen wie bei *diplochondrodes* zwei
weiße Ozellen liegen, morphologisch richtiger als Außenseite bezeichnet wird; am besten ist es aber wohl, sie Hinterseite
zu nennen.

Von der Insel Kythera (= Cerigo) liegen mir aus der Sammlung Werner 1 ♂, 3 ♀♀ und 3 pull. vor, die mit jenen von
Kreta sehr gut übereinstimmen; ich rechne sie daher zu der Rasse
polylepidota. Sie vermitteln den geographischen Zusammenhang
mit der peloponnesischen *trilineata*-Population.

Auf den Kreta umgebenden kleinen Inseln, einschließlich
Gavdos, fehlen Smaragdeidechsen. Nur auf der sehr küstennahen
Insel Theodoro wurde ein einziges, sehr großes Pärchen von mir
gesehen, von dem ich das Weibchen erbeutete.

Auf Kreta ist die Smaragdeidechse hauptsächlich im nord-
westlichen Viertel der Insel verbreitet. Von der Halbinsel Korikos
an, wo wir sie bis 350 m hoch angetroffen haben, bis Candia
(= Iraklion) ist sie überall an geeigneten Stellen, besonders ent-

lang der Wasserläufe, zu finden. Sie geht von der Küste bis hoch ins Gebirge hinauf. Auf dem langen Weg von Chania bis zur Omalos-Hochebene sahen wir sie wiederholt, und auf der 1000 m hohen Omalos-Hochebene ist sie häufig. Von dort aus steigt sie in Schluchten sogar noch höher die Berghänge hinauf, und ich erbeutete am 26. IV. ein erwachsenes Weibchen etwa 1200 m hoch, nur etwa 200 m unterhalb der um diese Jahreszeit noch großen zusammenhängenden Schneefelder des Aga Thopi. Auch im Ida-Gebirge geht sie bis auf die 1400 m hoch gelegene Nida-Hochebene, ist dort aber nicht häufig. Auf diesen Hochebenen b l e i b t d i e A r t m e r k l i c h k l e i n e r a l s a n d e r K ü s t e. Erwachsene Männchen erreichen nur eine K.-R.-Lg. von 109—110, erwachsene Weibchen nur eine solche von 104—105 mm. Auch scheint es mir, daß die Weibchen dort das streifige Jugendkleid viel länger behalten als in tiefen Lagen.

Von Candia nach Osten nimmt die Häufigkeit der Smaragdeidechse rapid ab. R e b e l u. S t u r a n y (1904, siehe Wettst. 1931) sammelten sie noch bei Neapolis. Auf der 1000 m hohen Lasithi-Hochebene scheint sie sogar nach S c h i e b e l (1925, siehe Wettst. 1931) noch häufig zu sein. Östlich der Mirabella-Bai aber trafen wir sie nur in der wasserreichen Umgebung von Sitia an. Auf der Halbinsel von Kap Sidero, auf dem Zyros-Plateau, an der Südküste von Guduras bis Hierapetra scheint sie zu fehlen. Ganz Ost-Kreta dürfte der Art zu trocken und vegetationsarm sein. Aber auch an der übrigen Südküste tritt sie nur stellenweise und spärlich auf, so in der Messara-Ebene (Ambeluses, Jeros-Flußmündung) und bei Paläochora. Im Asterusi-Gebirge fehlt sie und bei Rumeli erreicht sie bei weitem nicht die Küste. Im Tal von Rumeli beschränkt sich ihr seltenes Vorkommen nur auf den innersten Teil, etwa eine halbe Gehstunde ober Samaria, wohin sie offenbar von oben herab, von der Omalos-Hochebene her, gelangt ist.

Manche Exemplare sind außerordentlich stark mit Zecken besetzt, so zählte ich am Typus-Weibchen 72, an einem Männchen 37 Stück.

Lacerta strigata trilineata Bedriaga (= *major* Blgr.).

K l e i n a s i a t i s c h e S e i t e:

1 ♂ ad., Cefalo, Westende der Insel Kos, 9. VI. 35, leg. Wettst.

Sehr großes Stück, das einzige, das wir auf Kos sahen. Hatte im Leben eine in der Mitte grüne, an den Seiten himmelblaue Kopfunterseite. Das Himmelblau zog sich die Halsseiten herab.

Auf der kleinasiatischen Seite trafen wir *L. s. trilineata* außer auf Kos noch auf Mytilene an (14. VI. 34), wo sie bei der Karini-

Quelle im Gebüsch der Gärten häufig war. Auf Mytilene sahen wir
Smaragdeidechsen auch im Golf von Hiëra auf einem Steindamm
im Sumpf, von dem aus sie ins Wasser flüchteten und gut schwimmend das Weite suchten.

Peloponnes:

1 ♂ ad., Akrokorinth, 4. V. 34, leg. Werner,
1 ♀ ad., Epidaurus, Ostküste gegenüber Insel Ägina, V. 37, leg. Werner,
1 ♂ (mit 174 mm K.-R.-Lg. wohl größtes bisher bekanntes Exemplar),
1 ♀ juv., Stymphalischer See, 24. VI. 42, leg. Niethammer,
1 juv. (fünfstreifig), Sparta, IV. 01, ex Coll. Werner,
1 ♀ ad., Langhada-Schlucht bei Sparta, leg. O. Reiser, ex Coll. Werner,
1 ♂ ad., Ladha, Taygetos, 1902, ex Coll. Werner,
1 ♀ ad., Xechori, Taygetos, VI. 37, leg. Werner.

Diese Stücke sind durchaus typische *trilineata*. Die Körperschuppenzahl ist höher als im nördlicheren Verbreitungsgebiet
und auf den Kykladen und niedriger als auf Kreta (siehe Tabelle),
sie haben die höchste Femoralporenzahl und die höchste Supraziliarkörnerzahl (ausgenommen *diplochondrodes*).

Ein besonderes Interesse beanspruchen die folgenden Smaragdeidechsen aus dem Peloponnes (siehe Tabelle):

3 ♂, 4 ♀, Divri (= Dibre) am Südhang des Olonos-Gebirges in einem
Seitental des Erymanthos, Elis, in Eichenwald, 11. VI. 42, leg. Niethammer,
1 ♂, 1 ♀, Cumani, südwestl. von Divri, 1885, Coll. Mus. Wien,
1 ♂, Kyllene-Gebirge oberhalb Busi, 1600 m, in Felsen, 21. VI. 42,
leg. Niethammer,
1 ♀, oberhalb Lavka, Stymphalos, 24. VI. 42, leg. Niethammer.

Wegen ihrer geringen Größe könnte man sie zuerst für junge
Tiere halten, denen aber die Jugendzeichnung fehlt. Wenn man
aber entdeckt, daß von den 4 Weibchen aus Divri 3 hoch trächtig
sind und das 107 mm K.-R.-Lg. messende Männchen brunftig entwickelte Femoralporen hat, glaubt man eine *viridis*-Form vor sich
zu haben. Erst eine genaue Analyse, wie sie auf der folgenden
Tabelle gegeben wird, bestimmt einen dazu, diese Tiere für eine
bemerkenswerte, bisher übersehene Form von *trilineata* zu halten,
die aber gewisse Anklänge an *viridis* zeigt. Dazu gehört außer der
geringen Größe die oft *viridis*-ähnliche Temporalbeschilderung und
das häufige Auftreten von nur einem Präokulare. Die hohen
Rückenschuppen-, Femoralporen- und Supraziliarkörner-Zahlen
und die fast immer zu einer 8. Bauchschilderreihe vergrößerten
Bauchrandschilder sprechen aber für *trilineata*. Die völlig zeichnungslos (nur ein Weibchen zeigt an den Körperseiten Reste
zweier Fleckenstreifen) einfarbig grüne Tracht, d e r ö f t e r
s o g a r d i e s c h w a r z e P u n k t i e r u n g f e h l t, ist besonders auffallend. Leider liegen keine pulli vor, deren Zeichnung

ausschlaggebend wäre. Das größte Männchen und ein trächtiges Weibchen von Divri (99 K.-R.-L., 204 mm Schw.-Lg.) haben die ausgeprägte, sehr typische Pileuszeichnung erwachsener *trilineata*-Männchen.

Soweit eruierbar, stammen alle diese Stücke aus höheren Gebirgslagen. Ich halte sie für eine ökologisch bedingte Zwergform der *trilineata,* der es auf der südlichen Breite des Peloponnes möglich war, höher in die Gebirge hinaufzusteigen als im nördlicheren Verbreitungsgebiet. Wie schon erwähnt, sind die Smaragdeidechsen Kretas ebenfalls auf den Hochebenen kleiner als in der Küstenzone.

Es wäre nicht ausgeschlossen, daß die von W e r n e r (1938 b, S. 46) aus dem Peloponnes erwähnten *L. viridis*-Exemplare in Wirklichkeit zu dieser Form gehören. Leider liegen sie mir nicht vor, so daß ich sie nicht nachprüfen kann.

V o n d e n K y k l a d e n - I n s e l n l a g m i r f o l g e n d e s M a t e r i a l v o r:

1 ♂ ad., 1 juv. (dieses aus dem Magen einer *Coluber najadum* entnommen), Insel Kea (= Keos), 10. VI. 34, leg. Lenz,

2 ♂ ad., 2 ♀ ad., 1 ♀ juv., Insel Kythnos, Umgebung von Lutra, 27.—30. V. 34, leg. Werner u. Wettst.,

4 ♂ ad., 1 ♀ ad., Insel Naxos, Sammlung des Mus. Wien, don. Steindachner 1901,

1 ♂ ad., Insel Paros, 8. V. 34, leg. Wettst.,

1 ♂ ad., 1 ♂ jun., Insel Ios, 17. V. 34, leg. Werner.

Wenn von diesen Inseln einmal mehr Material vorliegen wird, wird sich wahrscheinlich die Notwendigkeit ergeben, einige neue Inselrassen der Smaragdeidechse aufzustellen. Von den Festlandeidechsen unterscheiden sich alle durch weniger intensive Grünfärbung, die, recht variabel, graugrün, gelblichgrün, grüngelb bis bräunlichgrün sein kann, was selbst noch bei jahrelang konservierten Stücken im Vergleich bemerkbar ist. Am wenigsten ausgeprägt ist die Verfärbung auf der festlandnahen Insel Kea, deutlich auf Kythnos und Naxos, von wo manche Stücke einem mir vorgelegenen Stück von Milos vollkommen gleich sind.

Wie schon erwähnt, hat das Männchen von Paros eine intensiv graukobaltblaue Kopfunterseite. Diese Blaufärbung reicht wie bei *viridis* bis zum Halsband und nicht wie bei *polylepidota* nur bis zur Kehlfurche. Überdies ist die ganze Unterseite mit Ausnahme der 2 mittleren Bauchschilderlängsreihen mit dunkelgrauen, unscharf begrenzten Punktfleckchen bedeckt.

Gebirgsform der *Lacerta*

Fundort	sex.	K.-R.-Lg.	Schw.-Lg.	Rückenschuppen	Ventraliaquerreihen	Ventralialängsreihen
Divri, Südhang des Olonos-Gebirges, Elis	♂	107	198 reg.	53	27	(8)
„	♂	100	226 reg.	51	28	(8)
„	♂	88	213	51	27	6
„	♀ trächtig	99	204	49	28	(8)
„	♀ trächtig	95	218	54	28	(8)
„	♀	99	223	50	28	(8)
„	♀ trächtig	85	183	50	28	(8)
Kumani, südwestlich von Divri, Elis	♂	102	210 reg.	53	26	8
„	♀	89	158 reg.	48!	29	(8)
Oberhalb Lavka, Stymphalos	♀	86	170	57	30	8 (10)
Killene-Berg oberhalb Busi, 1600 m	♂ jung	etwa 75	190	etwa 54	etwa 27	8

Anmerkung. Die Zahlen der Ventralialängsreihen in Klammern besagen, daß nur vergrößerte Bauchrandschuppen aber keine wahren 8. bzw. 10. Bauchschilderlängsreihen vorhanden sind. — Die schwarze Punktung

s. trilineata am Peloponnes.

Femoralporen	Supraziliarkörner	Präocularia	Temporalschilder	Färbung im konservierten Zustand
19/18 groß	14/13 vollständig	2/2	Mas. groß 19/19 kleine Schildchen herum	einfarbig grün. Sehr fein schwarz gepunktet. Kehle bläulich
18/17	10/10 vollständig	2/2	Mas. groß 25/24	„
17/16	7/9 nicht vollständig	1/2	Mas. mittelgroß 11/7 + je 2 Reihen kleiner Schildchen	grün, ohne schwarze Punkte. Rückenlinie und Seiten bronzebraun
17/17	8/9 vollständig	1/2	Mas. klein 9/9 sehr groß + je 2 Reihen kleiner Schildchen	grün, schwarz getupft. Andeutung von Supraziliarlinien
17/16	9/9 fast vollständig	1/1	Mas. groß 22/20 kleine Schildchen herum	grün-gelblich, stark schwarz gepunktet
17/18	6/5 nicht vollständig	1/1	Mas. klein 8/10 groß + 3 und 2 Reihen kleiner Schildchen	einfarbig grün, schwach schwarz gepunktet
18/17	11/11 vollständig	2/2	Mas. mittelgroß 27/22	einfarbig grün, ohne schwarze Punkte. Körperseiten bronzebraun
17/18	8/7 vollständig	2/1	Mas. mittelgroß 16/18	grün, schwarz gesprenkelt. Kehle bläulich
17/17	12/15 vollständig, jederseits 1 Körnchen doppelt	1/1	Mas. mittelgroß 17/17	grün, gröber schwarz gesprenkelt als das ♂. Kehle bläulich
18/18	12/11 vollständig	2/2	Mas. mittelgroß 32/29	olivgrün. Körperseiten mit Resten zweier heller Fleckenstreifen
19/18	4/4 nicht vollständig	2/1	Mas. mittelgroß 11/9 groß + je 2 Reihen kleiner Schildchen	einfarbig olivgrün, ohne schwarze Punkte, ohne Streifenreste

der Rumpfoberseite ist in den meisten Fällen erst bei Lupenvergrößerung wahrnehmbar.

Pholidose-Mittelwerte von verschiedenen

	Größte K.-R.-Lg.		Rücken-schuppen inklus. Bauch-randschuppen	
	♀	♂	♀	♂
L. strigata trilineata von NW-Kleinasien, Konstantinopel, Bulgarien 13 ♂, 9 ♀	123	128	46	47
L. strigata trilineata von Thessalien (nach Cyrén)			48	
L. strigata trilineata von den Kykladen inklus. Milos 17 ♂, 9 ♀	159	160	48	50
L. strigata trilineata vom Peloponnes 7 ♂, 10 ♀	150	174	51	53
L. strigata polylepidota von Kreta 17 ♂, 13 ♀	125	142	54	58
L. strigata diplochondrodes von Rhodos 13 ♂, 11 ♀	150	161	53	56
L. strigata wolterstorffi von SO-Kleinasien, Syrien (nach Boulenger und anderen Autoren)	115	136	46 (45)	50 (46)
L. strigata media von Transkaukasien, Armenien (nach Lantz, Cyrén, Boulenger u.a.)	(114)	(107)	50	
L. strigata strigata aus der Gegend um den Kaspisee, Kaukasus, europ. SO-Rußland (nach Lantz, Cyrén, Boulenger u.a.)	88	88	43	

Formen von *Lacerta strigata*.

Ventralia-querreihen		Femoral-poren		Supraziliar-körner		Besondere Kennzeichen
♀	♂	♀	♂	♀	♂	
28	27	15	15	6	8	Größe gering, 60% haben eine 10. Bauchschilderlängsreihe
				bilden vollst. geschl. Reihe		nur ein Präokulare
28	27	16	16	9	7	variable Gesamtfärbung
29	28	17	18	9	10	wird besonders groß
31	28	16	17	6	7	türkisblaue Kopfunterseite, Jugendkleid persistiert lange
28	27	16	17	15	15	*strigata*-ähnliche Zeichnung
27 (28)	27 (26)	16 (17)	17 (17)	7,5 (7)	7 (6)	♀ u. juv. schwarzbraune Körperseiten mit weißer Zeichnung. ♂ blaue Halsseiten. Schwanz dünn und lang
(30)	27	13/14		(6)	9	meistens 6, selten 8 Bauchschilderlängsreihen. ♂ türkisblaue Kehle
29	27	18		5	6	6 Bauchschilderlängsreihen. Jugendkleid persistiert lange, besonders bei ♀♀.

Anmerkung: Es ist merkwürdig, wie weit die einzelnen Untersucher in ihren Zählungen differieren, so daß es kaum möglich ist, die verschiedenen Angaben für statistische Zwecke zu verwenden. Bedauerlich ist es, daß fast alle Autoren es nicht für nötig halten, anzugeben, wie sie zählen. Zum Beispiel lassen die meisten die vergrößerten Bauchrandschilder, die sogenannten 8. Bauchschilderreihen, bei der Zählung der Rückenschuppen um die Mitte des Körpers bei *trilineata* stillschweigend weg. Nun gibt es aber gar nicht selten *trilineata*-Exemplare, bei denen diese Schuppen so klein sind, daß man sie nicht gut als 8. Bauchschilderreihe ansprechen kann, und solche, bei denen eine 10. Reihe so gut ausgebildet ist, daß man sie logischerweise bei einer solchen Art der Zählung der Rückenschuppen ebenfalls weglassen müßte, und es gibt reine *viridis*-Exemplare aus West-Europa (s. Boulenger, Monogr. I, S. 74—75) mit 8 Bauchschilderreihen. Man kommt also, wenn man diese nur fälschlich „Bauchschilder" genannten vergrößerten Bauchrandschilder wegläßt, zu ganz zufälligen und inkommensurablen Körperschuppenzahlen, die einen Vergleich der Formen des *viridis-trilineata-strigata*-Kreises sehr erschweren. Von diesem Umstand abgesehen, differieren aber auch die anderen Zählungen in oft unverständlicher Weise. Zum Beispiel ergibt die Auszählung derselben *trilineata*-Exemplare von Afiun Karahissar und Sari Keuy in Kleinasien bei Werner (1902, S. 1078) die Mittelwerte (Reihenfolge wie auf der Tabelle): 44, 45 / 30,5, 30,5 / 14, 15 / 6, 5, bei mir: 48, 47 / 28, 28 / 15, 15 / 6, 6! Ein anderes Beispiel: Cyrén gibt (1933, S. 230) für bulgarische und Konstantinopler *trilineata*-Exemplare (Männchen und Weibchen zusammen) die Variationsbreite der Rückenschuppenzahl mit 41—44 an. Ich finde bei meinen 11 Exemplaren aus denselben Gegenden 45—54 (nur einmal 43) mit dem Mittel 47. Selbst wenn man die von Cyrén offenbar nicht mitgezählten, vergrößerten Bauchrandschilder seinen Zahlen hinzufügt (43—46), so bleibt immer noch eine unverständliche Differenz. Ein drittes Beispiel: Die Männchen von *L. strigata wolterstorffi* haben nach den Zählungen von Mertens, L. Müller und mir selbst 46—55 Schuppen um die Körpermitte (von 6 Stücken vier über 50!) mit dem Mittel 50, nach Boulenger (Monogr. Lac. I, S. 81—82) aber bei 9 Stücken nur 43—49 mit dem Mittel 46. Hier fällt die Unsicherheit der Mitzählung oder Nichtmitzählung der vergrößerten Bauchrandschilder weg, da diese Form in der Regel nur 6 Bauchschilderlängsreihen hat.

Um künftigen Untersuchern eine Beurteilung meiner Zahlen zu erleichtern, gebe ich hier genau an, wie ich zähle. Körperschuppen rund um die Mitte des Körpers: Die Mitte des Körpers zwischen Achsel und Hüfte läßt sich recht genau schätzen. Die vergrößerten Bauchrandschilder zähle ich (im Gegensatz zu meiner Arbeit 1931) immer mit, auch in den sehr seltenen Fällen, in denen diese Schilder genau wie Bauchschilder aussehen. Ergibt diese Zählung eine auffällig niedrige Zahl, so zähle ich zur Überprüfung auch die rechts und links liegenden Reihen durch. — Die Ventraliaquerreihen zähle ich bis zum Hüfteinschnitt, soweit 6 Längsreihen noch feststellbar sind. Zählt man weiter, so gerät man in die Präanalschilder, und es ist dann ganz willkürlich, wo man aufhört. — Bei den Femoralporen zähle ich auch die eventuell durch Präanalschuppen verdeckten und die manchmal rudimentären äußersten mit. Bei den Supraziliarkörnchen zähle ich auch die kleinsten, oft isoliert stehenden, mit.

Fast genau so sieht das von W e r n e r auf der Insel Ios gesammelte Männchen aus, nur ist das Blau der Kopfunterseite blasser und mehr grünlich und die Fleckung der Unterseite ist schwächer.

Was die Pholidose betrifft, so haben die Inselformen (siehe Tabelle) eine geringere Körperschuppen-, Bauchschilder- und Femoralporen-Zahl als jene vom Peloponnes und dürften sich daher ursprünglich nicht von dieser, sondern von der nördlicheren, Mittelgriechenland bewohnenden Population ableiten. Von W e r n e r (1937) auch auf Makronisi und Ägina festgestellt.

Ein großes, schön grün gefärbtes Stück sah ich auf Siphnos am 31. V. 34. Nur auf Kythnos waren Smaragdeidechsen häufiger. Dort lebten sie vorzugsweise in den gelegten Steinmauern der Weingärten.

Auf dem griechischen Festland sowie auf der übrigen Balkanhalbinsel hat *L. trilineata* in tieferen Lagen eine so weite Verbreitung, daß sich die Aufzählung von Fundorten erübrigt. Nach C y r é n (1928, 1935) geht sie im Gebirge nur bis in eine Höhe von 900 bis 1000 m. Nur im Taygetos traf er sie bis über 1500 m an.

Lacerta strigata hans-schweizeri L. Müll.

1 ♂ ad.. 2 ♀ juv., Insel Milos, Sammlung Mus. Wien, don. Steindachner 1898.

Das gut erhaltene Männchen vom Jahre 1898 sieht heute genau so aus wie Stücke von Naxos oder Kythnos. Von der braunen, verdüsterten Färbung ist nichts mehr zu bemerken.

Lacerta viridis viridis (Laur.).

(Abb.: Cyrén, 1933, T. I, ♂ und ♀.)

8 ♂ ad., 5 ♀ ad., 8 jun., Insel Samothrake, Umgebung des Ortes Samothrake, 20.—24. VI. 34, leg. Werner u. Wettst.

Die *L. viridis* von Samothrake hat sowohl von C y r é n (1933) wie von W e r n e r (1935) und K a t t i n g e r (1942, IV.) bereits eine ausführliche Besprechung erfahren. Ein wesentlicher Unterschied, der eine subspezifische Abtrennung erlauben würde, findet sich nicht. Das größte Männchen meiner Serie hat 106 mm K.-R.-Lg. und 243 mm Schw.-Lg. Bei allen erwachsenen Männchen ist die Kopfunterseite bis zum Halsband schön blau (im konservierten Zustand, jetzt nach 18 Jahren, hellkobaltgrau). Die meisten Männchen zeigen die für *viridis* charakteristische Pileuszeichnung; eines jedoch, wie schon S. 762 erwähnt, eine der *trilineata* ähnliche Zeichnung. Dasselbe Stück, als einziges unter allen, hat zahlreiche

Borkenwarzen, die nach B. M. K l e i n[40] fibro-epitheliale Papillome sind.

Das größte Weibchen meiner Aufsammlung hat 98 mm K.-R.-Lg. und 220 mm Schw.-Lg., das zweitgrößte mit 85 mm K.-R.-Lg. und 232 mm Schw.-Lg. hat legereife Eier. Alle Weibchen sind einfarbig grün oder olivgrün mit einzelnen größeren, dunklen Punktflecken auf dem Rücken. Ein einziges Weibchen hat hellmarmorierte Hals- und vordere Rumpfseiten. Keines hat eine Streifenzeichnung oder grobe dunkle Fleckung, wie sie sonst bei *viridis*-Weibchen so häufig ist. Dies wäre der einzige Unterschied gegenüber anderen *viridis*-Populationen. Der Pileus ist bei allen Weibchen einfarbig olivgrün bis olivbraun. Auch die 8 jüngeren Stücke sind einfarbig und nur einige zeigen Spuren eines hellen Supraziliarstreifens.

Die von W e r n e r in seinen Arbeiten erwähnten Stücke vom Pangäon-Gebirge in Mazedonien, vom Pelion in Thessalien und von Steni auf Euböa, wo *viridis* tatsächlich neben der typischen *trilineata* vorkommt, lagen mir vor und konnten verifiziert werden.

Durch C y r é n (siehe Werner 1938 b) und K a t t i n g e r (1941, III.) wurde *viridis* auch als alleiniger Bewohner der Insel Thasos bekannt. Auf der Felseninsel Thasopulo (bei Thasos) fand K a t t i n g e r keine Smaragdeidechsen.

Vom griechischen Festland wurde sie außer von den oben genannten Fundplätzen durch K a t t i n g e r vom Hortiatis-Gipfel bei Saloniki, am Osthang des Peristeri-Gebirges und oberhalb des Ortes Alona bei Florina, durchwegs in höheren Lagen, festgestellt. Die übrigen bekanntgewordenen Fundorte sind bei W e r n e r (1938 b) angeführt. Nach C y r é n (1928, 1935) lebt *viridis* auch in Griechenland, so wie auf der übrigen Balkanhalbinsel, in den Gebirgen höher oben als *trilineata*, etwa von 1000 m an aufwärts. Ein gemeinsames Vorkommen scheint bisher aus Griechenland, außer auf den nördlichen Sporaden und auf Euböa, nicht bekanntgeworden zu sein.

Ophisops elegans ehrenbergii (Wiegm.).

7 ad., Monolito, Rhodos, 18.—19. V. 35, leg. Wettst.,
1 ad., Salaco, Rhodos, 1935, leg. Homberg,
9 ad., Iannadi, Ostküste Insel Rhodos, 19.—21. V. 35, leg. Wettst.,
1 ad., Insel Simi, Dodekanes, Anfang VII. 35, leg. K. H. Rechinger,
5 ad., Umgebung v. Pothea, Insel Kalymnos, 2.—4. VI. 35, leg. Wettst.,

[40] Siehe K l e i n, B. M., Die Borkengeschwulst der Eidechsen. „Mikrokosmos", 42. Jahrg., H. 3, Dez. 1952, S. 49—52.

3 ad., Asklepiodeon, Cardamena und Mt. Dikeo bei Asfendiu, Insel Kos, 6.—7. VI. 35, leg. Wettst.,

2 ad., Insel Kiseria bei Insel Furni, 25. IV. 34, leg. Wettst.,

2 ad., Insel Samos, 16. VI. 32 u. IV. 34, leg. Werner u. Rechinger,

9 ad., Umgebung von Agios Kirykos, Insel Ikaria, 19.—28. IV. 34, leg. Werner u. Wettst.,

4 ad., Umgebung der Stadt Chios, Insel Chios, 10.—11. VI. 34, leg. Werner u. Wettst.,

2 ad., Insel Psarra, westlich von Chios, 27.—29. VI. 36, leg. Werner,

7 ad., 2 pull., Umgebung der Stadt Mytilene, Insel Mytilene, 13. VI. 34, leg. Werner u. Wettst.,

2 ad., Insel Agiostrati, 6. VII. 36, leg. Werner,

6 ad., Insel Lemnos, 22. V. 27 u. 10. VIII. 36, leg. Werner.

Im Dodekanes durch B o e t t g e r (1888) auch von den Inseln Nisyros und Jali bekannt. Die Angabe W e r n e r s (1938 b, S. 67), gestützt auf eine briefliche Mitteilung C y r é n s, daß *Ophisops* auf Thasos vorkommen soll, halte ich für irrtümlich. K a t t i n g e r (1941, III., 1942, IV.) erwähnt ihn von dort nicht. Ebenso halte ich die Angabe Z a v a t t a r i s (1929), daß das Schlangenauge auch auf Stampalia (= Astropalia) vorkommen soll, für irrtümlich. Das junge, einzige Stück, auf das sich diese Angabe stützt, ist entweder falsch befundortet oder eingeschleppt, denn Astropalia gehört zu den westlichen, ausschließlich von *L. erhardii* bewohnten Inseln jenseits der Ägäislängsabsenkung, die von *Ophisops* nie erreicht wurden. Ich war selbst mehrere Tage auf Astropalia, habe dort *L. erhardii* zahlreich angetroffen, aber nie einen *Ophisops* gesehen. Ebenso kann ich an den auf R e i s e r zurückzuführenden Fundort Kryoneri in Akarnanien nicht glauben (siehe dazu auch L. M ü l l e r, 1933, S. 7).

Ophisops bewohnt die ganze Westküste Kleinasiens, alle ihr vorgelagerten Inseln und ist für diese ebenso c h a r a k t e r i - s t i s c h e L e i t f o r m , w i e e s f ü r d i e w e s t l i c h e n Ä g ä i s i n s e l n *L. erhardii* i s t. Es konnte schon vorher, bevor W e r n e r 1936 die Inseln Psarra und Agiostrati besuchte, mit Sicherheit vorausgesagt werden, daß er dort *Ophisops* und nicht *L. erhardii* antreffen werde, wie es dann auch der Fall war. *Ophisops* fehlt auf Karpathos und Kasos und merkwürdigerweise auch auf Samothrake. Auf dem europäischen Festland beschränkt sich seine Verbreitung, von Konstantinopel ausgehend, auf einen Streifen entlang der Schwarzenmeerküste bis Südbulgarien (siehe L. M ü l l e r 1933).

Zwischen den einzelnen Populationen auf den kleinasiatischen Inseln ist kein greifbarer Unterschied zu finden. Bemerkt sei, daß die Exemplare von Nikaria alle besonders lebhaft, kontrastreich und stark gezeichnet sind, die von Mytilene aber schwach. Unter

diesen finden sich sogar zwei Exemplare, die fast einfarbig olivgrün sind. Ein sehr schwach gezeichnetes Stück liegt auch von
der, Mytilene benachbarten, Insel Agiostrati vor.

Ablepharus kitaibelii kitaibelii (Bib. & Bory)

1 St., Ephesus, V. 01, leg. Werner,
1 St., Patras, IV. 01, leg. Werner,
1 St., Korinth, 4. V. 34, leg. Werner,
1 St., Olympia, Wiener Universitäts-Reise, Ostern 1911,
1 St., Insel Skopelos, 8. V. 27, leg. Werner,
1 St., Insel Mykonos, 12. IV. 27, leg. Werner,
4 St., Insel Delos, 15. IV. 11, leg. K. Toldt,
6 ad., Insel Paros, 6.—8. V. 34, leg. Werner u. Wettst.,
1 ad., Insel Antiparos, 7. V. 34, leg. Werner,
1 ad., Insel Siphnos, 31. V.—2. VI. 34, leg. Wettst.,
3 ad., Insel Syra, Coll. Mus Wien, 1866,
2 ad., Insel Andros, 4. V. 36 u. 4. VI. 37, leg. Werner,
2 ad., Insel Kythera, 26. V. 37, leg. Werner,
4 ad., Insel Kiseria, Furni-Archipel, 25. IV. 34, leg. Wettst.,
1 ad., Insel Thimena, Berg Selada, Furni-Archipel, 26. **IV. 34, leg.**
Wettst.,
1 ad., Insel **Furni,** Umgebung von Ort Kampo, **Furni-Archipel,**
25. IV. 34, leg. Wettst.,
3 ad., Agios Kyrikos, Insel Nikaria, 19.—28. IV. 34, leg. Werner,
1 ad., Insel Rhodos, Monolito, 18. V. 35, leg. Wettst.,
2 St., Cordelis bei Smyrna, Kleinasien, 2. V. 01, leg. Werner.

Diese Rasse ist auf der südöstlichen Balkanhalbinsel bis in
den südlichen Peloponnes verbreitet, lebt auf den Ionischen Inseln,
in ganz Kleinasien, Syrien, Palästina und auf Cypern. Auf folgen-
den ägäischen Inseln ist sie gefunden worden: Samothrake, Euböa,
Skopelos, Andros, Tinos, Mykonos, Syra, Delos, Paros, Antiparos,
Seriphos, Siphnos, Milos, Kythera, Rhodos, Simi, Calchi, Kos,
Furni-Archipel, Nikaria. Südöstlich der Linie Paros—Milos ist die
Johannisechse auf allen Kykladeninseln, merkwürdigerweise mit
Einschluß von Naxos, bisher n i c h t g e f u n d e n w o r d e n.
Sie liebt grasige Stellen und ist mangels solcher auf diesen Inseln
offenbar ausgestorben. Ihre im wahren Sinn zirkumägäische Verbreitung (auf Kreta und Karpathos lebt eine wenig verschiedene
Rasse) läßt darauf schließen, daß sie ehemals über das ganze
ägäische Festland verbreitet war und sich heute nur noch dort
hält, wo sie eben geeignete Lebensbedingungen vorfindet. Im
übrigen ist ihre Verbreitung auch auf dem Festland eine sehr
diskontinuierliche, inselartige und sie ist an manchen Stellen
häufig, an anderen selten. Das trifft auch für die Inseln zu. So ist sie
z. B. auf Paros, Nikaria und im Furni-Archipel häufig, auf Andros,
Siphnos sehr selten und auch auf Rhodos selten.

Nach der ausgezeichneten Studie von O. Š t ě p á n e k (1938) gehören alle Exemplare von den hier genannten Fundorten der Rasse *kitaibelii* an, nur findet er bei den Exemplaren der ägäischen Inseln schwache Anklänge an seine *fabichi*. Ich kann dies höchstens in der Färbung je eines Exemplares von den Inseln Delos und Thimena finden. In der Gesamtfärbung auffallend dunkel sind alle 4 Stücke von der Insel Kiseria. Das leider einzige Stück von Rhodos ist sehr dunkel ohne deutliche Streifenzeichnung und hat einen a u f f a l l e n d k l e i n e n K o p f. Sollten sich diese Merkmale als konstant erweisen, wäre die Form von Rhodos wohl eines eigenen Namens wert. M e r t e n s hat neuestens (1952 a) die nordwestliche Form aus Ungarn und der Slowakei unter dem Namen *fitzingeri* abgetrennt.

Ablepharus kitaibelii fabichi Štěpánek.

1 ad. (Paratypoid), Inselchen Mikronisi, Mirabella-Bai, Kreta, 7. V. 04, leg. Rebel u. Sturany,

1 ad., 1 pull., Umgebung von Pigadia, Insel Karpathos, 13.—20. VI. 35, leg. Wettst.,

2 ad., Umgebung von Volada, 500 m hoch, Insel Karpathos, 18. VI. 35, leg. Wettst.

Alle 5 Stücke sind Herrn Dr. O. Š t ě p á n e k bei der Aufstellung seiner Rasse *fabichi* 1937 vorgelegen und sind von ihm handschriftlich als *fabichi* bezeichnet. Sie sind daher wohl als P a r a - t y p o i d e anzusehen. Die Johannisechse war von Karpathos auch schon früher durch B o e t t g e r (1888) und C a l a b r e s i (1923) bekanntgeworden. Der Unterschied in der Stärke der Hinterbeine und Länge der Zehen sowie auch in der Zeichnung gegenüber allen anderen Stücken aus dem riesigen Verbreitungsgebiet der Art ist bei Vergleich sehr deutlich. Merkwürdig ist, daß man im übrigen Verbreitungsgebiet bisher keine sehr deutliche Rassengliederung feststellen konnte, denn der Unterschied zwischen *kitaibelii* und *fitzingeri* Mert. (M e r t e n s 1952) ist wohl sehr gering. Rätselhaft und unerklärlich bleibt auch, daß auf der ganzen Insel Kreta und auch auf ihren Küsteninselchen, mit Ausnahme von Mikronisi, die Art fehlt. 1942 suchten wir monatelang auf ganz Kreta nach ihr und machten auch überall bekannt, daß man uns Stücke bringen möge, mit gänzlich negativem Ergebnis. Im Hinblick darauf, daß auch *Gymnodactylus kotschyi* jahrelang zuerst nur von Mikronisi bekannt war und dann doch noch, sehr lokal und sehr selten, auf Kreta selbst entdeckt wurde, könnte man trotz der bereits sehr guten herpetologischen Durchforschung Kretas damit rechnen, daß die Johannisechse vielleicht doch noch dort gefunden wird. Aber

auch dann bliebe das Rätsel ihrer besonderen Seltenheit auf Kreta
ungelöst — genau so wie bei *Gymnodactylus kotschyi*. Bemerkenswert auch, daß auf Rhodos im Osten und Kythera im Westen die
systematische Stammform oder eine ihr ähnliche Form lebt. Der
Verbreitungskreis der Art um die Ägäis wird im Süden durch
fabichi geschlossen.

Außer von Mikronisi und Karpathos ist *fabichi* durch
Oertzen (Boettger 1888) auch von Kasos und Armathia bekanntgeworden — zumindest ist es sehr wahrscheinlich, daß auch
auf diesen Inseln dieselbe Rasse lebt wie auf Karpathos.

Chalcides ocellatus ocellatus (Forsk.).

1 ad. (30)[41], 1 jun., Insel Rhodos, Versuchsgarten bei **Villanova**,
don. Dr. Soleri 1935,
  3 ad. (30, 32. 32), 2 juv., Monolito, Insel Rhodos, 19. V. 35, leg. Wettst.,
  1 ad. (30), 1 juv., Umgebung von Pigadia, Insel Karpathos, **16.** bis
20. VI. 35, leg. Wettst.,
  1 ad. (30), Paläochora, SW-Kreta, 5. VI. 42, leg. Wettst.,
  1 ♀ ad. (30), 1 juv., Hierapetra, Südküste Kretas, 18. V. 42, leg.
K. Zimmermann,
  1 ad. (sehr groß) (30), Asterusi-Gebirge oberhalb Lukia, Kreta,
2. VII. 42, leg. Wettst.,
  1 ad. (sehr groß) (30), Insel Dhia an der Nordküste Kretas, 23. VI. 42,
leg. Wettst.,
  1 pull., auf der Straße bei Chania, Kreta, 18. VII. 42, leg. Wettst.
  (Laut Katalog der Herpetologischen Sammlung des Mus. Wien wurden
von Rebel u. Sturany, V. 1904, drei Stücke bei Neapolis, Mittelkreta, gesammelt, die nicht mehr vorhanden sind.)

Färbung und Zeichnung variieren nur wenig. Nur 2 Exemplare
sind in dieser Beziehung bemerkenswert: Das große Stück von der
Insel Dhia ist sehr dunkel in der Grundfarbe (olivbraun), die
schwarzen Flecken sind zu Querbinden verschmolzen und die
weißen Kerne strichförmig schmal. Kopf und Halsseiten schwarzbraun, mit hellen Fleckchen. Das andere Extrem ist das Weibchen
von Hierapetra, das einfarbig sandfarbig ist und nur am Hals und
auf den hinteren Körperseiten einige sehr kleine, schwarzbraune,
weißgekernte Fleckchen aufweist. Jedoch ist der ganze
Schwanz normal gezeichnet. Dieses Weibchen ist
trächtig, und die Früchte haben einen Längsdurchmesser von
11 mm. Im Asterusi-Gebirge überraschte Dr. K. Zimmermann
am 1. Juli einen *Coluber gemonensis,* wie er gerade ein *Chalcides-*
Weibchen verschlingen wollte. Dieses Weibchen gebar dann in der
Gefangenschaft am 15. Juli neun lebende Junge. Um dieselbe Zeit,
am 18. Juli, fing ich bei Chania ein frischgeborenes Junges. Die Art

[41] Die Zahlen in Klammern geben die Zahl der Schuppen um die
Körpermitte an.

erreicht auf Kreta eine beträchtliche Größe. Das Stück vom Asterusi-Gebirge hat eine K.-R.-Lg. von 106,5 mm und eine Schw.-Lg. von 79 mm. Das dunkle Stück von der Insel Dhia hat 106 mm K.-R.-Lg., und der regenerierte Schwanz ist 73 mm lang.

Chalcides ocellatus scheint über ganz Kreta zerstreut, vereinzelt vorzukommen, meidet aber die Gebirge. Ich sah noch je ein Stück bei Ambeluses in der Messara, auf der Leuchtturminsel Elaphonisi (klein, einfarbig hellbraun) und hörte von seinem Vorkommen beim Leuchtturm bei Sitia. Alle erwachsenen, angeführten Tiere haben 30 Schuppen rund um die Körpermitte, nur 2 Stücke von Monolito auf Rhodos haben 32. Irgendeine Abweichung gegenüber typischen *Chalcides ocellatus ocellatus* kann ich, konform mit C a l a b r e s i und Z a v a t t a r i, nicht feststellen.

Chalcides o. ocellatus hat sein Verbreitungsgebiet im vorderen Orient (Syrien, Arabien, Persien), von wo er bis Nordindien und über ganz Nordostafrika sich in bemerkenswerter Gleichförmigkeit verbreitet hat. Ein ganz schmaler Verbreitungsstreifen zieht sich von Syrien über Cypern und die kleinasiatische Südküste (nach W e r n e r bei Adana gefunden, nach M e r t e n s [1952 b] bei Mersina) über Rhodos, Karpathos nach Kreta. Auf Kythera und dem Peloponnes wurde die Art bisher nicht gefunden. Sie taucht dann wieder in Mittelgriechenland auf, wo sie nach unserem heutigen Wissen auf Attika beschränkt[42] ist. Dort ist sie insbesondere in der weiteren Umgebung von Athen nicht selten. Der Verdacht, daß sie dort etwa eingeschleppt worden sein könnte, wird zerstreut durch das verbürgte Vorkommen auf den landnahen Inseln Euböa (bei Stura), Makronisi und dem unbenannten Inselchen zwischen Ägina und Angistri.

Wie schon S c h r e i b e r in seiner Herp. Europ. richtig bemerkt, ist *Ch. o. ocellatus* in seinem europäischen Wohngebiet ein Küstenbewohner, der nicht weit in das Binnenland hineingeht. Das wohl hauptsächlich deshalb, weil er ihm zusagende, locker-sandige Örtlichkeiten, in denen er graben und wühlen kann, besonders am Meeresstrand findet. In die Gebirge geht er jedenfalls weder in Rhodos noch in Karpathos noch in Kreta hinauf.

Seine heutige Verbreitung erkläre ich mir so, daß er von Syrien aus der ehemaligen zusammenhängenden Südküste von Cypern bis Kreta folgte. Als die Ägäis dann absank, wurde er auf den Inseln, die im Bereich der ehemaligen Südküste lagen, also

---

[42] Das von W e r n e r (1899, p. 832) aus einer Aufsammlung von O. R e i s e r mitgeteilte Vorkommen bei Kryoneri in Akarnanien ist, ebenso wie das von *Ophisops elegans* dortselbst, zweifelhaft und bedarf der Bestätigung.

auf Cypern, Rhodos, Karpathos und Kreta, isoliert. Wahrscheinlich
erstreckte sich seine ehemalige Verbreitung über Kreta hinaus über
Kythera, die östliche Peloponnesküste bis zum heutigen Attika. Ob
die Art nun infolge Schwindens geeigneter Örtlichkeiten in Kythera
und an der Ostküste des Peloponnes inzwischen ausgestorben ist
oder ob sie dort bisher nur noch nicht aufgefunden wurde, bleibt
dahingestellt. Ist es ja doch immer ein mehr oder minder großer
Zufall, wenn man ein Stück dieser verborgen lebenden Glattechse
erbeutet.

Chalcides moseri Ahl.

Von der Berechtigung dieser von Thera (= Santorin) beschriebenen Art konnte ich mich am Typus selbst überzeugen (s. Zool.
Anz., 1939, 125. Bd., H. 5/6), jedoch bestehen immer noch Z w e i -
f e l a n d e r R i c h t i g k e i t d e s F u n d o r t e s. Seit 1930 blieb
der Typus das einzige bekanntgewordene Exemplar. Herr Dr.
K. B u c h h o l z hat, wie er mir schriftlich mitteilte, 1952 die Art
auf Thera vergeblich gesucht.

Mabuia aurata[43] *fellowsii* (Gray).

1 ad., Monolito, Insel Rhodos, 18. V. 35, leg. Wettst.,
1 ad., Iannadi, Insel Rhodos, 21. V. 35, leg. Wettst.

Die Exemplare haben 96 (Schw. reg.) und 93 (Schw. 124) mm
K.-R.-Lg. und 36 bzw. 38 Schuppen um die Körpermitte. Die
Färbung und Zeichnung ist bei beiden gleich und entspricht genau
der Beschreibung von *fellowsii*.

Die Art ist auf Rhodos, von wo auch C a l a b r e s i ein Stück
erwähnt, selten. Ich sah noch ein Stück am 16. V. in lichtem
Wald am Fuß des Mt. Attairo bei Embona. In Iannadi wurden mir
drei Stück gebracht, von denen aber zwei so zerschlagen waren,
daß ich sie wegwerfen mußte. Sie sitzen ähnlich wie die Agamen
auf einem Stein oder auf der Erde und flüchten bei Annäherung
unter einen Fels oder Stein. Läßt sich dieser aufheben, so sind
sie leicht zu fangen, denn sie sind wohl scheu, aber nicht sehr
flink. Auf den übrigen kleinasiatischen Inseln bisher noch nirgends
gefunden. Sonstiges Verbreitungsgebiet der Rasse ist das südliche
Kleinasien, das der Art ist Persien, Syrien, Arabien, Abessinien.

Blanus strauchi (Bedr.).

1 ad., Insel Kos, Bergwerk bei Asfendiu, 8. VI. 35, leg. Wettst.,
1 ad., Mersina, westlich von Adana, SO-Kleinasien, Sammlung Mus.
Wien.

[43] = *septemtaeniata* auct.

Schlangen.

Man kann ohne weiteres annehmen, daß, wenn die Bevölkerung einer Insel versichert, daß es auf ihr keine Schlangen gibt, dieses stimmt. Solche größere, bewohnte, schlangenlose Inseln sind Anaphi (wie schon der Name sagt) und Astropalia. Ferner sind schlangenfrei die kleineren Inseln Ofidusa bei Astropalia (entgegen ihrem Namen!) und Syrina. Alle diese Inseln liegen im südlichen Ägäisraum. Ferner ist es höchst wahrscheinlich, daß den ganz kleinen Inselchen und Klippen Schlangen fehlen, wenigstens wurden auf ihnen weder von uns noch von anderen Anzeichen von Schlangen festgestellt.

Typhlops vermicularis Merr.

1 sehr großes Exemplar, Villanova (Versuchsgarten) bei Stadt Rhodos, don. Dr. Soleri 1935. 28 cm lang, 7,5 mm dick.
1 semiad., Iannadi, Rhodos, Ostküste, 21. V. 35, leg. Wettst.,
1 ad., Monolito, Rhodos, 19. V. 35, leg. Wettst.

Von mir nur auf Rhodos gefunden. Auf Kreta fehlt die Art sicher. Laut Werner (1938 b) auf dem griechischen Festland weit verbreitet aber nirgends häufig. Von den Inseln bekannt von: Salamis, Euböa, Kythera (= Cerigo), Naxos, Andros, Kos, Samos und Mytilene, nach Buresch & Zonkow (1934) auch von Skyros.

Eryx jaculus turcicus (Oliv.).

3 semiad., Insel Ios, V. 34, leg. Werner,
1 juv., Insel Paros, 8. V. 34, leg. Wettst.,
1 ♀ subad., 1 juv., Insel Keros, 5. V. 34, leg. Wettst.,
2 ♀ ad., Insel Sikinos, 13. V. 34, leg. Werner u. Wettst. Eines dieser Weibchen enthält Eier und ist für Inselverhältnisse sehr groß: 432 mm lang und 57 mm Leibesumfang.

Die Verbreitung von *Eryx* auf den ägäischen Inseln ist eine sehr eigenartige. Bisher ist er von folgenden Inseln bekanntgeworden: Kimolos und Polinos im Milos-Archipel (fehlt aber anscheinend auf Milos selbst, ebenso auf Pholegandros), dann von Sikinos, Ios, Paros, Naxos, Keros, Antikeros und Amorgos, auf welchen sieben Inseln er ein geschlossenes Verbreitungsgebiet hat. Ferner ist er noch von Tinos durch Bedriaga bekanntgeworden. Von der kleinasiatischen Seite nur von Kos bekannt. Trotzdem er in Kleinasien überall verbreitet ist, scheint er auf Samos, Nikaria, Chios und Mytilene zu fehlen; ebenso auf den übrigen südöstlichen Inseln. Auf Rhodos und Kreta fehlt er sicher. Auf der Balkanhalbinsel kommt die Art sporadisch vom Peloponnes bis Albanien vor. Von Antikeros konnte ich kein Belegexemplar mitbringen;

ich sah dort ein Stück in seinem Loch verschwinden und stellte
die unverkennbaren Wohnlöcher dieser Schlange dort so oft fest,
daß ich den Eindruck gewann, daß sie auf Antikeros besonders
häufig sein muß.

Auf Sikinos, wo sie gleichfalls häufig ist, wie schon W e r n e r
(1838 b, S. 76) erwähnt, hält man die Sandschlange für sehr giftig,
deren Biß innerhalb von 20 Stunden tötet.

Coluber gemonensis (Laur.).

I n s e l K r e t a:
1 ♀, Kisamo Kastelli, 22. IV. 42, leg. Wettst.,
1 ♂, Palaeochora, 1. VI. 42, leg. Wettst.,
1 ♂, Umgebung von Chania, 30. V. 42, leg. Wettst.,
1 ♂, Kandanos, 5. VI. 42, leg. Stubbe,
1 ♂, oberhalb Lakki, 26. IV. 42, leg. Zimmermann,
1 ♀, Schlucht ober Samariá, 13. VI. 42, leg. Wettst.,
Häutungshaut, Weg Samariá—Hirtenlager Potamos, 1400 m, 15. VI. 42,
leg. Rechinger,
1 ♀, Hierapetra, 20. V. 42, leg. Wettst.,
8 ♂ + ein Kopf mit Hals, Sitia, 6. V.—16. V. 42, coll. Wettst.,
1 ♂, Kap Sidero, NO-Kreta, 5. V. 42, leg. Rechinger,
Häutungshaut, Insel Janisada bei Kreta, 13. V. 42, leg. Wettst.,
3 ♂, Insel Dhia, 23. VI. 42, leg. Rechinger u. Wettst.,
1 ♂, Insel Theodoros, 28. V. 42, leg. Behnke.
(Laut Katalog der Herpetologischen Abteilung des Mus. Wien sammelten Rebel u. Sturany, V. 1904, 3 Stücke bei Neapolis, Zentralkreta, die nicht
mehr auffindbar sind.)

Das bedeutende Überwiegen der Männchen, die alle per
sectionem festgestellt wurden (unter 20 Stücken 17 ♂♂) fällt sehr
auf, ohne daß ich eine Erklärung dafür geben kann. Überall auf
der Insel die häufigste Schlange und fast täglich zu sehen; auch
in den Gebirgstälern. Auf den Hochebenen nicht gesehen. Die
häufigste Länge ist 75—85 cm, seltener trifft man kleine, junge
oder sehr große Exemplare an. Das größte, sicher sehr alte Stück,
hat leider ein defektes Schwanzende, was bei dieser Art überhaupt
häufig vorkommt, und mißt 89 cm + 15,5 cm geschätzt, also über
einen Meter Gesamtlänge.

Die Färbung und Zeichnung ist typisch und schwankt nur
wenig zwischen am Vorderkörper stark und ausgebreitet schwarz
gescheckten Stücken und solchen, bei denen die *gemonensis*-Zeich-
nung schwach ausgeprägt und auf den Hals beschränkt ist. Solche
Stücke sehen dem *C. j. caspius* sehr ähnlich und unterscheiden sich
von ihm nur durch die ausgeprägte *gemonensis*-Kopfzeichnung und
die geringere Zahl der Ventralia. Alle kretensischen Stücke haben
mehr oder minder deutliche Bauchkanten.

Der eben genannte Zeichnungsübergang zu *j. caspius*, dem junge Exemplare von *j. caspius* durch ihre Kopf- und Körperzeichnung ihrerseits nahekommen, erweist die sehr nahe Verwandtschaft dieser beiden Formen. Junge *j. caspius* unterscheiden sich — von der Ventralia-Zahl abgesehen — nur dadurch, daß die schwarze Scheckung der Oberseite sich über den ganzen Rücken erstreckt, während sie bei *gemonensis* auf die vordere Körperhälfte beschränkt bleibt. Meines Erachtens ist es müßig, in diesem Falle darüber zu debattieren, ob *gemonensis* (und die übrigen westeuropäischen Formen) eigene Arten oder Rassen von *jugularis* sind. Es ist das einer jener Grenzfälle (so wie *Lacerta taurica taurica* — *L. melisellensis fiumana*), wo es rein persönliche Ansichtssache ist, ob man diese oder jene Entscheidung trifft.

Außer von Kreta selbst noch von den Kreta benachbarten kleinen Inseln Grampusa Agria, Dhia (= Standhia), Theodoros und Janisada bekannt. Die Stücke von diesen Inseln lassen keine Unterschiede gegenüber den Exemplaren der Hauptinsel erkennen. Auf der Insel Gavdos erhielten wir sichere Nachricht, daß die Art dort vorkommt, wir selbst sahen bei unserem kurzen Aufenthalt kein Stück.

Von B o u l e n g e r wird (Catalogue Bd. I, p. 396) ein Männchen von der Insel K y t h e r a (= C e r i g o) angeführt (Squ. 19, V. 171, Sc. 109). Zwei von W e r n e r ebenfalls dort erbeutete Stücke liegen mir vor (1 ♂ semiad., Squ. 19, V. 167, Sc. 101?; 1♂ semiad., Squ. 19, V. 167, Sc. 105).

Der westliche Einwanderungsweg vom Peloponnes über Kythera nach Kreta wird dadurch aufs beste erwiesen.

Sonst ist die Art nur noch von der sehr küstennahen Insel Ägina (Belegstück ex Coll. Werner, ♂ juv., Squ. 19, V. 170, Sc. 106) und von Euböa bekannt. Ein gemeinsames Vorkommen von *gemonensis* und *jugularis caspius* ist im Bereich der Ägäis bisher nicht bekanntgeworden.

Bei dem Stück aus Ägina und bei allen vom Peloponnes, ebenso wie bei Stücken aus Dalmatien, lösen sich am Hals bis zum 2. Körperdrittel die schwarzen Flecken der Bauchschilderränder von der übrigen Zeichnung ab und bilden eine Reihe scharfer, runder Tupfen auf den Seiten der Bauchschilder; am Hals sind manchmal die ganzen Schilder bis in die Mitte betupft. Auf Kreta ist das seltener und nicht in so ausgeprägtem Maße der Fall.

Über die Schuppenzahlen siehe Tabelle S. 797.

Von fast allen Stücken wurden die Mägen untersucht. Die allermeisten waren leer, zwei enthielten je einen mittelgroßen

Heuschrecken, einer eine große *Scolopendra*. Wenn dieser Befund
den Eindruck erweckt, daß die Zornnatter auf Kreta sich nur von
Gliedertieren ernährt, so bewies ein Erlebnis Dr. K. Z i m m e r -
m a n n s im Asterusi-Gebirge unterhalb von Kapitaniana am
1. Juli, daß sie auch Wirbeltiere verzehrt. Er überraschte eine
Zornnatter dabei, wie sie einen großen dicken *Chalcides ocellatus*
verschlang, dessen Kopf bereits in ihrem Rachen verschwunden
war. Der Akt wurde photographisch festgehalten.

Auf Kreta ist die Zornnatter so häufig, daß fast kein Tag
verging, ohne daß nicht ein oder mehrere Stücke von uns gesehen
wurden. Ausgewachsene Stücke aber sind selten und so pfeil-
schnell — sie gewahren einen fast immer früher als man sie —
daß es nur unter besonders günstigen Umständen gelingt, sie
zu erbeuten. Die Art ist ein Bewohner der Steinphrygana. Auch
auf der Insel Dhia ist sie sehr häufig. Im Gebirge stellte sie
K. H. R e c h i n g e r bis in eine Höhe von 1400 m fest (am 2452 m
hohen Pachnes in den Leuka Ori am 17. VI. 1942).

Coluber jugularis caspius Gmelin.

1 Stück, Insel Andros, 3. VI. 36, leg. Werner,
1 ♀ juv., Insel Nikaria (Umgebung von Agios Kyrikos), IV. 34, leg.
Wettst.,
4 ♂, Insel Kythnos (Umgebung von Lutra), 27.—30. V. 34, leg. Wettst.,
1 ♀ juv., Insel Siphnos, 1. VI. 34, leg. Wettst.,
1 ♂, Insel Karpathos (bei Apéri), 20. VI. 35, leg. Homberg. Kopf im
Leben ziegelrot.
1 fast vollständige, große Häutungshaut, Insel Karpathos, Berg Kalolimni, 15. VI. 35, leg. Rechinger.

Die Verbreitung von *caspius* ist eine sehr eigentümliche. Auf
den ägäischen Inseln ist er weit verbreitet, W e r n e r (1938 b)
gibt ihn außer von den oben genannten noch von Kea, Seriphos,
Chios, Samos, Lemnos, Samothrake und Thasos an, und er wird
wahrscheinlich auch noch auf den anderen größeren Inseln gefunden werden. Das Finden von Schlangen ist ja, wie allgemein
bekannt, immer Zufallssache, auch bei so häufigen Arten wie
caspius. So sah und fing ich bei einem achttägigen Aufenthalt auf
Nikaria nur ein einziges junges Exemplar, und auf Karpathos, bei
einem achttägigen Aufenthalt von R e c h i n g e r, H o m b e r g
und m i r, die wir alle sehr eifrig auf Schlangen aus waren, gelang
es nur H o m b e r g, zwei Stücke zu sehen und eines zu fangen.
Dieser Fang war ganz besonders wertvoll, denn er erwies, daß sich
zwischen das Verbreitungsgebiet von *gemonensis* auf Kreta und
von *j. jugularis* auf Rhodos jenes von *j. caspius* zungenförmig von

Norden her einschiebt[44]. Dieser Fund ist nicht nur eine schöne
Bestätigung meiner Annahme, daß Karpathos schon frühzeitig
sowohl von Rhodos wie von Kreta abgetrennt wurde, aber mit den
übrigen südzentralen Ägäis-Inseln noch länger im Zusammenhang
blieb (von wo aus *caspius* nach Karpathos nur gelangt sein kann),
sondern auch ein weiteres Beispiel für Formenketten, die wir bei
Tieren (und Pflanzen) auf diesen drei Inseln feststellen können.
E s   s e i   h i e r   h e r v o r g e h o b e n ,   w i e   l e i c h t   e i n e
s o l c h e ,   n u r   g e o g r a p h i s c h   b e d i n g t e   F o r m e n -
r e i h e   z u   d e m   T r u g s c h l u ß   e i n e r   p h y l o g e n e t i -
s c h e n   R e i h e   f ü h r e n   k a n n !

Nach Osten zu bewohnt *j. caspius* das nordwestliche Kleinasien, Südrußland, NW-Persien. Nach Westen ist sie im Donautal
bis Budapest vorgedrungen und auf der Balkanhalbinsel über
Mazedonien nach Bosnien und Albanien, wo sie als breiter Keil
das Verbreitungsgebiet von *gemonensis* durchbricht und in der
Adria sogar die Insel Lagosta (Dalmatien) und Kerkyra (Ionische
Inseln) erreicht hat. Auf dem griechischen Festland scheint sie auf
den Osten beschränkt und dort selten zu sein. Die wenigen bekannten Fundorte sind bei W e r n e r (1938 a, S. 163, 1938 b, S. 82)
angeführt.

Coluber jugularis jugularis L.

1 ♂ ad., 1 ♀, Iannadi, Insel Rhodos, 21. V. 35, coll. Wettst.,
1 ♂ ad., 2 ♀ juv., Villanova bei Stadt Rhodos, don. Dr. Soleri 1935.

Es war Osk. B o e t t g e r (1880, S. 19), der anläßlich der
Aufstellung seiner var. *asiana* das Aussehen und den Zusammenhang der südwestasiatischen Formen von *C. jugularis* L. (von
B o e t t g e r damals noch *Zamenis viridiflavus* Latr. 1802 genannt)
klar erkannt und eindeutig beschrieben hat. Später wurde dadurch,
daß *asiana* als Rasse von *jugularis* (von W e r n e r noch 1938 b,
p. 82) und *caspius* als eigene Art angesehen wurden, viel Verwir-
rung gestiftet. *Asiana* ist, wie schon aus der Originalarbeit
B o e t t g e r s hervorgeht, nun tatsächlich nur eine Varietät und
keine Rasse von *jugularis*, die mit letzterer zusammen vorkommt,
dieselbe Schuppenformel besitzt und nur durch die Färbung ver-

[44] E d. Z a v a t t a r i (1929, p. 165) erwähnt zwei Exemplare von
Scarpanto (= Karpathos), ein lebendes Stück und ein konserviertes Männchen, das er unter dem Namen „*Zamenis gemonensis* var. *asiana* Boett."
anführt. V. 200, Sc. 87. Leider erwähnt er nichts über die Färbung der
Unterseite, sondern sagt nur, daß die Schwanzunterseite n i c h t wie bei
den Rhodenser Exemplaren schwarz gestreift ist. Da es ganz unwahrscheinlich ist, daß auf einer Insel zwei verschiedene Subspecies derselben
Art vorkommen, und *asiana* wiederholt auch von Herpetologen mit *caspius*
verwechselt wurde, so muß man wohl eine Fehlbestimmung annehmen.

schieden ist. Die phylogenetische Stammform ist zweifellos *asiana*, denn ganz junge Exemplare von *j. jugularis* zeigen stets das *asiana*-Kleid. Solche Junge sind übrigens auch *caspius* so ähnlich, daß man sie nur an der höheren Zahl der Subcaudalia und an den als Schatten angedeuteten Bauchrandflecken erkennen kann. Manche Exemplare behalten dieses Jugendkleid bei (wie es ja auch bei manchen anderen Schlangenarten vorkommt), wobei sich die Scheckung der Oberseite und die Fleckung der Unterseite intensivieren = *asiana*-Form (auf Rhodos vorwiegend auf das weibliche Geschlecht beschränkt), oder sie verdunkeln ihre Oberseite bis zu einfarbigem Schwarzbraun = *jugularis*-Form (= var. *tauricus* Venzmer [1917, p. 109]). Auf Rhodos ist diese Form vorwiegend auf das männliche Geschlecht beschränkt.

Mein Rhodosmaterial zeigt diese Verhältnisse aufs beste. Die zwei sehr jungen Weibchen sind von ebensolchen *caspius* der Zeichnung und Färbung nach kaum zu unterscheiden. Das große. über 1 m lange, mit 3 Eiern trächtige Weibchen aus Iannadi zeigt das typische *asianus*-Kleid: die Oberseite ist ockerfarbig, die undeutliche Querbinden zeigende Zeichnung besteht aus groben, dicken, schwarzen Schuppenrandstrichen, zwischen denen die betreffenden Schuppen hellbräunlich aufgehellt sind. Unterseite grob schwarzgrau gefleckt, die dendritischen Flecken in undeutlichen, unregelmäßigen Querreihen angeordnet. Die zwei sehr großen Männchen sind tief schwarzbraun, etwas purpurscheinig, mit feinen, hellbraunen Längslinien, die beim einen Exemplar dadurch entstehen, daß die Mittellinien der Schuppen, beim anderen Exemplar dadurch, daß die Seiten jeder Schuppe aufgehellt sind. Unterseite wie beim großen Weibchen. Alle drei erwachsenen Stücke haben eine braune, zeichnungslose Kopfoberseite und eine ungefleckte, hellgelbe Kopfunterseite. Das größte Exemplar, ein Männchen, mißt 183,5 cm (Schwanzspitze fehlt).

Dieser Befund stimmt sehr gut mit jenem von E. Calabresi (1923, S. 14), überein, der ein Material von 17 Stücken aus Rhodos vorgelegen hat. Das größte Stück ihrer Serie, ein Männchen, hat 1900 mm Gesamtlänge. 12 erwachsenen Männchen stehen nur 2 erwachsene Weibchen gegenüber. Es besteht also dasselbe ungleiche Geschlechtsverhältnis, wie ich es für *C. gemonensis* auf Kreta feststellen konnte.

Sehr interessant und beweiskräftig dafür, daß *asianus* nur eine Varietät (und die Jugendform) von *jugularis* ist, sind zwei junge Weibchen[45], die Werner (1936, S. 657) am selben Tag

---

[45] Von Werner irrtümlich als Männchen bezeichnet.

am selben Platz bei Platraes (1400 m hoch) auf Cypern gesammelt hat und die mir jetzt wieder vorlagen. Das eine Exemplar, von Werner als *Coluber jugularis asianus* Bttgr. bezeichnet, ist 75 cm lang und hat die typische Zeichnung und Färbung von *asianus,* das andere, 110 cm lang, von Werner als *C. jugularis jugularis* L. bezeichnet, ist dunkelbraun mit einzelnen weißen Schuppenrandstrichen und heller Linienzeichnung am Kopf (siehe Abbildung bei Werner). Die Bauchrandflecken sind bei diesem Stück zu einem kontinuierlichen, bläulichgrauen Längsband verschmolzen. Beide Stücke sind insoferne anomal, als das *asianus*-Weibchen nur 102 Sc. und das *jugularis*-Weibchen nur 17 Squ. hat[46]. Verbreitung: südliches Kleinasien, Syrien, Palästina, Cypern und Rhodos.

Auf Rhodos ist diese Art die häufigste Schlange. Große Exemplare sind ungeheuer schnell, und man sieht sie gewöhnlich nur wie einen Pfeil dahinsausen, ohne die Möglichkeit zu haben, sie zu fangen. Wie schon Werner erwähnt und aus der Tabelle von Calabresi hervorgeht, ist bei alten Exemplaren die Schwanzspitze häufig in mehr minder großem Umfang verletzt oder fehlend, was leider eine Zählung der Sc. unmöglich macht.

Im folgenden bringe ich eine Zusammenstellung der Schilderzahlen von *gemonensis, caspius* und *jugularis* nach Werner (Synopsis 1929, Arch. f. Naturgesch. S. 70), L. Müller (1939, S. 88), Boettger (1880, S. 19), Calabresi, Boulenger (Catalogue, Vol. I) und meinen eigenen Zählungen. Wie man sieht, sind die sechs Angaben schwer vergleichbar. Werner hat das Geschlecht nicht berücksichtigt, L. Müller gibt nur Zahlen von Männchen an, nicht aber von Weibchen. Werner war, wie ich aus eigener Erfahrung weiß, in der Benennung *caspius* oder *asianus* nicht immer konsequent, und so ist es immerhin möglich, daß bei seinen Variationsbreiten-Angaben bei *caspius,* Exemplare von *jugularis* und umgekehrt mitgezählt wurden, womit die auffallenden Abweichungen von den Angaben anderer Untersucher erklärt werden können. Leider sind in der Synopsis von Werner viele Druckfehler, besonders bei Zahlenangaben, enthalten. So ist z. B. bei *jugularis:* „Sc. 100—110 (Durchschnitt 110)" offensichtlich falsch und die Angabe daher unbrauchbar. Bei *gemonensis* ist die niedrigste V.-Zahl von 126 fast unmöglich und wird wohl 162 heißen. Falsch ist offenbar auch der Durchschnittswert der Sc.-Zahlen von *caspius* mit 91, der daher nicht weiter berücksichtigt

[46] Auch Venzmer (1917) gibt ein Exemplar aus dem zilizischen Taurus mit 17 Schuppenreihen an.

wurde[47]). Was aber aus der Zusammenstellung meines Erachtens deutlich hervorgeht, sind geographische Unterschiede, die aber nur dann überzeugend nachgewiesen werden können, wenn man die Variationsbreiten der Schilderzahlen nach geographischen Gesichtspunkten zusammenfaßt und nicht für das ganze Verbreitungsgebiet zusammen angibt. Wenn man daraufhin die Tabelle kritisch betrachtet, so fällt auf, daß die Männchen von *gemonensis* auf Kreta bedeutend höhere Sc.-Zahlen haben, als L. M ü l l e r für die Männchen des ganzen Verbreitungsgebietes angibt, und auch die V.-Zahlen auf Kreta im Durchschnitt höher sind. Die *jugularis*-Form von Rhodos hat a b s o l u t   n i e d r i g e r e V.-Zahlen und im Durchschnitt höhere Sc.-Zahlen als im ganzen übrigen Verbreitungsgebiet.

Coluber ravergieri nummifer Reuss.

1 ♀ ad., im Hafen von Rhodos schwimmend (gefangen vom Steward des Dampfers „Fiume"), 21. VI. 35.

Etwa 110 cm lang, Squ. 23, V. 203, Sc. 75 + ? (Spitze fehlt), Anale ganz. Zeichnung typisch. Unterseitenmitte einfarbig gelb, grau bestäubt.

Die schöne Schlange ist von Kleinasien bis Ägypten und aus Cypern bekannt und wurde auch auf Rhodos schon mehrfach festgestellt (von A n d e r s o n, Zool. Egypt. 1898, S. 262; W e r n e r, 1902, S. 1098; B o u l e n g e r, Cat. Snakes, I., S. 408; B i r d 1936, S. 272, und neuerdings von T o r t o n e s e 1948, S. 385).

Coluber najadum najadum? (Eichw.).

2 St. ad., 1 St. jun., Insel Rhodos, Monolito, 19. u. 20. V. 35, coll. Wettst.,
1 St. ad., Monolito, 18. V. 35, leg. Homberg,
1 St. ad., Insel Rhodos, Monte Profeta bei Salaco, V. 35, leg. Homberg.

Die fünf Stücke sind sehr einheitlich gefärbt und gezeichnet. Vier Stücke haben nur 2, eines 3 kleine Halsflecken jederseits, die untereinander durch mehr als Fleckendurchmesser getrennt sind. Das erste stets runde Fleckenpaar ist w e i t   v o n e i n a n d e r getrennt. Frenotemporalstreif sehr undeutlich bis fehlend. Die weißen Querflecken vor und hinter dem Auge sehr scharf und deutlich. Gesamtfärbung der Oberseite am Hals grünlichgrau,

[47] Der Druckfehlerteufel hat bei Zahlen seine Hand besonders gerne im Spiel. So steht bei B o u l e n g e r (Catalogue, Vol. I, S. 396) bei *Zamenis gemonensis* seiner damaligen Auffassung, die Angabe: „Ventrals ... 190 bis 250"! Die niedrigste konkrete Zahl, die er weiterhin anführt, ist aber V. 171 und die höchste nur V. 219!

Mi in Klammern = unwahrer Mittelwert, gewonnen als Mittelwert der niedrigsten und höchsten Zahl	Ventralia			Subcaudalia		
Gewährsmänner	*gemonensis*	*casplus*	*jugularis*	*gemonensis*	*casplus*	*jugularis*
Werner 1929 ♂♂ + ♀ aus dem gesamten Verbreitungsgebiet	126(?)—186 Mi 171	195—209 (Mi 202)	199—211 (Mi 205)	80—106 Mi 99	84—111 Mi 91	100—128 (Mi 114)
L. Müller 1939 nur ♂♂ aus dem gesamten Verbreitungsgebiet	13 ♂ 167—173 Mi 169	24 ♂ 196—200 Mi 197		13 ♂ 82—106 Mi 98	24 ♂ 93—107 Mi 102	
Wettstein *gemonensis* aus Kreta *casplus* aus der Ägäis Calabresi u. Wettstein *jugularis* aus Rhodos	17 ♂ 168—178 Mi 172 3 ♀ 178—180 Mi 179	6 ♂ 192—199 Mi 196 2 ♀ 202—203 Mi 202·5	14 ♂ 194—200 Mi 197 5 ♀ 194—197 Mi 195	10 ♂ 103—119 Mi 110 2 ♀ 95—105 Mi 100	4 ♂ 92—105 Mi 97 2 ♀ 104—106 Mi 105	7 ♂ 105—124 Mi 118 3 ♀ 109—130 Mi 121
Boettger *jugularis* aus Syrien u. Paläst. *casplus* Gesamtverbreitung			202—211 Mi 205		87—107 (Mi 97)	108—115 Mi 111
Boulenger (inklusive 1 ♂ von Werner) *jugularis* aus Syrien und Palästina			3 ♂ 204—209 Mi 207 3 ♀ 202—212 Mi 206 dieselb. 6 St.+2 juv. 202—214, Mi 206			3 ♂ 100—122 Mi 112 3 ♀ 105—107 Mi 106 dieselb. 6 St.+2 juv. 100—125, Mi 112
Boulenger u. Werner *jugularis* aus Cypern *gemonensis* aus Kythira	3 ♂ 167—171 Mi 168		6 ♂ 201—205 Mi 203 6 ♀ 204—211 Mi 207	3 ♂ 101—109 Mi 105		4 ♂ 111—131 Mi 117 5 ♀ 102—132 Mi 111
Mi v. *gemonensis* aus Kreta Mi v. *jugularis* aus Rhodos	♂ Mi 172 ♀ Mi 179 ♂ + ♀ Mi 175		♂ Mi 197 ♀ Mi 195 ♂ + ♀ Mi 196	♂ Mi 110 ♀ Mi 100 ♂ + ♀ Mi 105		♂ Mi 118 ♀ Mi 121 ♂ + ♀ Mi 120
Gesamtmittelwerte aus dem ganzen Verbreitungsgebiet exklusive Kreta und Rhodos	♂ + ♀ Mi 170	♂ + ♀ Mi 199	♂ + ♀ Mi 206	♂ + ♀ Mi 98	♂ + ♀ Mi 100	♂ + ♀ Mi 118

nach hinten allmählich in lehmfarbig übergehend. Kopfoberseite
bräunlich.

Die starke Reduktion der Zahl und Größe der Halsflecken bei
a l l e n Exemplaren ist auffallend. Da aber C a l a b r e s i (1923)
von 21 Stücken, die sie aus Rhodos untersuchte (Fundorte:
Kattabia und Aghios Isidoros), angibt, daß sie g r o ß e Halsflecken haben (über ihre Anzahl macht sie keine Angaben), so
bleibt die Frage offen, ob die Pfeilnattern von Rhodos eine rassi-
sche Benennung rechtfertigen oder nicht[48]. Auf Rhodos ist
C. najadum eine ziemlich häufige Schlange.

Coluber najadum najadum (Eichw.).

1 ad., Insel Kea, 8.—10. VI. 34, leg. Lenz.

Dieses durchaus normale Stück ist etwa 95 cm lang und hatte
im Magen eine noch unversehrte *Lacerta strigate trilineata* von
etwa 25 cm Länge.

Diese von Dalmatien bis West-Persien und Syrien verbreitete
Art ist außer von dem griechischen Festland und dem Peloponnes
von folgenden ägäischen Inseln bekannt: Thasos, Kea, Lemnos
und Kos, ferner, falls nicht eine eigene Rasse, von Rhodos und
von Cypern. Sie beschränkt sich also nur auf größere, festlandnahe
Inseln. Auf den Ionischen Inseln ist sie weit verbreitet. Auf Kreta
fehlt sie merkwürdigerweise.

Elaphe longissima rechingeri Wern.

(Abb.: Kopfzeichnung von der Seite: Werner, 1933, S. 127, Fig. 12.)

1 ♂, Typus, Insel Amorgos, Kykladen, VII. 32, leg. K. H. Rechinger,
don. Fr. Werner. Naturhist. Mus. Wien, Ac. Nr. 1933/III/1.

Nach einer Untersuchung des Typus kann ich W e r n e r s
vorzügliche Diagnose nur bestätigen. Die Bauchkante finde ich, im
Gegensatz zu W e r n e r, ganz gut ausgebildet. Hinzuzufügen wäre,
daß die zwei ersten Temporalia lang und gleich lang sind, während
sie bei *longissima* kürzer und ungleich sind, und daß die Parietalia
hinten spitz zulaufen, während sie bei *longissima* abgestutzt sind.

Trotz aller dieser guten Unterscheidungsmerkmale, die sich
allerdings derzeit nur auf ein einziges Exemplar begründen, bin
ich der Meinung, daß man *rechingeri* wegen der a b s o l u t
g l e i c h e n Färbung und Zeichnung und dem gleichen Habitus
als Rasse von *longissima* betrachten sollte. Im Grunde genommen
sind ja alle wesentlichen Merkmale von *rechingeri* nur relative

---

[48] Siehe dazu die Ausführungen von R. M e r t e n s „Senckenbergiana",
Bd. 22, 1940, S. 246—249.

und nicht absolute. Das betrifft auch das Subokulare, das nur eine Abtrennung des unteren Teiles des Präokulares von *longissima* darstellt.

In der Sammlung des Nat. Mus. Wien befindet sich ein typisches Exemplar von *E. l. longissima* von der Insel Milos, 1893, don. Steindachner. Obgleich das Stück von Steindachner selbst gesammelt sein dürfte, der in jenem Jahr mit der IV. „Pola"-Expedition auf Milos war, so muß ich, nachdem die Art dort weder von Werner noch besonders von H. Schweizer wieder aufgefunden wurde, an der Richtigkeit dieser Fundortsangabe sehr zweifeln und halte sie für falsch.

Elaphe quatuorlineata quatuorlineata (Lacép.).

2 juv., Insel Kea, 8.—10. VI. 34, leg. Lenz.

Jugendzeichnung, typisch, schwarz auf bräunlichweißem Grund, Schuppenkiellinien in den schwarzen Flecken gelblich aufgehellt. Das größere Stück ist 66 cm lang. Die Exemplare gehören natürlich nicht zu *E. qu. praematura* Wern. von Ios[49].

1 St., Insel Mykonos, 16. VI. 36, coll. Werner.

Werner (1937, S. 102—103) hat über dieses Stück von Mykonos ausführlich berichtet und es S. 103, Fig. 4, abgebildet. Er zählt es zu seiner Subspecies *praematura* von Ios. Abgesehen von der großen räumlichen Trennung, habe ich deshalb Bedenken, Werner darin zu folgen, weil das Exemplar etwa 82,5 cm lang ist. Das ist eine Länge, bei der auch *quatuorlineata* bereits das Streifenkleid tragen kann. Bevor von Mykonos nicht wesentlich jüngere Stücke bekanntwerden, kann diese Rassenfrage nicht entschieden werden. Auch der Umstand, daß Bedriaga (1882, S. 157—162) unter dem Namen var. *münteri* das gefleckte Jugendkleid von einer 50 cm langen *quatuorlineata* von Mykonos beschreibt, spricht **nicht** für *praematura*. Außer von Kea und Mykonos noch von den Inseln Euböa, Eremomilos und, nach Buresch & Zonkow (1934), von Skyros bekannt.

Elaphe quatuorlineata praematura Wern.

1 St. Lectotypus, Mus. Wien, Ac. Nr. CXXIV/1952—53, Insel Ios, V. 34, leg. Werner.

Werner (1935, S. 109—111) hat versäumt den Typus zu fixieren. Ich wähle das von Werner S. 110, Fig. 5, dargestellte

---

[49] Ein großes typisches Stück von *qu. quatuorlineata* von Kap Sonnion, Attika, befindet sich im Mus. Berlin, leg. Moser 1930.

und beschriebene Stück als Lectotypus. In seiner Arbeit 1937, S. 142, bildet Werner in Fig. 2 ein Jungtier ab.

Elaphe quatuorlineata sauromates (Pall.).

Ein sehr großes, sicher dieser Form angehörendes Stück habe ich auf Samothrake in der Bucht „Jali" an der Ostküste am 22. VI. 34 einwandfrei gesehen, aber leider nicht fangen können, da es unter einem riesigen Felsblock verschwand.

Elaphe situla (L.).

1 sehr großes Exemplar, Sitia, Ost-Kreta, 12. V. 42, leg. Wettst. Rötlich-braune Fleckenzeichnung nur auf dem Hals, sonst 4 deutliche aber unscharf begrenzte, braune Längsstreifen auf hellgrauem Grund, in denen kleine, dunkelbraune Fleckchen liegen. Unterseite bleigrau mit gelben Quadratflecken.

1 ad., Bellacampagna bei Chania, Kreta, 18. VI. 42, leg. Wettst. Normale Fleckenzeichnung, von 4 undeutlichen blaßgrauen Längsstreifen durchzogen. Unterseite schwarzgrau gewürfelt.

1 ad., Bellacampagna, 9. VI. 42, leg. Wettst. Ebenso.

1 ad., Ambeluses, Messara, 28. VI. 42, leg. Wettst. Ebenso. Längsstreifen erst ab 1. Körperviertel und noch undeutlicher. Flecken ausgeprägter.

1 ad., Sitia, 7. V. 42, leg. Wettst. Ebenso. Streifen vom Hals an deutlicher (so wie das Stück von Bellacampagna).

2 juv., Kreta, leg. M. Holtz 1903, ex Coll. Werner. Normal gefleckt ohne Streifenandeutung.

1 jun., Villanova bei Stadt Rhodos, don. Soleri 1935. Ein typisches, sehr kontrastreich geflecktes Exemplar.

1 semiad., Iannadi, Rhodos, 21. V. 35, leg. Wettst. Sehr helle Grundfarbe, sehr scharfe Fleckung, 4 Längsstreifen bräunlich, unscharf, nach dem 1. Körperviertel beginnend.

1 semiad., Insel Kythira (= Cerigo), ex Coll. Werner. Grundfarbe ziemlich dunkel grau, Flecken relativ klein. Die sehr undeutlichen breiten Längsstreifen beginnen am Hals und lassen eine 2 Schuppen breite, hellgelbliche Rückenlinie frei. Unterseite bleigrau mit seitlichen, gelben Quadratflecken.

1 ♀ ad., Insel Kythnos, V. 34, leg. Werner. Flecken und Streifen nicht sehr scharf ausgeprägt, so daß als Hauptzeichnung die schwarzen Ränder der Flecken hervortreten.

1 jun., Insel Skyros, V. 27, leg. Werner. Normale Fleckenzeichnung.

1 juv., Taygetos, leg. M. Holtz 1903, ex Coll. Werner. Ab 2. Körperviertel mit 4 undeutlichen Längsstreifen, die durch die deutliche Fleckenzeichnung hindurchziehen.

1 juv., Volo, Thessalien, leg. M. Beier 1926, ex Coll. Werner. Normal gefleckt ohne Streifenandeutung.

Fast alle haben vier mehr minder unscharfe, bräunliche Längsstreifen, die die immer deutliche, scharfe Fleckenzeichnung durchziehen. Beginn der Streifen am Hals oder häufiger hinter dem 1. Körperviertel. Die zwei Dorsalstreifen sind immer deutlicher als die Seitenstreifen. Die charakteristische Kopfzeichnung ist immer scharf. Unterseite meist bleigrau mit hellgelblichen, quadratischen Seitenflecken, manchmal aber umgekehrt.

Ein wirklich typisches Stück der gestreiften Form aber, bei dem die Streifen die Fleckenzeichnung unterdrücken, ist im ganzen hier angeführten Material nicht vorhanden. Es gehören daher alle Stücke von Kreta und Rhodos (inklusive jener von C a l a b r e s i erwähnten) zur forma *leopardina*.

Bezüglich Kretas mußte ich 1931 den entgegengesetzten Befund machen. Alle in meiner Arbeit S. 171 angeführten 6 Stücke gehören der gestreiften Form *situla* an.

Ein sehr großes, extrem g e s t r e i f t e s Stück, das von Menidi am Fuß des Parnes bei Tatoi stammte, sah ich lebend bei einem Tierhändler in Athen. Ein ebensolches Stück vom Kap Sonnion, Attika, befindet sich im Museum Berlin, leg. Moser 1930.

Auf Kreta nicht häufig, geht im Gebirge ziemlich hoch hinauf. Am Wege zur Nida-Hochebene oberhalb Worisia in Zypressenwald in etwa 1000 m Höhe fing Herr Dr. K. Z i m m e r m a n n ein besonders großes, prachtvoll geflecktes Stück. S c h i e b e l (Wettstein 1931) fand eine Häutungshaut 1000 m hoch im Lasithi-Gebirge. Auf der 1000 m hoch gelegenen Omalos-Hochebene haben wir die Art ebenfalls festgestellt.

Auf Rhodos wird diese Art von den Einheimischen „Vipera" genannt und gilt als sehr giftig.

Verbreitung (nach W e r n e r): Malta, Sizilien, Süd-Italien, ganze Balkanhalbinsel, westliches und nördliches Kleinasien bis Kaukasus und Krim. In der Ägäis von Euböa, Kythira (= Cerigo), Kythnos, Milos, Syra, Andros, Skyros, Skopelos, Chios, Samos und, nach Z a v a t t a r i, von Kos bekannt. Der größte Teil des Ägäisraumes wird (nach W e r n e r) nur von der forma *leopardina* bewohnt. N e b e n ihr wurde die forma *situla* (nach W e r n e r) auf dem griechischen Festland, exklusive Peloponnes, auf Skopelos, Milos, Kreta und Samos gefunden. Von Kos liegt bisher nur *situla* vor (2 ♂♂).

Coronella austriaca Laur.

1 St., Am Lawka, 1400 m hoch, P e l o p o n n e s, 25. VI. 42, leg. G. Niethammer.

D i e A r t i s t n e u f ü r d e n P e l o p o n n e s und war bisher südlich nur bis Mittelgriechenland bekannt.

Das Stück hat ein hochgewölbtes Rostrale, wie es für *a. fitzingeri* Bonap. charakteristisch ist, das jedoch nach hinten sich nicht tiefer zwischen die Internasalia einschiebt als bei der typischen Form, der auch die stark fleckige, satte Zeichnung entspricht. Squ. 19, V. 177, Sc. 45 + 1, Anale geteilt, Ges.-Lg. 24,5 cm.

Die Schlingnatter ist auf der südlichen Balkanhalbinsel anscheinend sehr selten und sporadisch. Nach W e r n e r (1938 a, S. 163, u. 1938 b, S. 91) ist sie nur von folgenden Fundorten in je einem Stück bekanntgeworden: Koritza und Zelova in Griechisch-Mazedonien; Agios Dionysios im Mavrolongotal, 800—1000 m hoch; Veluchi-Gebirge, 1800—2000 m hoch; Parnaß; Insel Samothrake.

Eirenis (= Contia) modesta modesta (Martin).

2 St., Insel Mytilene, 16.—17. VI. 34, leg. Wettst.

Zwei oberseits einfarbig gelblichgraue Stücke mit deutlicher, dunkler Kopf- und Nackenzeichnung.

Eirenis (= Contia) modesta werneri (Wettst.).

6 St. (Lectotypus und Paratypoide), Felseneiland Alazonisi (= Alazopetra) bei Insel Furni, kleinasiatische Küste, 25. IV. 34, leg. Rechinger u. Wettst.

Die Art ist außer von ihrem großen, vorderasiatischen Verbreitungsgebiet nur von einigen Inseln an der kleinasiatischen Küste bekannt, die die Westgrenze ihrer Verbreitung bilden; es sind die Inseln Samos, Alazopetra im Furni-Archipel (nicht aber das gegenüberliegende Nikaria!), Chios und Mytilene.

Wo sie vorkommt, ist sie häufig, besonders war das auf dem ganz kleinen, kegelförmigen, mit Phrygana bedeckten Inselchen Alazonisi der Fall, wo wir in einer Stunde, ohne danach zu suchen, 9 Stück sahen und 6 davon fingen.

Auf Rhodos fehlt sie sicher, auf Kos und den anderen Südsporaden ist sie auffallenderweise bisher nie gefunden worden.

Natrix natrix persa (Pall.).

1 semiad., Golf von Hiëra, Mytilene, 14. VI. 34, leg. Wettst., braun mit schwarzen, großen Flecken, die 2 *persa*-Streifen nur sehr undeutlich, Mondflecken hellgelb, deutlich.

2 juv., Insel Chios, Bachschlucht bei der Stadt, 11. VI. 34, leg. Wettst., *persa*-Form. Körperseitenflecken bilden breite tiefschwarze Barren, Rückenflecken klein, zu schrägen Querflecken vereint. Mondflecken fehlen dem größeren Stück, beim kleineren sind sie weißlichgelb so wie die 2 Längsstreifen. Unterseite grauschwarz, mit gelben, rechteckigen Seitenflecken. Grundfarbe hellgrau.

1 pull., Villanova bei Stadt Rhodos, 25. III. 35, don. Dr. Soleri, *persa*-Form, deutliche hellgelbe Mondflecken.

1 juv., Steni, Euböa, coll. Werner, *persa*-Form.

Im Hafenort Kamarotissa auf Samothrake erhielten wir am 26. VI. ein sehr großes Stück der *persa*-Form, das so defekt und verfault war, daß wir es wegwerfen mußten.

Herr Dr. G. N i e t h a m m e r fing bei Tripolis, Zentralpeloponnes, ein junges Stück, das wie eine deutsche Ringelnatter aussah und intensiv gelbe Nackenflecken hatte.

Übrige Verbreitung siehe bei W e r n e r (1938 b). Auf Kreta fehlt die Ringelnatter.

Natrix tessellata (Laur.).

1 ad., Chania, Kreta, 22. V. 42, leg. Wettst., typisch schön gezeichnet. 3 Prä-, 4 Post-Ocul. jederseits.

1 juv., Jeros-Flußmündung, Messara, Süd-Kreta, 28. VI. 42, leg. Wettst., typisch. 3 Prä-, 4 Post-Ocul. jederseits.

1 semiad., Kloster Toplu, NO-Kreta, 4. V. 42, leg. K. H. Rechinger, olivgrün mit verschwommener, undeutlicher Fleckung. Unterseite gelb mit undeutlichen, bleigrauen, queren Puderflecken; 3 + 4 und 3 + 5 Ocularia.

Auf Kreta selten, von früher her nur von der Katharos-Hochebene im Lasithi-Gebirge nachgewiesen. Die übrige Verbreitung im Ägäisraum ist sehr sporadisch, von Inseln bisher (nach W e r n e r 1938 b), außer von Kreta, nur von Euböa, Seriphos und Tinos bekanntgeworden. Herr Dr. G. N i e t h a m m e r fand 1942 die Würfelnatter zahlreich in der Lagune von Agulinitsa bei Pyrgos (West-Peloponnes) und im Stymphalischen See (Arkadien, Peloponnes). Von W e r n e r (1938 b) wird die Art vom Peloponnes überhaupt nicht erwähnt.

Telescopus fallax (Fleischm.).

Telescopus fallax pallidus Štěp.[50a]

Taf. 8.

1 ♂ ad., Insel Gavdos, 6. VI. 42, leg. Stubbe,
1 ♀ ad., Paläochora, westl. Südküste v. Kreta, 5. VI. 42, leg. Wettst.,
1 ♀ ad., Guduras, östl. Südküste v. Kreta, 9. V. 42, leg. K. Zimmermann,
1 ♂ ad., Sitia, NO-Kreta, 7. V. 42, leg. Wettst.

Ein genaues Studium des reichen, mir zur Verfügung stehenden Materials von *T. fallax* aus dem ganzen Verbreitungsgebiet hat folgendes Ergebnis gezeitigt:

T. f. pallidus, ausgezeichnet durch 21 Squ. und sehr verblaßte Fleckenzeichnung (V. 206—217) kommt nicht nur auf Gavdos, sondern auch auf Kreta selbst vor. Er ist dort eine seltene Schlange, die von B o e t t g e r von Canea und Kap Sidero, von mir von

[50a] Von O. Š t ě p á n e k, Vest. českosl. zool. Společ. Praze, 9. Bd., 1944, S. 123—147, von der Insel Gavdos beschrieben.

Paläochora, Guduras und Sitia festgestellt wurde[50b]. Sie scheint ein Bewohner der mehr vegetationsarmen Gebiete auf Kreta zu sein und bevorzugt sandigen Boden, in dem sie sich vergräbt. Von den küstennahen Inseln bei Kreta wurde sie durch B o e t t g e r noch von Elasa (Nordostspitze Kretas) und von mir von der Insel Kufonisi (südöstlich von Kreta) bekannt. Die beiden Stücke von Kufonisi zeichnen sich von allen andern bisher bekanntgewordenen Stücken dieser Art dadurch aus, daß sie 22 Schuppenreihen um den Körper haben. Dieses Merkmal allein, neben der sehr undeutlichen Fleckenzeichnung, die durch eine schwärzliche Puderung der ganzen Oberseite ersetzt wird, genügt, um sie mit einem eigenen Rassennamen zu belegen. Ich nenne sie:

Telescopus fallax multisquamatus Wettst.[51]

Taf. 8.

H o l o t y p u s : ♂, Insel Kufonisi, südöstlich von Kreta, 22. V. 42, leg. Wettst., Mus. Wien, Ac. Nr. XIX/1950—51.
P a r a t y p o i d : ♂, detto, Mus. Wien, Ac. Nr. XX/1950—51.

B e s c h r e i b u n g : Holotypus ♂, 770 mm lang, davon der Schwanz 120 mm. Squ. 22, V. 213, Sc. 67. Pholidose normal, 2 Postocularia. Die unterste Schuppe der 2. Temporalia-Reihe ist sehr groß und reicht tief zwischen dem 6. und 7. Supralabiale herab. Rechts 9, links 8 Supralabialia. Hintere Kinnschilder lang, schmal, stumpfspitzig, durch 2 Schuppen voneinander getrennt. Färbung der Oberseite ockergrau. Am Hals sind die bräunlichen Flecken noch angedeutet sichtbar, ohne scharfe Konturen, weiterhin verlieren sie sich fast ganz. Dafür ist die ganze Oberseite schwarzbraun grob bepudert. Unterseite elfenbeinweiß mit der arttypischen, groben, grauschwarzen Puderzeichnung.

Paratypoid ♂, 434 mm lang, davon der Schwanz 69 mm. Squ. 22, V. 209, Sc. 63. Pholidose und übrige Kopfbeschuppung wie beim Typus, rechts und links 8 Supralabialia, die den Lippenrand erreichen, rechts ein 9., das den Rand nicht erreicht. Färbung der Oberseite hellrauchgrau. Die Vertebralflecken ockergrau, klein, nur am Hals deutlicher konturiert. Die Körperseitenflecken und Bauchrandflecken sind nur angedeutet und fehlen vielfach ganz. Am Hals liegen einige schwarzbraune Längsstrichelchen, die eine halbe Schuppe breit und 2—3 Schuppen lang sind. Unterseite wie beim Typus.

[50b] W e r n e r (1938 a, S. 163) erwähnt ein Exemplar von Kapsaliana auf Kreta aus dem Mus. Athen, dessen verblaßte Zeichnung er hervorhebt.
[51] Siehe Wettstein, 1952.

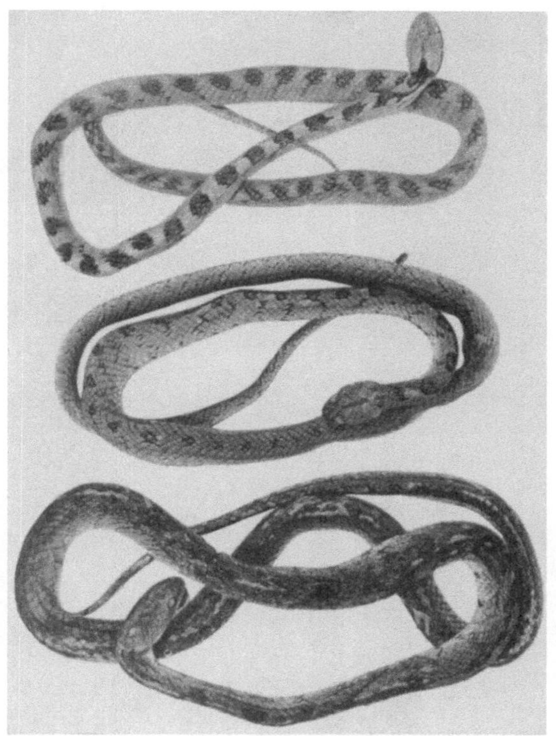

Von oben nach unten: *Telescópus fallax fallax* (Fleischm.) von der Insel Paros; *T. f. pallidus* Štěp. von der Insel Gavdos (terra typica); *T. f. multisquamatus* Wettst. Typus von der Insel Kufonisi am Südostende von Kreta (die hellen Stellen durch abgefallene Schuppen entstanden!). Verkleinert.

Außer den kretensischen Katzenschlangen haben auch jene von Cypern stets 21 Squ. Sie wurden von B a r b o u r u. A m a r a l (Bull. Antivenin Inst. America, Vol. I, 1927, S. 27) *cyprianus* genannt. Der Unterschied gegenüber *pallidus* ist sehr gering und besteht darin, daß neben in der Zeichnung verblaßten Stücken häufig auch solche mit scharfer, dunkler Fleckenzeichnung auftreten. *Cyprianus* hat meistens 3 Postocularia, die andern Rassen meistens 2. Bei den kretensischen Stücken und asiatischen *fallax fallax* ist eine meist sehr vergrößerte Temporalschuppe tief herab zwischen dem 6. und 7. Supralabiale eingekeilt. Bei *cyprianus* und bei den europäischen *fallax fallax* ist diese Schuppe meistens kleiner und reicht in der Regel nicht tiefer herab als die Temporalschuppe, die über dem 7. und 8. Supralabiale liegt.

Sehr eigenartig sind die Katzenschlangen von Rhodos. Sie haben eine ebenso verblaßte Zeichnung wie jene von Kreta, aber von den 3 mir vorliegenden Stücken hat nur eines 21 Squ., die beiden andern aber 19. Die von C a l a b r e s i aus Rhodos angeführten 16 Stücke haben alle nur 19 Squ. Das Temporalschild zwischen 6. und 7. Supralabiale reicht bei 2 Stücken tief herab, bei einem nur mäßig tief. Es ist daher angebracht, die Rhodenser Katzenschlangen als eigene Rasse zu benennen:

Telescopus fallax rhodicus Wettst.[52]

H o l o t y p u s : 1 ♀ (Mus. Wien, Ac. Nr. CLXVI/1952—53), Monolito, Insel Rhodos, 19. V. 35, leg. Wettst.,

P a r a t y p o i d e : 1 ♀, Iannadi, Insel Rhodos, 22. V. 35, leg. Wettst., 1 ♂, Mt. Profeta, Insel Rhodos, 13. V. 35, leg. R. Homberg.

Die Form vereinigt die niedrige Squ.-Zahl 19 der systematischen Stammform mit der bleichen, erloschenen Zeichnung von *pallidus*. Leider macht C a l a b r e s i keine Angaben über Färbung und Zeichnung ihres reichen Materials.

Die Katzenschlange scheint auf Rhodos eine ungewöhnliche Größe zu erreichen, denn C a l a b r e s i erwähnt ein Weibchen von Kattabia von 1005 mm Länge, wovon 130 mm auf den Schwanz entfallen.

Außer jenen von K r e t a und Cypern haben alle anderen *T. fallax* 19 Squ. Die einzige Ausnahme, die ich gefunden habe, bildet ein Stück aus „Syrien" (ohne genaueren Fundort, Sammlung Mus. Wien) mit 20 Squ. Von syrischen Stücken lagen mir außerdem noch 2 Stücke von Nashr el Kebir bei Antiochia vor. Durch die weit voneinander abstehenden Rückenflecken und bei einem Exemplar durch die nur durch ein winziges Schüppchen getrennten hinteren Kinnschilder, zeigen diese Stücke Anklänge an *syriacus*.

[52] Siehe Wettstein 1952.

Fundort	sex.	Squ.	V.	Sc.	Post-ocularia
Insel Kythera (= Cerigo) leg. O. Storch ex Coll. Werner	♀ subad.	19	203	57	2
Insel Gavdos, 6. VI. 1942, leg. Stubbe	♂ ad.	21	206	70	2
Insel Kreta, Paläochora, 5. VI. 1942, leg. Wettstein	♀ ad.	21	215	55 + ? Spitze defekt	2
Insel Kreta, Guduras, 9. V. 1942, leg. Zimmermann	♀ ad.	21	217 letztes V. geteilt	—	2
Insel Kreta, Sitia, 7. V. 1942, leg. Wettstein	♂ ad.	21	214	—	2
Insel Kufonisi, südöstlich von Kreta, 22. V. 1942, leg Wettstein, Typus	♂ ad.	22	213	67	2
Insel Kufonisi, 22. V. 1942, leg. Wettstein, Paratypoid	♂ semiad.	22	209	63	2
Insel Rhodos, Iannadi, 22. V. 1935, leg. Wettstein	♀ ad.	21	214	67	2
Insel Rhodos, Monolito, 19. V. 1935, leg. Wettstein	♀ ad.	19	213	61	2
Insel Rhodos, Mt. del Profeta, 13. V. 1935, leg. R. Homberg	♂ jun.	19	—	—	2
Insel Rhodos nach Calabresi, 16 Stück	3 ♂, 9 ♀, 4 juv.	19	203 —216	62 -- 69	—

fallax

Hintere Kinnschilder	Temporale über dem 6. und 7. Supralabiale	Färbung und Zeichnung
ziemlich lang und spitz, durch 2 Schuppen getrennt	reicht nicht tief herab	Zeichnung verblaßt, hellbräunlich
lang, stumpfspitzig, weit getrennt	reicht tief zwischen 6. und 7. Supralabiale herab, groß	bräunliche Fleckenzeichnung nur am Hals deutlich
detto	detto	Fleckung fast erloschen, nur am Hals deutlicher, dort auch an den Seiten schwarze Längsstrichel. Sehr groß = 777 mm lang
lang, stumpf, durch 1 Schuppe getrennt	detto	Zeichnung sehr blaß, Unterseite schwarzgrau gepudert
lang, spitz, durch 2 Schuppen weit getrennt	groß, reicht aber nicht besonders tief herab	Zeichnung sehr blaß. Unterseite dunkelgrau gepudert
lang, abgerundet, weit getrennt	reicht tief herab, groß	In Häutung. Flecken nur am Hals angedeutet, sonst graubräunlich, schwarzbraun gesprenkelt und bepudert
lang, schmal, abgerundet, weit getrennt	detto	Zeichnung sehr verblaßt, an den Halsseiten schwärzliche Längsstrichel
kurz und stumpf, fast nicht getrennt	detto	Zeichnung blaß, nur am Hals schärfer begrenzt. Mit Längsstricheln an den Seiten. Ganze Ober- und Unterseite schwarzbraun bepudert
kurz und stumpf, weit getrennt	reicht mäßig tief herab, groß	detto
—	reicht tief herab, groß	tot gefunden, sehr defekt. Zeichnung blaß
—	—	—

Dagegen ist ein Stück von Ephesos (Westküste von Kleinasien) ein typischer

Telescopus fallax fallax (Fleischm.).
Taf. 8.

der nur durch seine sehr hohe Zahl von Ventralschildern (224) auffällt und auch das vergrößerte, tief herabreichende Temporale hat. Hierher gehören auch aus der Coll. Werner 2 ♂♂ aus Adana, leg. Taubé 1903 und 1 ♂ von Gülek, zilizischer Taurus, leg. Holtz 1898.

Die vorliegenden Stücke von den Inseln Skyros, Mykonos, Delphi, Paros, Milos und vom Taygetos im Peloponnes sind durchaus typische *T. fallax fallax*, die sich von westbalkanischen Stücken nicht unterscheiden lassen und auch in der Zeichnung keine Anklänge an *T. f. pallidus* zeigen.

Dieselbe typische Form ist außer vom Festland der ganzen Balkanhalbinsel noch bekanntgeworden (s. W e r n e r 1938 b) von den Inseln: Euböa, Andros, Tinos, Kea, Amorgos und Thera (= Santorin) (Museum Berlin, leg. Moser 1930, auf Thera die einzige Schlangenart), Kythera (= Cerigo). Das Stück von Kythera liegt mir aus der Coll. W e r n e r vor (leg. O. Storch 1912) und ist von besonderem Interesse. Es hat wie ein typischer *f. fallax* nur 19 Schuppen um die Körpermitte und die Temporalschuppe reicht nicht tief zwischen dem 6. und 7. Supralabiale herab, aber es hat die verblaßte Fleckenzeichnung, die hellbräunlich ist wie bei *pallidus*! Soweit man aus einem einzigen Stück Schlüsse ziehen darf, ist daher die Kythera-Form, ihrer geographischen Lage entsprechend, eine Zwischenform zwischen *fallax* und *pallidus* und äußerlich vorläufig von *rhodicus* nicht zu unterscheiden.

Einen durchgreifenden Unterschied zwischen europäischen und kleinasiatischen *T. fallax fallax* konnte ich nicht finden, jedoch ist bei asiatischen Stücken die Temporalschuppe zwischen dem 6. und 7. Supralabiale meistens vergrößert und reicht tief zwischen diese beiden Supralabialia herab, bei europäischen ist dies meistens nicht der Fall.

Eine vergleichsweise Untersuchung der hinteren Kinnschilder hat ergeben, daß sie bei den Katzenschlangen von Cypern und Kreta in d e r R e g e l lang, schmal, ziemlich spitz und weit (durch 2 Schuppen) getrennt sind, bei den europäischen kurz (ungefähr dreieckig), stumpf und ebenfalls weit getrennt sind. Jedoch kommen so viele Ausnahmen vor — auch nur durch eine halbe oder eine kleine Schuppe getrennte Kinnschilder —, daß dieses

Merkmal taxonomisch kaum brauchbar ist (außer gegenüber *syriacus*).

Eine Revision des *Telescopus*-Materials des Wiener Museums hat einige als „*Tarbophis fallax*" bestimmte Exemplare zutage gefördert, die zu *iberus* gehören. Darunter sind zwei, die besonderes Interesse beanspruchen. Das eine aus Tiflis hat ein g e - t e i l t e s A n a l e so wie *T. fallax*, das andere ist wegen seines Fundortes bemerkenswert, es stammt nämlich vom Boz Dagh bei Eskischehir in NW-Kleinasien und beweist, daß *iberus* im nördlichen Kleinasien sehr weit nach Westen geht. Es ist ein interessanter Parallelfall zu *Coluber jugularis schmidti* Nik., über dessen isoliertes Vorkommen bei Akschehir L. M ü l l e r (1939 b, S. 83—90) ausführlich berichtet hat. So wie bei dieser Form, klafft bis zum Wansee eine Verbreitungslücke, die bisher meines Wissens noch durch keinen Fund ausgefüllt wurde. Das Wiener Museum besitzt ein Exemplar aus Musch in Armenien westlich des Wansees. Ich betrachte auch *iberus* nur als Rasse von *fallax*.

Die 8 Rassen von *Telescopus fallax* lassen sich folgendermaßen unterscheiden:

Sq. 19[53].

Anale u n g e t e i l t (sehr selten geteilt), hintere Kinnschilder $\pm$ weit getrennt. Rückenflecken zahlreich, meistens schwarzbraun und scharf umgrenzt. Grundfarbe zwischen ihnen meist weißlich aufgehellt. Unterseite vorwiegend dunkel, mit heller Fleckung und Puderung. V. 203—243 (nach B o u l e n g e r und W e r n e r). . . . . **f. iberus** (Eichw.)

Kaukasus, Armenien, Eskischehir.

Anale g e t e i l t, hintere Kinnschilder $\pm$ weit getrennt. Rückenflecken zahlreich, meistens schwarzbraun und scharf umgrenzt. Grundfarbe zwischen ihnen selten weißlich aufgehellt. Unterseite vorwiegend hell, mit dunkler Puder- oder Fleckenzeichnung. V. 186—224 (nach B o u l e n g e r, W e r n e r und mir). . . . . **f. fallax** (Fleischm.)

Balkanhalbinsel, ägäische Inseln (exklus. Kreta samt Umgebung), westliches und südliches Kleinasien bis ? Nord-Syrien.

[53] Bei einem einzigen Stück aus Syrien 20, bei einem aus Transkaspien nach B o u l e n g e r 21, bei einem aus Rhodos 21.

Anale g e t e i l t, Zahl der Rückenflecken geringer (30—36),
dunkel, scharf umgrenzt. V. 195—200, Sc.-Zahl 59—72, höher
als bei *f. fallax*. . . . . . **f. mcewani** K. P. Schmidt (1939)
Sandschak von Alexandretta.

Anale g e t e i l t, hintere Kinnschilder ± weit getrennt. Rückenflecken zahlreich, mehr weniger verblaßt und unscharf konturiert. Unterseite vorwiegend hell mit dunkler Puder- oder
Fleckenzeichnung. V. 203—216. . . . **f. rhodicus** Wettst.
Insel Rhodos.

Anale g e t e i l t, hintere Kinnschilder nicht oder nur sehr wenig
voneinander getrennt. Wenig zahlreiche, scharf umgrenzte,
schwarzbraune Rückenflecken, die oft mit den Seitenflecken
zu unregelmäßigen Querbändern verschmelzen. Grundfarbe
zwischen ihnen nicht aufgehellt. Unterseite bis auf helle Randflecken meistens ganz schwarz. V. 174—190 (nach B o u -
l e n g e r). . . . . **f. syriacus** (Boettg.)
Syrien vom Libanon an nach Süden,
Palästina, Unterägypten.

Squ. 21, Anale geteilt.

Hintere Kinnschilder ± getrennt, variabel, Temporale über dem
6. u. 7. Supralabiale selten vergrößert und weit herabreichend,
häufig 3 Postocularia. Rückenflecken zahlreich, sehr variabel,
oft dunkel und scharf, manchmal zerteilt und verblaßt.
V. 203—211. . . . . **f. cyprianus** Barb. u. Amaral
Insel Cypern.

Hintere Kinnschilder ± getrennt, schmal, lang und spitz, Temporale über dem 6. u. 7. Supralabiale vergrößert und tief herabreichend, 2 Postocularia. Fleckenzeichnung ± verblaßt bis
undeutlich. V. 206—217. . . . . . . **f. pallidus** Štĕp.
Inseln Gavdos, Kreta und
Elasa an der NO-Spitze Kretas.

Squ. 22 (V. 209, 213).

. . . . **f. multisquamatus** Wettst.
Insel Kufonisi, südöstl. v. Kreta.

Malpolon monspessulanus (Herm.).

(Kein eigenes Material.)

Die Eidechsennatter fehlt den Kykladen und ist bisher nur von
einigen großen Randinseln festgestellt worden, auf denen sie selten
ist. Diese sind: Samothrake (B u r e s c h & Z o n k o w 1934),
Euböa, Skopelos und Chios. Die sonstige Verbreitung ist zirkum-
mediterran, und es ist sehr wahrscheinlich, daß sie in der Ägäis
wegen ungünstiger Lebensbedingungen ausgestorben ist.

Vipera ammodytes meridionalis Boulg.

2 ♂, 5 ♀, Insel Sikinos, 13.—14. V. 34, leg. Werner u. Wettst.

Die beiden Männchen normal und scharf gezeichnet, 4 Weibchen mit verblaßter Rückenzeichnung, an der nur die Außenecken des Zickzackbandes dunkler markiert sind (gleich wie auf Abb. 53 c, Taf. XVIII bei W e r n e r 1938 b)[54], eines einfarbig graubraun mit kaum sichtbarer Zeichnung. 3 Weibchen sind trächtig, die Eier enthalten aber noch keine Embryonen. Das größte Stück, ein Weibchen, ist 384 mm lang.

3 ♂, 3 ♀, Insel Ios, Coll. Werner.

Größtes Stück, ein Männchen, nach W e r n e r 515 mm, größtes Weibchen 455 mm. Zeichnung der Männchen und Weibchen weniger verschieden als auf Sikinos, bei 2 Weibchen sind die Rhomben des Rückenbandes innen zur braunen Rückenfarbe aufgehellt und nur die Umrandung ist schwarz, ein Weibchen ist einfarbig hellbraun.

3 ♂, Insel Heraklea, 3. V. 34, leg. Wettst.

Alle mit normaler, scharfer Zeichnung, das größte Stück 430 mm lang.

Aus der Tabellenzusammenstellung ersieht man, daß die Sandviper von Sikinos — dem äußersten und vorgeschobensten Vorkommen auf den Kykladen — von allen am Festland lebenden *meridionalis* abweicht. Es kommen unter 7 Fällen zweimal 19 Schuppenreihen vor (auf Ios von W e r n e r [1935, S. 111—113] einmal unter 9 Fällen und auch auf Naxos von W e r n e r einmal festgestellt). Die Zahl der Schnauzenhorn-Schuppen ist hoch, 20—22, nur einmal 17. Dazu kommt noch die geschlechtsdimorphe Zeichnung (Männchen normal gefärbt, Weibchen fast oder ganz einfarbig) und die sehr geringe Größe (größtes Stück, ein Weibchen, 384 mm lang, größtes Männchen 331 mm). Das ganz einfarbige Weibchen enthält mit 334 mm Gesamtlänge bereits Eier.

Material von Naxos fehlt mir, ebenso fehlen mir Weibchen von Heraklea, ich kann daher zwischen diesen Inselformen und jener von Sikinos keine Vergleiche anstellen. Die Form von Ios (Sikinos unmittelbar benachbart) ist jedenfalls größer und nicht so geschlechtsdimorph und damit der typischen *meridionalis* ähnlicher als die Sikinos-Form.

Die Sandviper ist auf der ganzen Balkanhalbinsel einschließlich des Peloponnes beheimatet, dagegen nur auf einem kleinen

---

[54] Eine solche Zeichnungsform hat W e r n e r (Rept. und Amph. Österr.-Ungarns. Wien 1897, Verlag Pichlers Witwe, S. 84) als var. *steindachneri* aus dem Banat beschrieben. Typus im Wiener Nat. Mus.

Pholidosezahlen von *Vipera ammodytes meridionalis*.

	sex.	Schuppen rund um die Körpermitte	Rostral-höhe zur Breite	Ventra-lia ohne Anale	Sub-caudalia ohne End-stachel	Hornschuppen	
						im ganzen	vorne
Insel Sikinos	♂	21	gleich	138	33/33	22	5
„　　„	♂	19	„	142	36/35	17	4
„　　„	♀ trächtig	21	höher als breit	138	28/28	20	4
„　　„	♀ trächtig	21	„	140	28/28	21	3
„　　„	♀	21	gleich	139	29/30	21	4
„　　„	♀	21	„	137	30/30	21	4
„　　„	♀ trächtig	19	„	142	29/29	20	4
zusammen	2♂,5♀	19, 21	gleich oder höher als breit	137—142	♂33—36 ♀28—30	17—22	3—5
Insel Heraklea	♂	21	gleich	139		18	4
„　　„	♂	21	breiter als hoch	142	32/32	19	4
„　　„	♂	21		144 (?)	33/33	15	3
zusammen	3♂	21	gleich oder breiter als hoch	139—144	32—33	15—19	3—4
V. a. meridionalis aus dem ganzen Verbr.-Gebiet (nach Boulenger)		21 (23)	gleich oder selten höher	133—147	24—35	14—20	3—5
V. a. montandoni aus dem ganzen Verbr.-Gebiet (nach Boulenger)		21	höher als breit	149—158	30—38	10—14	2—4

Teil der Inseln, nämlich außer auf Euböa nur auf Andros, Tinos, Mykonos, Syra, Delos, Naxos, Heraklea, Ios und Sikinos. Ferner (W e r n e r 1938 a, S. 163) lebt sie auf der Insel Samothrake. Wie bei anderen Reptilien kann man auch bei der Sandviper feststellen, daß sie um so häufiger ist, je kleiner die Insel ist. Auf Ios und Sikinos ist sie sehr häufig, und wohl noch häufiger auf der kleinen Insel Heraklea, auf der ich bei einem Aufenthalt von nur wenigen Stunden, ohne speziell nach ihr zu suchen, 3 Stücke fing. Wie man sich auf der Karte überzeugen kann, ist die Verbreitung auf den Inseln eine geschlossene, die von Euböa ausgeht.

Auf Sikinos gilt die Sandviper, im Gegensatz zu *Eryx*, als ungiftig, deren Biß höchstens ein paar Stunden Unpäßlichkeit ver- ursacht.

Vipera lebetina schweizeri Werner 1935.
(Siehe M e r t e n s 1951.)

1 St., Insel Milos, don. E. Reichert V. 1940 (von H. Schweizer 1937), 1 St., Insel Kimolos, ex Coll. Werner Nr. 345 a von H. Schweizer 1933).

Zu den Ausführungen von W e r n e r (1935), S c h w e i z e r (1935, 1938) und M e r t e n s (1951) habe ich nichts zu bemerken. Feststellen muß ich, daß der Typus dieser Rasse sich nicht, wie M e r t e n s (S. 208) logisch vermutet, im Wiener Naturh. Mus. befindet, sondern wahrscheinlich im Mus. of Comparative Zoology in Cambridge, Mass., USA, von wo W e r n e r für seine 1932 unter- nommene Reise (s. W e r n e r 1933, S. 105) eine Subvention erhielt.

Ein im Wiener Naturh. Mus. vorhandenes Exemplar aus S i p h n o s ist jenes Weibchen, das W e r n e r (1935) auf S. 114 abbildet (Fig. 7, Abb. 18) und das 156 Ventralia und 41/41 + 1 Sub- caudalia hat. Die angebundene Etikette trägt von W e r n e r s Hand die Beschriftung: „*Vipera lebetina siphnensis* Wern. Type, Siphnos, V. 34.“ Die bisher von Siphnos bekanntgewordenen 4 Stücke (2 durch W e r n e r, 2 durch S c h w e i z e r) haben alle 25 Schuppenreihen um den Körper. Dagegen hat von 54 Vipern von Milos, Kimolos und Polinos nur 1 Stück 25 Schuppenreihen, alle anderen haben weniger. Will man die Siphnos-Vipern als eigene Rasse gelten lassen, wogegen M e r t e n s (1951, S. 208) nicht unberechtigte Bedenken äußert, so käme dieser bisher als n o m e n n u d u m fungierende Name in Betracht. Die Diagnose für

Vipera lebetina siphnensis Werner 1935,

würde lauten: Kleine, nur selten 1 m Länge überschreitende Rasse mit verloschener oder fehlender Zeichnung. Wie *V. l. schweizeri*, aber mit 25 Schuppenreihen um die Mitte des Körpers.

Typus (Autohyle): 1 ♀ ad., Insel Siphnos, V. 34, Coll. Werner, im Naturh. Mus. Wien (Ac. Nr. CLXVII/1952-53).

Theorie der Entstehung der heutigen Reptilienfauna im ägäischen Raum.

Während es im adriatischen Raum verhältnismäßig einfach ist, die Entstehung der heutigen Reptilienfauna und ebenso der übrigen Fauna und auch der Flora mit dem geologischen und paläogeographischen Geschehen in Übereinstimmung zu bringen (s. O. Wettstein, Anz. d. math.-naturw. Kl. d. Akad. Wiss. Wien, 1949, Nr. 10, S. 201—207), begegnet dies im ägäischen Raum großen Schwierigkeiten. Nach mehreren kleineren Versuchen durch Werner und der zoogeographischen Arbeit auf Grund der Tenebrioniden-Verbreitung durch Koch, hat K. H. Rechinger versucht, eine Gesamtdarstellung der Entstehung der Flora und Fauna der Ägäis zu geben. Vieles konnte in dieser Arbeit befriedigend geklärt werden, vieles aber blieb zweifelhaft, ja unverständlich.

Als ich nun, unabhängig von allen diesen Arbeiten, versuchte, die Entstehung der heutigen Reptilienfauna paläogeographisch zu erklären, stieß ich wieder im Kykladen-Archipel auf Verbreitungstatsachen, die unentwirrbar schienen. Sie sind auf Karte I dargestellt. Da sehen wir, daß die vorderasiatischen Arten *Agama stellio* und *Vipera lebetina* auf einem schmalen Streifen in die Kykladen eingedrungen sind und daß auf demselben Weg auch *Lacerta danfordi* auf den Peloponnes gelangt sein dürfte, wo sie heute noch in der subspec. *graeca* lebt. Anderseits gelangte auf diesem Weg, aber in umgekehrter Richtung, *Lacerta muralis* vom Peloponnes auf den Milos-Archipel. Diese schmale Verbreitungsstraße, deren scharfe Begrenzung gegen Nord und Süd durch keine paläogeographische Tatsache erklärt werden kann, wird überkreuzt durch den Ausbreitungsweg, den von Nordwest nach Südost auf den Kykladen die Balkanarten *Lacerta erhardii* und *Vipera ammodytes* genommen haben. Deren rezente Verbreitung ist auf Karte II dargestellt. Es ist gleichgültig, welche zeitliche Reihenfolge der Besiedlung durch diese zwei Faunenelemente man annimmt, immer wird es eine Zeitspanne gegeben haben müssen, in der es entweder *Agama stellio* möglich war, auch nach Tinos, Andros, Syra, Ios und Amorgos zu gelangen oder eine, in der es *Lacerta erhardii* und *Vipera ammodytes* möglich war, Paros und Antiparos zu besiedeln. Da dies aber nicht erfolgte, möchte man ökologische Gründe annehmen. Aber auch diese erscheinen un-

wahrscheinlich, wenn man die genannten Inseln aus eigener Anschauung kennt und sich von ihrer absoluten Gleichartigkeit in
bezug auf die Lebensansprüche der genannten Arten überzeugt hat
— soweit wir das eben überhaupt zu beurteilen vermögen. Es ist
auch sehr unwahrscheinlich, daß in f r ü h e r e n Z e i t e n diese
Inseln wesentlich verschieden untereinander waren, denn ihre
Herkunft und Entstehungsgeschichte ist ja dieselbe.

Da ich nicht imstande war, mich in der geologischen Ge-
schichte der Ägäis zurechtzufinden, wandte ich mich an den derzeitigen Erforscher der geologischen Verhältnisse des ägäischen
Raumes, Herrn Doz. Dr. A. P a p p. Nach einer eingehenden Besprechung des ganzen Problems hatte Herr Kollege P a p p die
Liebenswürdigkeit, mir die folgende Darstellung zur Veröffent-
lichung zur Verfügung zu stellen:

D i e   p a l ä o g e o l o g i s c h e   E n t s t e h u n g   d e r   Ä g ä i s
n a c h   d e m   d e r z e i t i g e n   S t a n d   u n s e r e r
K e n n t n i s s e.

Während im älteren Pliozän (Pannon oder Pont s. l.) der
ägäische Raum noch zum überwiegenden Teil Festland war, zeichnen sich im jüngeren Pliozän (Piacenziano-Astiano) bereits zwei
Senkungsgebiete ab. 1. Zwischen den Kykladen und Kreta wird
ein schon im Miozän (Torton) an der Nordküste Kretas nachweis-
barer Meeresarm verbreitert und reicht weiter nach Nordwesten
bis in das Gebiet von Attika. 2. Im Norden der Ägäis sinkt im
Vorland der Rhodopemasse das Gelände unter das Niveau des
Meeresspiegels mit den größten Absenkungen im Bereich der nördlich der Sporaden beginnenden und im Golf von Saros endenden
Tiefenrinne. Im Pliozän bestand nun zwischen diesen beiden Gebieten eine Meeresstraße, die sich zwischen den Kykladen und dem
Peloponnes nach Norden in das Gebiet Attikas erstreckte und
zwischen Euböa und den Kykladen, östlich der Sporaden verlaufend, in den nordägäischen Senkungsbereich führte. Diese zum
Teil schmale Meeresstraße blieb jedoch nur kurze Zeit wirksam.
Im Becken von Serres, ebenso wie in Attika, sind die oberen
Schichten des marinen Pliozäns stark verbrackt. Während des
jüngeren Pliozäns blieben die Kykladen landfest und mit Kleinasien in Verbindung. Lediglich Karpathos nimmt insoferne eine
Sonderstellung ein, als es wahrscheinlich schon weitgehend isoliert
war, wobei Meeresstraßen östlich und westlich der Insel vom Mittelmeer in das südägäische Senkungsgebiet reichten.

Im Ältest-Pleistozän (Calabriano) ist ein weitgehender Rückgang des Meeres in der Ägäis zu beobachten. Wenn auch die tiefer-

gelegenen Teile der nord- und südägäischen Senkungsgebiete unter
Wasserbedeckung geblieben sein mögen (das nördliche als Limnischer See mit Abfluß durch Dardanellen und Bosporus zum
Schwarzen Meer)[55], so erhielt die Landmasse der Kykladen doch
wieder Anschluß an das griechische Festland. In diesem Stadium
kann die Einwanderung von *Lacerta erhardii* auf die Kykladen
erfolgt sein. Sie drang nach Südosten vor, erreichte jedoch nicht
mehr die Inseln bei Karpathos. Ebenso wäre ein Vordringen vom
Peloponnes nach Kythnos, Seriphos und Siphnos denkbar. Die
Regression des Meeres im Calabriano könnte bereits mit eusta-
tischen Schwankungen des Meeresspiegels (Günz-Vereisung) in
Zusammenhang stehen. Marine Ablagerungen des Calabriano wurden aus dem Gebiet der Ägäis bisher nicht bekannt.

Das folgende Siziliano stellt gegenüber dem Calabriano eine
Transgressionsphase dar, der Meeresspiegel steigt, und die bereits
im Pliozän entstandenen tiefergelegenen Meeresverbindungen
wurden wieder reaktiviert. Das Gebiet der Kykladen scheint sich
weiter zu senken, wobei ein Zerfall zu Inseln und Inselgruppen vom
Süden nach Norden erfolgte. Daraus würde sich die starke Aufspaltung von *Lacerta erhardii* auf den südlichen Kykladeninseln
zu zahlreichen Rassen erklären.

Die Frage, warum *Lacerta erhardii* nicht weiter gegen Kleinasien vorgedrungen ist, kann damit eine Erklärung finden, daß
diese Art in der ihr zur Verfügung stehenden Zeit im Calabriano
keine größere Wegstrecke zurücklegen konnte bzw. mit ihrer Besiedlung nicht weitergekommen ist, weil der neuerliche Vorstoß des
Siziliano-Meeres, bei anhaltender Senkungstendenz der Kykladen,
diese schon weitgehend isolierte. Als Zeitmarke für diese Isolierung
der Kykladen bzw. ihren Zerfall in einen Inselarchipel, käme die Zeit
zwischen Siziliano und Calabriano, die walachische Phase, in Frage.

Es bliebe nur zur Diskussion, ob die Einwanderung von
Lacerta erhardii nicht auch in dem Zeitabschnitt der Römischen
Regression erfolgt sein kann. Diese Möglichkeit ist nicht auszu-
schließen, doch spricht die starke Aufspaltung in Rassen auf den
südlichen Kykladeninseln eher für ein älteres Datum der Ingres-
sion. Möglicherweise erfolgte in der Zeitspanne der Römischen
Regression die Einwanderung von *Vipera ammodytes*, die nicht
mehr die kleinen Inseln der südlichen Kykladen erreichte.

Das von Süden und auch von Norden immer weiter in die
Kykladenmasse vordringende Meer konnte naturgemäß dessen

---

[55] Es muß in diesem Zusammenhang auf eine Diskussion des ver-
schiedentlich behandelten Problems bzw. der Frage nach der Richtung des
durch die Dardanellen fließenden Stromes verzichtet werden.

	Marine Stufen	Entwicklung der Ägäis	Einwanderung auf Inseln der Ägäis im Quartär	Eiszeiten
Quartär	Flandrische Transgression	Bildung des Inselarchipels der Gegenwart	Ende der Möglichkeiten des Faunenaustausches von Kleinasien zu vorgelagerten Inseln	Würm III bis Würm I/Würm II
	Post-tyrrhenische Regression	Verbindung der Kleinasien vorgelagerten Inseln mit dem Festland		Würm I
	Tyrrhenische Stufe II			Interglazial Riss/Würm
	Inter-tyrrhenische Regression	Verbindung der Kleinasien vorgelagerten Inseln mit dem Festland und Kretas mit dem Peloponnes	Einwanderung des Zwergelefanten nach Kreta Einwanderung des Zwergelefanten auf Kykladeninseln ?	Riss
	Tyrrhenische Stufe I	Transgressiv. Weiteres Absinken der Kykladen		Interglazial Mindel/Riss
	Römische Regression	Regressiv	Einwanderung von *Vipera ammodytes* auf die zentralen Kykladen	Mindel
	Siziliano	Transgressiv. Senkung der Kykladen	Rassenbildung von *Lacerta erhardii*	Interglazial Günz/Mindel
	Calabriano	Regression, die Kykladen gewinnen wieder Anschluß an das griechische Festland	Ingression von *Lacerta erhardii* auf die Kykladen	Günz
Tertiär	Piacentiano-Ashano	Meeresarm zwischen den Senkungsgebieten Kykladen—Kreta Kykladen—Rhodope		

Zentrum erst relativ spät erreichen. Es ist anzunehmen, daß dieses
sich im Bereiche der Insel Naxos befand. Als vorgezeichnete Zonen
kämen in erster Linie die pliozäne Meeresverbindung von Süden
nach Norden, dann aber auch die Becken sarmatischer und plio-
zäner limnischer Seen westlich der kleinasiatischen Küste in Frage.
Dieses Zentrum muß zu Zeiten der Regressionen (Römische Regression und Intertyrrhenische Regression) noch Verbindung mit dem
Festland gehabt haben, denn es war dem Zwergelefanten (eine ge-
nauere artliche Bestimmung ist nicht bekannt) möglich, die Inseln
Milos, Delos und Seriphos zu erreichen.

Das Auftreten des Zwergelefanten fällt im Mittelmeer in die
Zeitspanne des jüngeren Pleistozäns (Riß und Würm), wobei der
Zwergelefant frühestens in der Intertyrrhenischen Regression
(Rißvereisung) auf die Kykladeninseln gelangt sein könnte. Rhodos
und Kos mit den dazwischen gelegenen Inseln waren damals mit
Kleinasien noch in Verbindung.

Die folgenden Vereisungsperioden des Würm I, II, III brachten
noch einmal, durch Regression des Meeres bedingt, durch eusta-
tische Schwankungen des Meeresspiegels den größten Teil der
Kleinasien vorgelagerten Inseln in direkten Zusammenhang mit
dem Festland, wodurch dort der Charakter der Fauna (und Flora)
jenem Kleinasiens angeglichen wurde. Diese Linie tritt als mar-
kante Grenze tiergeographisch in Erscheinung. Sie reicht von
Lemnos und Agios Strati nach Südsüdost bis Kos und Rhodos. Erst
durch die flandrische Transgression wurden diese Inseln isoliert
und erhielten erst in relativ später Zeit ihre heutige Form.

Während sich in der Ägäis bzw. in den Kykladen vom jüngeren
Pliozän an die Tendenz einer Absenkung erkennen läßt, scheint im
Peloponnes ab dem Calabriano eine starke Hebungstendenz sich
auszuwirken. Während im Pliozän Verbindungen von der Süd-
spitze des Peloponnes nach Kreta fraglich sind, müssen diese nach
dem Calabriano wohl bestanden haben, da es dem Zwergelefanten
gelang, die Insel Kreta zu erreichen, wo seine Schädel Anlaß
zur Sage vom einäugigen Riesen Polyphem gegeben haben mögen.
Auf diesem Weg ist auch eine Reihe von Reptilien vom Peloponnes
nach Kreta eingewandert. Diese Brücke wurde, analog zum Vordringen des Zwergelefanten auf die Kykladen, frühestens zur Zeit
der intertyrrhenischen Transgression unterbrochen.

Im Anschluß an diese Ausführungen von Herrn Doz. Dr. A.
Papp versuchte ich hier, die Entstehung der zoogeographischen
rezenten Verhältnisse mit dem paläogeologischen Geschehen in
Einklang zu bringen. Es ist mir nicht in jeder Hinsicht gelungen.

Vor der Behandlung tiergeographischer Fragen ist es gut, sich einen Begriff von der Ausdehnung des ins Auge gefaßten Gebietes zu machen. Die Ägäis, einschließlich der Küstengebiete, erstreckt sich über 5 Breitengrade von Norden nach Süden und über 5 Längengrade von Westen nach Osten. Auf uns näherliegende Gebiete übertragen, entspricht das einem Rechteck, das von der Insel Rügen bis Wien und vom Weichselursprung und Weichselknie bis Magdeburg und Regensburg reicht, oder einem Rechteck, das von Wien bis zur Adria und an deren Küste bis zum Drin-Delta und entlang des Moravatales bis Großwardein und Kaschau reicht. Es ist klar, daß in einem so großen Gebiet, zur Zeit als es noch Festland war, und das war es nach Ansicht der Geologen noch im älteren Pliozän größtenteils, die verschiedensten geographischen, klimatischen und floristischen Verhältnisse herrschten, die wir heute kaum mehr rekonstruieren können. Es wird demnach auch die Fauna so wie die Flora recht mannigfaltig gewesen sein. Auch heute sind die klimatischen Unterschiede groß, im Süden, auf Kreta, gedeihen Dattelpalmen, Orangen und sogar Bananen, die im Norden, auf Samothrake, alle vollständig fehlen. So wie wir uns vorstellen können, daß in den zum Größenvergleich herangezogenen Gebieten im Falle ihrer Überflutung auf verbleibenden Inseln ganz isoliert stehende Arten zurückbleiben können, die nur ein sehr kleines Verbreitungsgebiet haben (man denke etwa an *Lacerta mosorensis* oder *L. horvathi* oder im Norden an *L. viridis* oder *Elaphe longissima*), so werden auch auf dem ehemaligen Ägäisfestland einzelne Arten auf sehr beschränktem Raum gelebt haben und, wenn dieser zufällig Insel wurde, auf dieser erhalten geblieben sein. Ich denke dabei insbesondere an *Chalcides moseri* auf Thera. Von diesen Sonderfällen abgesehen, dürfen wir aber ohne weiteres jene Arten als ehemalige Bewohner des Ägäisfestlandes ansehen, die östlich u n d westlich desselben eine weite Verbreitung hatten. Zu diesen Arten zähle ich:

Bufo viridis	*Lacerta strigata*
Hyla arborea	*Ablepharus kitaibelii*
Rana ridibunda	*Chalcides ocellatus*
Clemmys caspica	*Typhlops vermicularis*
Testudo graeca	*Eryx jaculus*
Gymnodactylus kotschyi	*Natrix tessellata*
Chamaeleo chamaeleon	*Coluber najadum*
Ophisaurus apodus	*Elaphe situla*
Lacerta danfordi	*Telescopus fallax.*

Um mich nicht ständig wiederholen zu müssen, verweise ich
bezüglich Einzelheiten auf meine Ausführungen bei den betreffenden Arten. Manche dieser Arten leben heute nur mehr auf den
großen Randinseln der Ägäis, wie *Testudo graeca, Ophisaurus
apodus* und *Coluber najadum.* Andere, die auf Wasser angewiesen
sind, wie die *Natrix*-Arten und die drei Amphibien, leben nur auf
solchen Inseln, wo noch perennierendes Wasser vorhanden ist.

Der Südrand des Ägäisfestlandes wurde von einem hohen
Küstengebirge gebildet, dessen Reste die heutigen Gebirge Kretas
und Karpathos darstellen, die mit ihren rund 2450 m hohen Gipfeln
die höchsten der Ägäis sind. Dort werden wohl seinerzeit andere
faunistische Verhältnisse als in der übrigen Ägäis geherrscht
haben. Heute äußert sich das mehr in einem Minus als Plus von
Reptilienarten. So fehlen auf Kreta sonst so weit verbreitete Arten
wie *Ophisaurus apodus, Typhlops vermicularis, Eryx jaculus,
Natrix natrix* und *Coluber najadum.* Diese ehemalige Südküste
des Ägäisfestlandes, deren Reste Kreta und Karpathos darstellen,
erstreckte sich von Zypern über Kreta, vermutlich mit Einschluß
Süditaliens, bis Sizilien und vielleicht über Malta bis nach Tunis[56].
Ihr folgte von Osten her als typischer Küstenbewohner *Chalcides
ocellatus,* der heute noch auf Zypern, Rhodos, Karpathos und
Kreta lebt und sich in andern Rassen auch auf Sizilien, Malta und
Nordafrika erhalten hat.

Trägt man sich auf einer Karte die heutige Verbreitung der
Reptilienarten ein, so fällt einem die Gegend in der Breite von
Naxos auf. Hier müssen zur Zeit des ehemaligen Festlandes Ver-
hältnisse geherrscht haben, die einigen Reptilien ein Vordringen
nach Westen ermöglichten, das ihnen sonst im Ägäisraum ver-
wehrt war (siehe Karte I). Es betrifft *Agama stellio,* die bis in die
Gegend der heutigen Inseln Mykonos, Delos, Naxos, Paros und
Antiparos vordrang, und *Vipera lebetina,* die bis Siphnos, Kimolos,
Polinos und Milos gelangte. Vielleicht war gerade dieses Gebiet
versteppt und wurde darum von diesen xerophilen Tieren besiedelt.
Warum beide Arten nicht noch weiter nach Westen vordrangen und
warum *Vipera lebetina* heute nur auf die Milos-Gruppe und auf
Siphnos beschränkt ist, darüber könnte man nur müßige Speku-
lationen anstellen. Die Tatsache ihrer heutigen Verbreitung aber
läßt meiner Meinung nach gar keine andere Erklärung zu. Auf
demselben Weg muß auch, zeitlich wahrscheinlich viel früher,
Lacerta danfordi von Kleinasien nach dem Peloponnes gelangt
sein, wo sie sich seither zu einer so extremen Rasse umbildete,
daß sie von manchen Herpetologen als eigene Art aufgefaßt wird.

[56] Wird von P a p p bezweifelt.

Ihr Weg wird heute noch durch ihr Vorkommen auf den Inseln Nikaria und Samos markiert. Denselben Weg in entgegengesetzter Richtung ging meiner Meinung nach *Lacerta muralis,* die vom Peloponnes bis auf den Milos-Archipel gelangte. Es wäre aber, im Hinblick auf das eigenartige Exemplar von *Lacerta saxicola* (?) aus Kleinasien, das ich S. 692 erwähnte, außer dem sehr langen, unbelegten Weg, nicht viel dagegen zu sagen, wenn jemand der Ansicht wäre, daß auch die *muralis*-Form von Milos mit *Vipera lebetina* zusammen aus dem Osten einwanderte. Diese geologisch sicher alten Arten, die auf den Kykladen in ihrer beschränkten Verbreitung ausgesprochene Reliktformen darstellen, sind sehr wahrscheinlich früher auf sie gelangt als die zweifellos jüngere, explosiv sich verbreitende *Lacerta erhardii.*

Die faunistischen Befunde bezüglich des ersten Ägäiseinbruches (siehe II. Karte, I) stimmen recht gut mit denen der Geologen überein. Nach P a p p ist dieser Meeresarm bereits im Miozän an der Nordküste Kretas nachweisbar und hat damals schon Karpathos von Kreta getrennt. Tiergeographisch bedeutungsvoll wird er aber erst im jüngeren Pliozän, als er sich verbreiterte und weiter nach Nordwesten bis in das Gebiet von Attika sich ausdehnte. Während die Geologen den Verlauf dieses Einbruches nur ganz allgemein angeben können, glaube ich ihn auf Grund der Verbreitung der *Lacerta erhardii* genauer angeben zu können. Einige Kykladeninseln haben nämlich nachgewiesenermaßen keine *erhardii*-Bevölkerung!

Falls man nicht annehmen will, daß sie ausgerechnet auf diesen Inseln aus unerklärlichen Gründen später ausgestorben sind (für Paros könnte dies, wie ich S. 712 ausführte, noch exakt festgestellt werden), so bleibt nur übrig, einen Einbruch anzunehmen, wie ich ihn auf der Karte II einzeichnete, und der Makronisi, Kea, Paros, Antiparos und den Milos-Archipel zu Inseln werden ließ, bevor sie von *L. erhardii* besiedelt wurden[57]. Seit durch N i e t - h a m m e r unsere Kenntnis von der Verbreitung der *L. erhardii* auf dem Peloponnes so sehr erweitert wurde (siehe S. 702) und die Möglichkeit vorhanden ist (siehe S. 701), daß diese auch im Taygethos vorkommt, besteht keine Schwierigkeit mehr, anzunehmen, daß sie Kreta vom Peloponnes aus besiedelt hat, so daß die Annahme späterer Landbrücken zwischen den Kykladen und Kreta unnötig wird.

Wie man aus der Karte II ersieht, nehme ich fünf Besiedlungswege der westägäischen Inseln durch *L. erhardii* an. Auf dem nördlichsten wurden die Nördlichen Sporaden erreicht, wo sie

[57] Die in den Einbruch mit einbezogenen Petali-Inseln und Giura sind herpetologisch noch unerforscht!

Karte I.

○ *Agama stellio,* △ *Vipera lebetina,* + *Lacerta danfordi.*

Die Zone der Westwanderung der genannten 3 Arten ist durch voll ausgezogene feine Linien begrenzt.

—·—·—·— Linien der Westgrenzen von *Agama* und *Vipera.*

————— Linie der Ostgrenze von *Lacerta muralis.*

············ hypothetische Südküste des alten ägäischen Festlandes.

Die ganz kleinen Inseln und Klippen sind auf dieser Karte überdimensioniert und die südlichsten der Kykladen weggelassen!

Karte II.

.... hypothetische Südküste des alten ägäischen Festlandes.
————— angenommener, wahrscheinlicher I., II. Ägäiseinbruch, III, Längsabsenkung.
—·—·—·— die von *Lacerta erhardii* besiedelten Gebiete der Nördlichen Sporaden
und der Kykladen.
— — — — Südostgrenze der derzeitigen Schlangenverbreitung auf den Kykladen.
● Fundorte von *Vipera ammodytes* auf den Kykladen.

Die ganz kleinen Inseln und Klippen sind auf dieser Karte überdimensioniert!

L. e. ruthveni ausbildete, der zweite führte die der *erhardii*-Urform wahrscheinlich am nächsten stehende *L. gaigeae* nach Skyros, der dritte die Hauptmenge der *erhardii*-Formen von Euböa aus auf die Kykladen. Auf dem vierten Weg wurden vom nördlichsten Peloponnes aus die Inseln Kythnos, Seriphos und Siphnos besiedelt, deren *erhardii*-Rassen *thermiensis* und *erhardii* — untereinander sehr ähnlich — in einem gewissen Gegensatz zu allen anderen Kykladen-Rassen stehen. Der fünfte Weg brachte *erhardii* vom südlichen Peloponnes nach Kreta.

Wenden wir uns nun nochmals dem Verbreitungsgebiet von *L. erhardii* auf den Ost-Kykladen zu (mittlerer, dritter Ausbreitungsweg), so erkennen wir aus meinen Ausführungen im systematischen Teil, besonders bei Betrachtung der großen Tabelle ab S. 742, daß die Zahl der Inselrassen nach Südosten immer größer wird und sich jede auf eine immer kleinere Zahl von immer kleiner werdenden Inseln beschränkt und daß auch die Rassenmerkmale immer schärfer und betonter werden. So schwer und unbefriedigend es ist, Formen wie *mykonensis, naxensis* und *amorgensis* diagnostisch zu unterscheiden und ihre Verbreitungsgebiete gegeneinander abzugrenzen, so leicht fällt dies bei den viel zahlreicheren südlichen Rassen. Der Grund dafür ist klar und auch geologisch begründet. Da der weitere Zerfall in Inseln von Südosten nach Nordwesten fortschritt, so sind die südöstlichsten Inseln die ä l t e s t e n u n d a u c h k l e i n s t e n. Die dort erhalten gebliebenen *Lacerta*- und *Gymnodactylus*-Populationen (ebenso wie die Tenebrioniden, Albinarien und manche Pflanzengattungen) waren am längsten isoliert und konnten sich nach den bekannten Gesetzen der Mikroevolution am frühesten zu gut charakterisierten Rassen entwickeln.

Hand in Hand mit dieser Zersplitterung der südöstlichsten Kykladen südlich von Amorgos in kleine und kleinste Inseln, ging eine große Verarmung der Tier- und Pflanzenwelt auf denselben, vor allem bedingt durch Wasserlosigkeit. Die Trockenheit dieser Inseln wird noch gefördert durch die fast ständig wehenden, starken Winde, die zwar an und für sich feucht sind und auf den Bergen oft Nebelbildungen hervorrufen, aber die Bodenfeuchtigkeit nicht heben, weil diese durch die starke Sonnenhitze gleich wieder aufgesaugt wird. Alle anspruchsvolleren Tiere und Pflanzen der Ägäis sind solchen Umweltsbedingungen anscheinend nicht gewachsen, und soweit sie früher auf den südöstlichen Kykladen beheimatet waren, starben sie dort aus. Unter den Reptilien betrifft das insbesondere die Schlangen. S ü d ö s t l i c h d e r a u f d e r K a r t e s t r i c h l i e r t g e z e i c h n e t e n L i n i e g i b t es heute keine Schlangen mehr. In diesem verarmten Gebiet leben heute nur mehr zwei Reptilienarten: *Lacerta erhardii* und *Gymnodactylus kotschyi*. Diese allerdings in meist großer Individuenzahl und überall, außer auf den ganz kleinen, völlig vegetationslosen Klippen.

Neben der autochthon und explosiv sich entwickelnden *Lacerta erhardii* sind während der Zeit des westägäischen Einbruches nicht viele andere Reptilienarten eingewandert. Neben *Coluber jugularis caspius, Elaphe quatuorlineata* und *Elaphe longissima* war es nur noch *Vipera ammodytes*. Deren heutige Verbreitung auf den Kykladen ist eine so beweiskräftige Stütze für meine Theorie der frühen Inselwerdung des Paros-Archipels, wie ich sie mir nicht besser wünschen kann. Auf Karte II ist ihre heutige Inselverbreitung eingezeichnet. *Vipera ammodytes* gelangte auf demselben Weg wie *L. erhardii* von Euböa aus über Andros—Tinos—Mykonos—Delos—Syra—Naxos—Heraklea—Ios bis Sikinos und hatte damit offenbar die damalige Südküste der Kykladen-Halbinsel erreicht. (Diese wird auch von S e i d l i t z 1931 geologisch bestätigt.) Denselben Weg nahm wahrscheinlich auch der Z w e r g e l e f a n t (siehe P a p p S. 818).

Schließlich wäre noch ein letzter nordwestlicher Einwanderer zu erwähnen, nämlich *Lacerta viridis*. Sie kam jedenfalls sehr spät und hat nur mehr festlandnahe Inseln erreicht. Ganz im Norden Samothrake und Thasos (nicht mehr aber Thasopulo!), auf den Nördlichen Sporaden Skiathos, auf den Kykladen Euböa und — bisher tiergeographisch nicht erklärbar — Tinos in der Rasse *citrovittata* Wern.

Kreta empfing aus dem Peloponnes mit *Lacerta erhardii* zusammen *Coluber gemonensis*.

Was nun die zeitliche Aufeinanderfolge und Dauer dieser Einwanderungen anbelangt, so lassen sie sich aus der instruktiven Tabelle von P a p p S. 817 ablesen. Nach ihm begann die Einwanderung von *Lacerta erhardii* und ihrer Begleitfauna in die Kykladenmasse (damals allem Anschein nach eine langgestreckte Halbinsel) vor 600.000 Jahren im Calabriano. 220.000 Jahre später hat sich *erhardii* über die gesamte Kykladenmasse ausgebreitet und ihre südöstlichste Küste erreicht. *Coluber j. caspius* ist ihr offenbar vorausgeeilt und hat Karpathos noch erreicht, *erhardii* aber nicht mehr, weil die Verbindung inzwischen abbrach. Während der I. Tyrrhenischen Stufe wurden die südlichen Kykladen zu einem Inselarchipel. Damit begann die Rassenbildung von *L. erhardii* und *Gymnodactylus kotschyi* auf diesen und hält seit 380.000 Jahren bis heute an. Etwa zur selben Zeit erfolgte die Ein-

wanderung von *Vipera ammodytes* auf der nördlichen Kykladenhälfte. Die Rassenbildung von *L. erhardii* (und *Vipera ammodytes*)
begann mit der Inselauflösung in der nördlichen Kykladenhälfte
während der II. Tyrrhenischen Stufe erst vor 100.000 Jahren, kann
heute daher noch nicht soweit vorgeschritten sein wie in der südlichen Hälfte. Die Besiedlung Kretas durch *erhardii* und *Coluber
gemonensis* erfolgte nach P a p p möglicherweise schon während
der Römischen Regression, wahrscheinlich aber erst zur Zeit der
Intertyrrhenischen Regression. Dazu hatten diese Arten bis zur
Isolierung Kretas 290.000 beziehungsweise 50.000 Jahre Zeit.

Erfreuliche Einhelligkeit zwischen den Geologen, Floristen
und Faunisten besteht über die sehr frühe Isolierung von Karpathos, die auf Karte II durch den Einbruch II und den südöstlichsten Teil von Einbruch III markiert ist. Die sehr altertümliche,
endemitenreiche Flora wird von R e c h i n g e r (1951) hervorgehoben, und die sehr verarmte, zum Teil auch endemische Tier-
welt (z. B. *Gymnodactylus kotschyi oertzeni, Ablepharus kitaibelii
fabichi*) spricht ebenfalls für eine frühe Isolierung. Dennoch muß
noch später einmal eine wahrscheinlich nur kurz dauernde Verbindung mit der südöstlichen Kykladenmasse bestanden haben,
auf der *Coluber jugularis caspius* nach Karpathos gelangte, nicht
aber *Lacerta erhardii. C. j. caspius* kann auf keinem anderen Weg
hingekommen sein, außer man flüchtet in die Verlegenheits-
annahme einer Einschleppung durch den Menschen.

Ursprünglich hatte es den Anschein, als wären sich die Biologen und Geologen auch über den langen Längsbruch einig, der
zwischen Karpathos und Rhodos begann und im Golf von Saros
endete (siehe II. Karte, III). Für uns Biologen war die Feststellung
dieses Längsbruches, den wir bis jetzt als einen der ersten angesehen haben, das schönste und gesichertste paläogeographische Ergebnis unserer Forschungen (siehe W e r n e r 1935; W e t t s t e i n
1938; K o c h 1944; R e c h i n g e r insbes. 1951). Die Existenz dieses
Bruches erschien auch durch geologische Arbeiten (S e i d l i t z
1931) gesichert. Eine mündliche Aussprache mit Herrn Kollegen
P a p p und seine hier wiedergegebenen Ausführungen ergaben,
daß nach den neuesten geologischen Anschauungen die Existenz
dieses früh erfolgten Längsbruches nicht mehr wahrscheinlich ist.
Und zwar handelt es sich dabei ungefähr um das Stück zwischen
Mykonos und Ikaria im Norden bis zwischen Astropalia und Kos
im Süden. Auf dieser Strecke könnte eine Landverbindung zwischen
Ost und West noch bis in die Intertyrrhenische Regression (Riß-
Eiszeit) bestanden haben. Für uns Biologen ist diese Grenzlinie
durch viele faunistische und floristische Befunde belegt. Es sei hier

hervorgehoben, daß diese Linie, die W e r n e r, R e c h i n g e r und i c h (a u c h n o c h i m s y s t e m a t i s c h e n T e i l d i e s e r A r b e i t) in Unkenntnis der neueren geologischen Ergebnisse n a c h S e i d l i t z den 1. ägäischen Längseinbruch nannten, w e d e r d e r e r s t e n o c h i n s e i n e m m i t t l e r e n, o b e n g e n a n n t e n T e i l e i n g e o l o g i s c h e r B r u c h i s t. Im Einvernehmen mit P a p p wurde die Bezeichnung A b s e n k u n g für diese tier- und pflanzengeographisch so bedeutungsvolle Linie gewählt. Dabei muß es vorläufig dahingestellt bleiben, ob diese Absenkung durch Wasser- oder Sumpfbedeckung oder auf andere Weise eine so auffallende, lang bestehende, biologische Trennungszone war. Herpetologisch läßt sie sich durch zwei Eidechsenarten genau festlegen, d i e i m g a n z e n B e r e i c h d e r Ä g ä i s n i r g e n d s z u s a m m e n v o r k o m m e n, daher nicht der altägäischen Festlandsfauna angehört haben können, und deren gemeinsame Verbreitungsgrenze genau mit dieser Absenkung zusammenfällt. Sie können das Gebiet daher nur besiedelt haben, nachdem die Längstrennung bereits erfolgte. Diese zwei Leitformen sind für die Osthälfte *Ophisops elegans*, für die Westhälfte *Lacerta erhardii*. Während dieser Zeit hat *Lacerta erhardii*, deren Ursprungsgebiet wir uns etwa in der Gegend des heutigen Thessalien zu denken haben, fast die ganzen Kykladen besiedelt. Zur Zeit der Intertyrrhenischen Regression war diese Besiedlung längst erfolgt, und hätte bis dahin noch eine Landverbindung nach Kleinasien hinüber bestanden, so müßte *Lacerta erhardii* und andere junge kykladische Tier- und Pflanzenarten auch auf die kleinasiatische Seite gelangt sein, und umgekehrt müßten *Ophisops elegans* und andere junge kleinasiatische Tier- und Pflanzenarten auf die Kykladen gelangt sein. Man müßte dann heute hüben und drüben wenigstens auf einigen Inseln diese Arten feststellen können. Die Erforschung aller in Betracht kommenden Inseln und auch der anschließenden Festlandsküsten ist heute aber weit genug gediehen, daß wir mit Sicherheit behaupten können, daß ein solcher Austausch nicht möglich war. Diese auf der Karte II mit III bezeichnete Ägäislängseinsenkung bildet eine sehr scharfe, floristisch und faunistisch leicht erkennbare Grenze und muß schon sehr früh erfolgt sein. Vom biologischen Standpunkt aus könnte sie im Siziliano (siehe Tabelle) entstanden und seither auch geblieben sein.

Wesentlich einfacher als in der Westägäis gestaltete sich die Besiedlung der Ostägäis nach der Längsabsenkung (III). Zu der schon vorhandenen altägäischen Herpetofauna wanderten in breiter Front neben *Ophisops elegans* in der nördlichen Hälfte *Eirenis modesta*, im Süden *Blanus strauchi* und speziell nach Rhodos

Mabuia aurata, Coluber j. jugularis und *Coluber ravergieri num-mifer* ein.

Was die Reihenfolge der Inselabtrennung auf der Ostseite anbelangt, kann derzeit nur behauptet werden, daß Nikaria früher Insel wurde als der Furni-Archipel und Samos, denn Nikaria wurde von *Ophisops* noch besiedelt, von *Eirenis* aber nicht mehr, die aber auf dem Furni-Archipel und auf Samos vorkommt.

Es wird vielleicht manchem diese Darstellung allzu verein-facht vorkommen. Sie ist, wie ich nochmals betonen will, aus-schließlich auf die heutige Verbreitung der Reptilien begründet und mehr läßt sich meines Erachtens aus ihr nicht herausholen. Im großen und ganzen stimmt sie mit den pflanzengeographischen Ergebnissen Rechingers und den koleopterologischen Ergeb-nissen Kochs und in vieler Hinsicht auch mit den geologischen Befunden überein. Für die Sonderstellung von Paros, die herpeto-logisch zum Ausdruck kommt, konnte ich bei bisher nur flüchtigem Einblick in die einschlägige Literatur sonst keinen Beleg finden.

Die Sonderstellung der drei südlichen großen Inseln Rhodos — Karpathos — Kreta als Reste eines alten Küstengebirges, kommt auch in der Herpetofauna zum Ausdruck. Wie bei Vögeln (Wettstein 1938, Niethammer 1943) und Säugern (Wett-stein 1942, Zimmermann 1953) können auch bei einzelnen Reptilien Formenreihen festgestellt werden.

Zypern	Rhodos	Karpathos	Kreta	Peloponnes
Gymno-dactylus kotschyi fitzingeri	—	*G. k. oertzeni*	*G. k. bartoni*	*G. k. kotschyi*
—	*Lacerta strigata diplo-chondrodes*	—	*L. s. polylepidota*	*L. s. trilineata*
—	*Ablepharus kitaibelii kitaibelii?*	*A. k. fabichi*	*A. k. fabichi*	*A. k. kitaibelii*
Chalcides ocellatus ocellatus	*Ch. o. ocellatus*	*Ch. o. ocellatus*	*Ch. o. ocellatus*	?
Coluber jugularis jugularis	*C. j. jugularis*	*C. j. caspius*	*C. gemonensis*	*C. gemonensis*
Telescopus fallax cyprianus	*T. f. rhodicus*	—	*T. f. pallidus*	*T. f. fallax*

Ein eingehender Vergleich der hier gebrachten Theorie der Inselentstehung mit den Ergebnissen anderer Autoren würde den Rahmen dieser ohnehin schon sehr umfangreich gewordenen Arbeit, die nur den Reptilien gewidmet sein soll, sprengen. Ich beabsichtige, ihn in einer eigenen, späteren Arbeit durchzuführen.

Während der Raum des heutigen Ägäischen Meeres ein so wechselvolles Schicksal erlitten hat, ist sein Nordrand stabil geblieben. Hier konnte zwischen dem Balkan und Kleinasien über die Bosporusbrücke ein Faunenaustausch stattfinden. Auf diesem Wege gelangte von Reptilien z. B. *Lacerta viridis* vom Balkan aus nach Kleinasien und umgekehrt *Ophisops elegans* und höchstwahrscheinlich auch *Agama stellio* auf den Balkan, wo letztere als Relikt heute noch bei Saloniki lebt.

Es sei bei dieser Gelegenheit noch einer sehr merkwürdigen Form, der *Lacerta sicula hieroglyphica* Berthold, Erwähnung getan. Daß diese Form zu *sicula* gehört, darüber sind sich alle Herpetologen einig. *Lacerta sicula* ist aber eine rein dalmatinisch-italienisch-tyrrhenische Art und es besteht absolut keine Möglichkeit, die auf die engste Umgebung des Marmarameeres beschränkte *hieroglyphica* mit ihr geographisch irgendwie in Verbindung zu bringen. Da ihr weitabgelegenes, isoliertes Vorkommen auf natürlichem Wege nicht erklärt werden kann, dachte ich daran, daß sie vielleicht zur byzantinischen Zeit von den Römern dort eingebürgert worden sein könnte. Es wäre denkbar, daß die Römer diese schmucken, zierlichen und behenden Tiere, die in Italien ihre Gärten belebten, schätzten und in ihrer neuen Heimat, wo es keine gleichartigen Eidechsen gab, einführten. Herr Prof. Dr. J. K e i l hat sich auf meine Bitte hin der großen Mühe unterzogen, die in dieser Frage in Betracht kommende archäologische Literatur durchzusehen, wofür ich ihm hier nochmals bestens danke. Leider haben sich keine Anhaltspunkte finden lassen, die meine Theorie stützen könnten, und so bleibt sie auch weiterhin bloß Vermutung. Dieser gibt auch M e r t e n s (1952 b) in seiner eben erschienenen Arbeit Ausdruck.

Literaturverzeichnis zum systematischen Teil.

B e d r i a g a, J. v. (1882): Die Amph. u. Rept. Griechenlands. Bull. Soc. Imp. Nat. Moscou, Bd. LV, S. 1—195.

B i r d, C. G. (1935): Rept. a. Amph. of the Cyclades. Ann. Mag. N. H., Ser. 10, Vol. XVI, S. 274—284.

— (1936): The distribution of Rept. a. Amph. in Asiatic Turkey..., ebendort, Vol. XVIII, S. 257—281.

B o l k a y, Stj. (1919): Add. to the Herpet. of the Western Balkan Peninsula. Glas. Zema. Mus. Bosni i Hercegovini, Sarajevo, XXXI. Bd., S. 1—38.

Bolkay, Stj. (1928): Contr. to the knowledge of L. muralis albanica. Glas. Zemal. Mus. Bosni i Hercegovini, Sarajevo, XL. Bd., S. 17—22.

Boettger, Osk. (1880): Rept. u. Amph. v. Syrien, Palästina u. Cypern. Jahresber. Senckenberg. Naturfor. Ges. 1879/80, Frankfurt a. M., S. 1—85.

— (1888): Verz. d. v. E. v. Oertzen aus Griechenl. u. Kleinasien mitgebrachten Batr. u. Rept. Sitz.-Ber. Preuß. Akad. Wiss. Berlin, V. Bd., S. 139—186.

Boulenger, G. A. (1920): Monograph of Lacertidae, London, Vol. I.

Buresch, Iwan, u. Zonkow, J. (1933, 1934): Untersuchungen ü. d. Verb. d. Rept. u. Amph. in Bulgarien u. auf d. Balkanhalbinsel. Mitt. Kgl. naturwiss. Inst. Sofia. I. T. Schildkröten u. Eidechsen. Bd. VI, 1933. II. T. Schlangen. Bd. VII, 1934.

Calabresi, E. (1923): Escursioni Zool. del E. Festa dell'Isola di Rodi. Boll. Mus. Zool. Anat. comp. Univ. Torino, Vol. 38, Nuo. Ser. Nr. 9, S. 9—14.

Chabanaud, P. (1919): Enumération des Rept. et Batraciens de la pénin. Balcanique... (L. riveti). Bull. Mus. Paris, N. 1, S. 23.

Cyrén, O. (1908): Herpetologisches von einer Balkanreise. Zool. Beobachter, Heft 9—12.

— (1924): Klima u. Eidechsenverbr. Medd. Göteborgs Mus., Zool. Avd., 29. Bd.

— (1928): Herpetologisches v. einer Reise n. Griechenland. Bl. f. Aquar. u. Terr. Kde, XXXIX. Bd., S. 9—15.

— (1933): Lacertiden d. südöstl. Balkanhalbinsel. Mitt. Königl. Naturwiss. Inst. Sofia, VI. Bd., S. 219—240.

— (1935): Herpetologisches v. Bálkan. Bl. f. Aquar. u. Terr. Kde., XXXXVI. Bd., S. 129—135.

Eisentraut, M. (1949): Die Eidechsen der spanischen Mittelmeerinseln. Mitt. Zool. Mus. Berlin, 26. Bd., 223 S., X Taf.

Günther, A. (1876): Descrip. of a new Spec. of Lizard f. Asia Minor. Proc. Zool. Soc. London, S. 817—818.

Karaman, St. (1921): Beitr. z. Herpetol. v. Jugoslawien. „Glasnik", Kroat. Naturw. Ges. Zagreb (Agram), Bd. XXXIII, S. 193—208.

— (1922): Beitr. z. Herpetol. v. Mazedonien. „Glasnik", Kroat. Naturw. Ges. Zagreb (Agram), Bd. XXXIV, S. 1—22.

— (1928): III. Contr. à l'Herpétol. de la Jugoslavia. Bull. Soc. Scien. Skoplje, Tom. IV., S. 130—143.

Kattinger, E. (1941): Makedonische Reptilien. I., II., III., Wochenschr. f. Aquar. u. Terr. Kde., S. 193—195, 365—366, 441—442.

— (1942): Makedonische Reptilien. IV., V., VI., Wochenschr. f. Aquar. u. Terr. Kde., S. 59—60, 89—90, 141—142.

Lantz, L. A. (1926): Note sur Lacerta riveti Chab. Bull. Soc. Zool. France, 51. Bd., S. 39—45.

Méhely, L. v. (1905): Die herpetologischen Verhältnisse des Mecsekgebirges und der Kapela. Ann. Mus. Nation. Hungar. Budapest, III. Bd., S. 304.

— (1909): System und Phylogenie d. muralis-ähnlichen Lacerten. Ann. Mus. Nation, Hungar., Budapest, VII. Bd., S. 409—621.

Mertens, R. (1923): Beitr. z. Herpet. Rumäniens. Senckenbergiana, Frankfurt a. M., Bd. 5, S. 207—227.

— (1926): Zool. Ergeb. einer Reise n. d. Pelagischen Ins. u. Sizilien. Senckenbergiana, Frankfurt a. M., Bd. 8, S. 225—259.

M e r t e n s, R. (1932): Zur Verb. u. System. einiger Lacerta-Formen d. Apenninischen Halbins. u. d. Tyrrhenis. Senckenbergiana, Frankfurt a. M., Bd. 14, S. 235—259.
— (1946): Über einige mediterrane Schildkröten-Rassen. Senckenbergiana, Frankfurt a. M., Bd. 27, S. 111—118.
— (1951): Die Levante-Otter d. Cycladen. Senckenbergiana, Frankfurt a. M., Bd. 32, S. 207—209.
— (1952 a): Über den Glattechsen-Namen Ablepharus pannonicus. Zool. Anz., 149. Bd., S. 48—50.
— (1952 b): Amph. u. Rept. aus der Türkei. Rev. Fac. Sci. Univ. Istanbul, Ser. B, Bd. 17, Fasc. 1, S. 41—75.
M e r t e n s, R., u. M ü l l e r, L. (1940): 2. Liste d. Amph. u. Rept. Europas. Abh. Senckenb. Naturforsch. Ges., Frankfurt a. M., Abh. 451.
M ü l l e r, L. (1933): Beit. z. Herpet. d. südosteuropäischen Halbinsel. Zool. Anz., Bd. 104, S. 1—14.
— (1934): Neigung z. Melanismus b. Rept. v. d. Ins. Milos. Blätt. f. Aquar. u. Terr. Kde, 45. Jahrg., S. 271—272.
— (1935): Über die Smaragdeidechse der Kykladen-Insel Milos. Zool. Anz., 109. Bd., S 225—236.
— (1938): Die Mauereidechse v. Gerakúnia. Blätt. f. Aquar. u. Terr. Kde. S. 38—40.
— (1939 a): Die v. Jordans u. Wolf i. Bulgarien gesammelten Amph. u. Rept. Mitt. Königl. Naturw. Inst. Sofia, Bd. XIII, S. 1—17.
— (1939 b): Bemerk. über in der Umgeb. v. Akschehir gesammelte Schlangen. Zool. Anz., Bd. 127, S. 83—95.
M ü l l e r, L., u. W e t t s t e i n, O. (1933): Amph. u. Rept. vom Libanon. Sitz.-Ber. Akad. Wiss. Wien, Abt. I, 142. Bd., S. 135—144.
N i k o l s k y (1915): Faune de la Russie, Rept. Vol. I.
R a d o v a n o v i ć, M. (1941): Zur Kenntnis der Herpetofauna des Balkans. Zool. Anz.. Bd. 136, S. 145—159.
S c h m i d t, K. P. (1939): Rept. a. amphib. from southwestern Asia. Zool. Ser. Field Mus. nat. Hist., Bd. 24, Nr. 7, S. 49—92, 1 Fig.
S c h w e i z e r, H. (1935): Beitr. z. Rept.-Fauna d. Inselgruppe v. Milos. Bl. f. Aquar. u. Terr. Kde. 46. Bd., S. 8—15.
— (1938): Vipera lebetina lebetina v. Milos, eine Eierlegerin. Bl. f. Aquar. u. Terr. Kde, 49. Jahrg., S. 33—38.
S i e b e n r o c k, F. (1906): Zur Kenntnis d. mediterranen Testudo-Arten ... Zool. Anz.. Bd. XXX, S. 847—854.
Š t ě p á n e k, O. (1934): Sur l'Herpétologie de l'Ile de Crête. Sbornik zool. odd. Nár. Mus. Praze, Vol. I, S. 7—10.
— (1937 a): Gymnodactylus kotschyi u. sein Rassenkreis. Arch. f. Naturgesch., N. F., Bd. 6, S. 258—280.
— (1937 b): Anguis fragilis peloponnesiacus n. ssp. Zool. Anz., 118. Bd., S. 107—110.
— (1937 c): Eine neue Unterart v. Gymnodactylus kotschyi aus Bulgarien. Mitt. königl. Naturwiss. Inst. Sofia, Bd. X, S. 281—285.
— (1938): Eine neue Rasse v. Ablepharus pannonicus. Sborník Národ. Mus. Praze (Prag), Vol. I. B. Zoologia Nr. 1, S. 1—10.
— (1939): Gymnodactylus kotschyi kalypsae n. subsp. Věstník ČS. zool. společnosti Praze (Prag), Vol. VI—VII, S. 431—435 (Verbreitungskarte).
T o r t o n e s e, E. (1948): Osserv. biolog. su Amfibi e Rettili di Rodi, Anatolia, Palestinae, Egitto. Arch. zool. ital., Bd. 33, S. 379—402.
V e n z m e r, G. (1917): Zur Schlangenfauna Süd-Kleinasiens... Arch. f. Naturgesch., Berlin, 83. Jahrg., Abt. A, S. 95—122.

Wermuth, H. (1950): Variationsstatistische Untersuch. b. d. Blindschleiche.
    Deutsche Zool. Zeitschr., 1. Bd., S. 81—121.
Werner, Fr. (1899): Beitr. z. Kenntn. d. Rept.- u. Batr.-Fauna d. Balkan-
    halbinsel. Wiss. Mitt. aus Bosnien u. Hercegovina, Wien, VI. Bd.,
    S. 817—841.
— (1902): Die Reptilien u. Amphibienfauna v. Kleinasien. Sitz-Ber. Akad.
    Wiss. Wien, Abt. I, CXI. Bd., S. 1057—1120.
— (1903): Rept. u. Batrachier aus Westasien. Zool. Jahrb., Abt. f. System.,
    19. Bd., S. 329—346.
— (1904): Zur Kenntnis d. Lacerta danfordi... Zool. Anz., XXVII. Bd.,
    S. 254—259.
— (1912): Beitr. z. Kenntnis d. Rept. u. Amph. Griechenlands. Arch.
    Naturgesch., 78. Jahrgang, Abt. A. 5. H.
— (1927): Beitr. z. Fauna Griechenlands. Zool. Anz., Bd. LXX., S. 135—143.
— (1929): Rept., Amph.: V. Teil von: Beier, M., Zool. Forschungsreise
    n. d. Jonischen Ins. u. Peloponnes. Sitz.-Ber. Akad. Wiss. Wien, Abt. I,
    138. Bd., S. 471—480.
— (1930): Contr. to the knowl. of the Rept. a. Amph. of Greece... Occ.
    Pap. Mus. Zool. Univ. Michigan, Ann Arbor, Nr. 211, S. 1—46, 6 Taf.
— (1933): Ergeb. zool. Studienreise nach den Ins. d. Ägäischen Meeres.
    I. Rept. u. Amph. Sitz.-Ber. Akad. Wiss. Wien, Abt. I, 142. Bd.,
    S. 103—133.
— (1934): Dritter Beitr. z. Kennt. d. Tierw. d. Ägäischen Inseln. Sitz.-Ber.
    Akad. Wiss. Wien, Abt. I, 143. Bd., S. 313—318.
— (1935): Rept. d. Ägäischen Inseln. Sitz.-Ber. Akad. Wiss. Wien, Abt. I,
    144. Bd., S. 81—117.
— (1936): Rept. from Mt. Troodos, Cyprus. Proc. Zool. Soc. London,
    S. 655—658.
— (1937a): Ergeb. d. 4. zool. Forschungsreise i. d. Ägäis. Sitz.-Ber. Akad.
    Wiss. Wien, Abt. I, 146. Bd., S. 89—104.
— (1937b): Beitr. z. Kennt. d. Tierw. d. Peloponnes... Sitz.-Ber. Akad.
    Wiss. Wien, Abt. I, 146. Bd., S. 135—153.
— (1938a): Ergeb. d. 8. zool. Forschungsreise i. d. Ägäis. Sitz.-Ber. Akad.
    Wiss. Wien, Abt. I, 147. Bd., S. 151—163.
— (1938b): Die Amphibien u. Reptilien Griechenlands. „Zoologica", Stutt-
    gart, Heft 94, 117 S., 18 Taf., 63 Abb. i. Text.
— (1942): Die Sandviper u. ihre Verbr. in Griechenland. Ann. Nat. Mus.
    Wien, 52. Bd., S. 161—163.
Wettstein, O. (1920): Amphibien, Eidechsen u. Schildkröten. (In: Kop-
    stein, F., u. Wettstein, O., Rept. u. Amph. aus Albanien.) Verh.
    zool. bot. Ges. Wien, 70. Bd., S. 410—457.
— (1926): Zur Systematik d. adriatischen Insel-Eidechsen. In: P. Kam-
    merer, Artenwandel auf Inseln. Verlag Fr. Deuticke, Wien, S. 265—297,
    8 Farbtaf.
— (1931): Herpetologie der Insel Kreta. Ann. Nat. Mus. Wien, Bd. XLV,
    S. 159—172.
— (1937): Vierzehn neue Rept.-Rassen v. d. ägäischen Inseln. Zool. Anz.,
    Bd. 118, S. 79—90.
— (1938): Die Typen v. Gymnodactylus-kotschyi- u. L.-erhardii-Rassen im
    Wiener Nat. Mus. Zool. Anz., Bd. 122, S. 333—336.
— (1951): Ergeb. d. Österr. Iran-Exped. 1949/50. Amph. u. Rept. Sitz.-Ber.
    Österr. Akad. Wiss. Wien, Abt. I, 160. Bd., S. 427—448.
— (1952): Dreizehn neue Reptilienrassen v. d. Ägäischen Inseln. Anz. math.-
    naturw. Kl. d. Österr. Akad. Wiss. Wien, Nr. 15 vom 16. XII., S. 251—256.

Z a v a t t a r i, Ed. (1929): Anfibi e Rettili. Ricerche Faunist. n. Isole
Italiane dell'Egeo (Governo d. Isole Egee) Napoli, S. 161—166. (Aus
Arch. Zool. Italiano, Vol. XII/XIII, 1928/29.)
Z i m m e r m a n n, K., W e t t s t e i n, O. v., S i e w e r t, H. u. P o h l e, H.
(1953): Die Wildsäuger von Kreta. Zeitschr. f. Säugerkde, Berlin, Bd. 17,
H. 1, S. 1—72, 1 Karte, 9 Taf.

Literaturverzeichnis der wichtigsten Arbeiten zur Tiergeographie und Geologie der Ägäis.

A r l d t, Th. (1915): Aus der Entwicklungsgeschichte des Bosporus und der
Dardanellen. „Natur", Deutsche u. Österr. Naturw. Ges., Leipzig, H. 14,
S. 256—259, 1 Karte.
K o c h, C. (1944): Die Tenebrioniden Kretas (Col.). Mitt. Münchner Entomolog. Ges., XXXIV. Jahrg., S. 255—363, mit 12 Tafeln, zahlr. Verbreitungskarten u. einer Routenkarte v. Kreta.
N i e t h a m m e r, G. (1942): Über die Vogelwelt Kretas. Mit einem Beitrag
von O. v. W e t t s t e i n. Ann. Nat. Mus. Wien, 53. Bd., S. 5—59, mit
5 Tafeln u. einer Routenkarte v. Kreta.
P a p p, A. (1947): Über die Entwicklung der Ägäis im Jungtertiär. Sitz.-Ber.
Akad. Wiss. Wien, Abt. I, 155. Bd., S. 243—279, 1 Textabb.
R e c h i n g e r, K. H. fil. (unter Mitarbeit v. F. R e c h i n g e r - M o s e r)
(1951): Phytogeographia aegaea. Denkschr. Akad. Wiss. Wien, S. 1—208,
mit 32 Tabellen u. 4 Verbreitungskarten. (Sehr eingehende Behandlung
des Themas mit Berücksichtigung der Zoogeographie und Geologie,
mit großem Literaturverzeichnis, aus dem alle anderen hier nicht erwähnten Arbeiten zu entnehmen sind.)
S e i d l i t z, W. v. (1931): Diskordanz und Orogenese der Gebirge am
Mittelmeer. Berlin. (Mit instruktiver Karte der Ägäis.)
W e r n e r, Fr. (1935): Zoogeographische Forschungsreisen im östlichen
Mittelmeergebiet. Forsch. u. Fortschr. Berlin, 11. Jahrg., Nr. 35/36,
S. 456—457.
W e t t s t e i n, O. v. (1938): Die Vogelwelt der Ägäis. Jour. f. Ornith.,
86. Bd., S. 9—53. (Mit einer Karte der Ägäis mit den Namen sämtlicher
besuchter Inseln u. einem Itinerar der Reisen 1934 u. 1935.)
— (1941): Die Säugerwelt der Ägäis nebst einer Revision des Rassenkreises von Erinaceus europaeus. Ann. Nat. Mus. Wien, 52. Bd. (1942),
S. 245—278, mit 1 Taf. u. 1 Verbreitungskarte.
Z i m m e r m a n n, K., W e t t s t e i n, O. v., S i e w e r t, H. u. P o h l e, H.
(1953): Die Wildsäuger von Kreta. Zeitschr. f. Säugerkde, Berlin, Bd. 17,
H. 1, S. 1—72, 1 Karte, 9 Taf.

Die in den Sitzungsberichten Abtlg. I und Abtlg. II a der math.-nat. Klasse der Österr. Ak. d. Wiss. erscheinenden Abhandlungen werden auch einzeln abgegeben. Sie können durch jede Buchhandlung oder direkt durch die Auslieferungsstelle der Österreichischen Akademie der Wissenschaften (Wien I, Singerstraße 12) bezogen werden.

Nachfolgende Abhandlungen aus dem Fache **B o t a n i k** (Biologie) sind erschienen:

1948 (S I Bd. 157):

Baum Hermine: Postgenitale Verwachsung in und zwischen Karpell- und Staubblattkreisen (mit 7 Textabbildungen), 21 Seiten. S 10.—

Hofmeister L.: Vitalfärbungsstudien mit Chrysoidin, 27 Seiten. S 16.—

1949 (S I Bd. 158):

Franz H.: Erster Nachtrag zur Landtierwelt der mittleren Hohen Tauern, mit einem Beitrag von J. Klimesch, 77 Seiten. S 40.—

Janchen E.: Das System der Koniferen, 107 Seiten. Vergriffen

Will-Richter Gerda: Der osmotische Wert der Lebermoose (mit 48 Textabb.), 111 Seiten. S 54.—

1950 (S I Bd. 159):

Cholnoky B. v. und Höfler K.: Vergleichende Vitalfärbungsversuche an Hochmooralgen (mit 23 Textabbildungen), 39 Seiten. S 29.40

1951 (S I Bd. 160):

Biebl R.: Bodentemperaturen unter verschiedenen Pflanzengesellschaften (mit 9 Textabbildungen), 19 Seiten. S 13.—

Fritz Anna: Veränderungen von Plasmaeigenschaften durch Vitalfarbstoffe, I. Prune pure, 99 Seiten. S 19.—

Kasy Rosemarie: Untersuchungen über Verschiedenheiten der Gewebeschichten krautiger Blütenpflanzen in Beziehung zu entwicklungsgeschichtlichen Befunden Hans Winklers an Pfropfbastarden (mit 2 Textabbildungen), 63 Seiten. S 29.—

Kopetzky-Rechtperg O.: Über eine Mißbildung der Alge Netrium digitus (Ehrenberg) Itzigs und Rothe (mit 1 Textabbildung), 5 Seiten. S 2.50

Krebs Ingeborg: Beiträge zur Kenntnis des Desmidiaceen-Protoplasten: I. Osmotische Werte. II. Plastidenkonsistenz (mit 3 Textabbildungen), 34 Seiten. S 20.—

Loub W.: Über die Resistenz verschiedener Algen gegen Vitalfarbstoffe (mit 4 Textabbildungen), 37 Seiten. S 20.—

Luhan Maria: Zur Wurzelanatomie unserer Alpenpflanzen: I. Primulaceae (mit 10 Textabbildungen), 26 Seiten. S 12.50

Stadelmann E.: Zur Messung der Stoffpermeabilität pflanzlicher Protoplasten: I. Die mathematische Ableitung eines Permeabilitätsmaßes für Anelektrolyte (mit 6 Textabbildungen), 26 Seiten. S 18.—

Weber E.: Physiologische Untersuchungen an Euglena olivacea. 23 Seiten. S 7.—

1952 (S I Bd. 161):

Cholnoky B. J. v.: Beobachtungen über die Plasmolyse: I. Die protoplasmatische Wirkung von NaCl-, NaOH- und HCl-Gemischen auf Delphinium-Blumenblattzellen (mit 7 Tafeln), 18 Seiten. S 12.90

Höfler K., w. M., und Loub W.: Algenökologische Exkursion ins Hochmoor auf der Gerlosplatte (mit 2 Textabbildungen), 21 Seiten. S 10.70

Kopetzky-Rechtperg O.: Artenliste von Desmidiales aus den österreichischen Alpen (mit 1 Textabbildung), 22 Seiten. S 9.40

Krebs Ingeborg: Beiträge zur Kenntnis des Desmidiaceen-Protoplasten: III. Permeabilität für Nichtleiter (mit 6 Textabbildungen), 37 Seiten. S 23.80

Küster E.: Beobachtungen über die Wirkungen des Ultraschalls auf lebende Pflanzenzellen, 13 Seiten. S 5.—

Luhan Maria: Zur Wurzelanatomie unserer Alpenpflanzen: II. Saxifragaceae und Rosaceae (mit 15 Textabbildungen), 38 Seiten. S 16.70

Stadelmann E.: Zur Messung der Stoffpermeabilität pflanzlicher Protoplasten, II. (mit 5 Textabbildungen), 35 Seiten. S 25.70

Toth-Ziegler Annemarie: Rot fluoreszierende Inhaltskörper bei Leguminosen (mit 22 Textabbildungen), 44 Seiten. S 22.40

Wawrik Friederike: Grundwasserstudie (mit 7 Textabbildungen), 20 Seiten. S 12.50

Wiesner Gertraud: Die Bedeutung der Lichtintensität für die Bildung von Moosgesellschaften im Gebiet von Lunz, 24 Seiten. S 10.80